생태조사방법론

생태조사방법론

2004년 9월 15일 1판 1쇄 발행
2006년 3월 10일 2판 1쇄 인쇄
2006년 3월 15일 2판 1쇄 발행

저 자 : 김재근 · 박정호 · 최병진 · 심재한
권기진 · 이보아 · 이양우 · 주은정

발행인 : 김 병 계
발행처 : 도서출판 보문당
서울시 마포구 신수동 448-6
전 화 704-7025, 704-0635
팩 스 704-2324
등 록 1990. 6. 15 제 1-1066호

가 격 16,000원
ISBN 89-8413-096-6

생태조사방법론

Method in Ecology

| 집필위원 |

김재근 · 박정호 · 최병진 · 심재한

권기진 · 이보아 · 이양우 · 주은정

普 文 堂

| 집필위원 |

제 1장 조사계획 .... 박정호*

제 2장 생태계 환경요인 조사방법 .... 김재근*, 권기진, 이보아, 이양우

제 3장 생물군집구조 조사방법 .... 최병진*, 권기진, 김재근, 심재한, 이보아, 이양우

제 4장 생태계 기능 조사방법 .... 김재근*, 주은정

제 5장 자료 정리 및 분석 .... 김재근*, 이보아, 주은정

* 각 장의 대표 집필자

| 자연생태복원대계 편찬 특별위원회 |

* 위원장 : 김귀곤(서울대학교 교수)
* 위　원 : 김남춘(단국대학교 교수)
　김재근(서울대학교 교수)
　문석기(청주대학교 교수)
　박태윤(한국교원대학교 교수)
　성현찬(경기개발연구원 선임연구위원)
　이동근(서울대학교 교수)

발 간 사

최근에 환경문제는 수질, 대기 등 매체 중심에서 토지를 중시한 공간중심인 통합적인 해결방안이 옮겨져 가고 있습니다. 특히 이러한 해결방안의 중심에는 자연환경의 보전, 복원(재생), 창출, 관리 등의 개념과 방법들이 포함됩니다.

이와 같은 문제의 인식하에 올해부터 환경부문의 국가기술자격종목에 자연환경관리기술사, 자연생태복원기사 및 산업기사 등의 제도가 도입되어 자연환경부문의 전문가를 국가적 차원에서 양성하려고 하고 있습니다.

그러나 현재 수요자의 기호를 만족시키는 전문도서가 보급되고 있지 못한 실정입니다. 따라서, 한국환경복원녹화기술학회에서는 작년부터 관련분야의 전문가를 중심으로 특별위원회를 구성하여 자연생태복원대계를 집필하기로 하였습니다.

자연생태복원대계를 통해 출간되는 경관생태학, 생태조사방법론, 환경계획학(환경학개론), 환경생태학, 생태복원공학 등은 자연환경관리 및 자연환경의 복원에 필수적인 학문 분야이기 때문에 우리나라의 많은 대학에서 이들과 관련된 강좌가 개설되었으며, 국가기술자격종목의 자연환경기술사, 자연생태복원기사 및 기술사의 시험과목으로 채택되었습니다. 기존의 전문도서와는 달리 많은 관련 전문가들이 참여하여 수요자의 기호를 고려하여 집필하였기 때문에 어느 전문서적보다 더 알차고 가치가 있을 것으로 생각됩니다. 자연생태복원대계를 통하여 출간되는 전문서적들은 대학의 교재는 물론이고 업계와 관련분야에 종사하시는 분, 그리고 환경분야의 국가기술자격고사를 준비하시는 모든 분들께 큰 도움이 될 것으로 믿습니다.

자연생태복원대계를 출판하기 위해 구성된 특별위원회의 김귀곤 위원장님을 비롯한 모든 위원님들의 노고에 감사드립니다. 그리고 생태복원대계의 집필, 자문, 교정에 참여해 주신 분들께 깊은 감사를 드리며, 이 책들을 출간해 주시는 보문당 출판사에도 감사드립니다. 끝으로, 자연생태복원대계의 계획된 책이 모두 집필 완료되어 빠른 시일 내에 출간되어 학문하는 사람이나 업계에 계신 분들에게 도움이 될 수 있도록 노력하겠습니다.

2004년 7월 7일

한국환경복원녹화기술학회 회장 方光子
상명대학교 교수

서 문

쾌적한 주변 환경의 중요성이 인식되고 강조되면서 생태란 말이 생물학의 일부가 아니라 문학, 건축, 의학 등 모든 분야에 걸친 대중적인 유행어가 되었다. 생태학이란 생물과 비생물 환경으로 이루어진 생태계의 구조와 기능을 다루는 학문이라는 전통적인 정의는 이제 인간이라는 한 구성요소를 특히 강조하는 학문분야가 발전하여 환경생태학이라는 분야가 출현하게 되었다. 인간을 포함한 생태계와 인간의 영향을 다루는 환경생태학이라는 보다 전문적인 분야로 발전함에 따라 생태계를 이해하기 위한 많은 방법들이 새로이 개발되었고 생물을 조사하는 많은 방법들은 조금씩 변형되고 발전하게 되었다.

생태학의 발전과 함께 환경에 대한 일반인의 인식이 증대되며 무수히 많은 생태조사가 이루어졌지만 생태조사방법을 정리하여 출판된 서적은 그리 많지 않다. 일부는 표준화된 방법으로 출판된 것도 있지만 대부분의 방법은 논문에서만 찾을 수 있다. 이는 각 분야의 전문가들이 자신의 영역에 필요한 방법 이외의 다른 분야의 조사 방법을 배우고 이해할 필요성을 인식하지 못하였기 때문이다. 또한 자연조사를 총괄하는 데 있어서도 전체적인 생태계의 이해를 위한 총괄적인 해석에 중점을 두었다기보다는 각 분야의 전문가가 조사하고 해석한 결과를 총합하는 데 역할을 집중한 원인도 있다고 하겠다. 그러나 자연생태복원 분야의 국가자격검정 시험이 실시됨으로서 생태조사방법 전반을 이해하는 것이 필요하게 되었고, 이를 위하여 기존의 방법을 정리하여 사용하기 쉽게 만들 필요성이 대두되었다. 본 생태조사방법론의 집필은 이와 같은 동기에 의해 한국환경복원녹화기술학회의 제안으로 시작되었다.

본 생태조사방법론에서는 새로운 내용을 제시하였다기 보다는 기존에 존재하는 생태조사 방법을 정리하였으며, 조사계획, 환경요인 조사방법, 생물군집 조사방법, 생태계 기능 조사방법, 자료정리 및 분석의 다섯 단원으로 구성되었다. 생태조사에 앞서 계획단계부터 환경요인의 조사, 본 조사에 해당되는 생물군집조사와 생태계 기능 조사를 포함하여 생물과 비생물간의 관계를 규명하고자 하는 생태학의 학문적 영역에 좀 더 가까이 접근하는 방법을 제시하고자 하였다. 마지막으로 환경요인과 생물학적 특성 간의 관계를 해석하기 위한 자료 정리 및 분석 단원을 제시하였다. 자료 정리에는 개체군 분포 및 군집구조, 종풍부도, 유사도, 다양도 등을 모델을 통하여 계산하는 방법을 제시하였으며, 생태계의 기능적면을 고려하여 자료를 분석하도록 분석에 필요한 자료를 제시하였다. 특히 환경요인분석에 많은 지면을 할애하여 환경요인의 중요성을 강조하고자 하였다. 이는 인간에 의해 변형된 생태계의 복원을 단순히 생물의 이식 차원으로 접근하기 보다는 이들의 삶의 터전을 제공하는 접근방식에 유용하게 하고자 하는 의도로 기획되었다.

본 생태조사방법론은 국가검정 시험을 대비하기 위한 서적임과 동시에 생태조사를 하는 모든 사람들에게 사용하기에 편리하도록 집필하고자 하였으며, 본 서적 하나만 가지고도 모든 조사를 할 수 있도록 집필하고자 하였다. 그러나 집필자들의 경험과 출판된 몇몇 서적에 의존하였으므로 모든 방법을 총망라하여 정리하지 못하였기 때문에 분야에 따라서는 꼭 필요로 하는 방법이 누락된 경우도 있을 것이다. 또한 여러 집필자가 분야별로 집필하여 문장의 통일에 있어서도 미진한 점이 있다. 그러므로 본 생태조사방법론은 앞으로도 끊임없이 수정, 보완되어야 할 것이며, 이를 사용하는 여러분들의 건설적 비판과 조언이 큰 도움이 될 것으로 생각한다.

끝으로 이 책이 출간되도록 도와준 보문당의 김병계 사장님과 김태우 실장에게도 감사드립니다.

2004년 8월

관악에서 집필자 대표 **김재근**

서울대학교 교수

Contents

제 1 장 조사계획

제 2 장 생태계 환경요인 조사방법

제 3 장 생물군집구조 조사방법

제 4 장 생태계 기능 조사방법

제 5 장 자료 정리 및 분석

제 1 장
조사계획

I. 생태조사개요

현대 생활에 있어서 자동차는 매우 중요한 이동수단이 되고 있다. 하지만 자동차의 이상 유무를 확인할 수 있는 계기판(예를 들면 속도계, 유량계, 온도계 그리고 각종 경고등)이 없다면 아무도 사려하지 않을 것이다. 이러한 모든 것들은 자동차를 제어하고 이용하는데 꼭 필요한 기본적인 감시 장치들로서 안전과 직결된 문제라고 생각하기 때문일 것이다. 이러한 감시 장치들을 자연생태계에 비교한다면 구성인자인 생물 자신이 바로 센서이자 감지기이다. 생태계는 인간에 의해 만들어진 그 어떤 기계나 구조물에 비해 훨씬 복잡하고, 거대하며 다양하다. 그렇기에 이러한 시스템의 실패는 그 어떤 것보다 훨씬 비참한 결과를 일으킬 가능성이 있다. 또한 지금까지 밝혀지고 알려진 수많은 과학적 증거와 결과를 통합하고 정리한다고 하더라도 아직까지 인간은 그러한 재앙을 미리 예측하기에는 많은 부족함이 있다.

생태계를 이해하고 이용하기 위한 각종 연구와 조사에 대한 방법론적 측면으로 제시한다면 기본적으로 생태학 연구의 많은 구성이 '관찰'과 그 관찰결과를 말하기 위한 부연적인 '설명'으로 이루어진다는 것을 알고 있어야 한다. 그리고 관찰되고 확인된 현상을 설명하기 위하여 많은 고찰과 시간적인 추이에 따른 결과론적 인지력을 요구하기도 한다. 그러나 이러한 관찰되어지고 확인되어지는 자연계 현상을 단순한 양자택일적인 설명으로는 매우 바람직하지 않으며, 보다 폭넓은 시각에서 보아야만 오류를 다소나마 줄일 수 있다. 또한 생태조사는 일반적으로 특정 생물군의 개체군 수준의 조사 및 연구를 의미하나 어느 특정 목적(환경영향평가 등)을 위한 경우에는 전 시스템을 총괄하는 의미인 생태계조사를 지칭한다. 예를 들면 야생동물의 이동통로의 설치를 고려할 경우 우선적으로 어떤 동물이 사용할 것인지를 정확하게 결정해야 하며 또한 생태습성을 고려한 적합 장소를 선택하는 것이 가장 중요하다. 더불어 기본적인 이동의 역할뿐만이 아닌 안전한 장소로의 유도에 대한 개념을 포함하고 있어야 하며, 설치 후에는 그 역할을 제대로 수행하고 있는 지 확인하기 위한 사후 모니터링 또한 반드시 요구된다. 이에 대한 생태조사라 함은 산양, 수달, 참게 등과 같은 특정 생물군의 집중적인 생태조사가 있어야 하며 이후 연속적으로 전 생물군의 총체적인 생태계조사가 시행되어야 한다. 결국 생태조사와 생태계조사는 엄밀한 의미에서는 구분되어야 하나 여기에서는 생태계를 포괄적으로 흡수하는 의미로 생태조사라는 용어를 사용하고자 한다.

1. 조사목적

일반적으로 생태조사는 주어진 조사대상지역의 생태계 특성을 정확히 파악하기 위함이다. 이러한 생태조사는 생태계의 보존 및 보전 그리고 복원에 대한 바람직인 방향과 틀을 제시하는데 가장 기초적이며 주요한 자료로 사용되어야 하며, 이용 가능한 측면에서 인간과 주변 환경과의 지속적인 상호관계에 대하여 충분한 검토를 해야만 한다(표 1.Ⅰ.1). 이는 보다 포괄적인 의미로서 생물다양성의 보존에 기여한다는 의미를 포함하고 있기도 하다. 더불어 이와 관련된 다양한 생태학적 실험은 예측을 위한 많은 기회를 제공해 주며, 이러한 예측을 수행한다는 것은 생태학 연구의 필수적인 부분이기도 하다. 원칙적으로 생태학 실험은 바람직한 선택권을 제공한다. 왜냐하면 조사 이전과 이후에 실행되는 이러한 계획은 적어도 미래에 대한 예측을 조심스럽게 가능하게 하기 때문이다.

최근의 생태조사라 함은 자연계에 존재하는 생물군의 분포 및 종의 특성을 연구하여 생물 다양성의 증진을 위한 학술적인 목적과 함께 훼손되고 파괴된 생물계의 복원을 위한 자연환경복원 목적의 의미인 2가지로 함축된다. 실제 이러한 목적에 따라 특정생물군을 위한 생태조사를 할 것인지 혹은 전반적인 실태파악을 위한 생태계 조사를 할 것인가를 결정하게 된다.

표 1.1.1 생태조사의 기본 목적

기본 목적	주요 내용
생태계의 보존	각 생물군과 더불어 생물의 서식지역을 포함한 특정 대상지역의 영속적이며 지속적인 보호 (인간의 간섭이 전혀 없게 하는 것을 전제로 한다)
생태계의 보전	불특정 다수지역의 한정적 보호 (일부 인간의 간섭이 있으며, 이용가능 측면을 고려한다)
생태계의 복원	훼손되고 파괴된 지역의 새로운 복구 (지속 가능한 발전을 위한 회복의 추구)

2. 계획수립

생태조사는 우선적으로 사전에 과제 수행 목적을 정확히 인지하는 것이 중요하다. 실제 많은 경우 생물상의 조사는 1차적으로 완성도가 있는 심층 연구가 수행되었다고 할지라도, 특정 사업에 의한 생태계의 훼손 혹은 절멸의 위기를 심도 있고 현실성 있게 검토하지 못하는 경우가 종종 있다. 이는 대부분 조사자들이 생태학적 지식의 부재보다는 사업의 시행에 따른 생태계에 미치는 영향을 보다 다양한 과학적인 접근을 통한 증명을 하지 못한다는 경제적 문제가 1차적으로 있으며, 또한 오랜 기간 모니터링을 해도 그 특성을 쉽게 알지 못하는 생태계의 모습을 1회성의 조사로 한정하여 결국 사업에 따른 영향을 정확히 인지하지 못한다는 시간적 한계에 2차적으로 노출되어 있다. 그러나 전 세계적으로 생태계 파괴에 따른 각종 영향으로 인하여 결국 인간생활에 치명적 손상을 주고 있으며, 앞으로 지속가능한 개발을 할 수 없다는 것을 인지하고 있다. 이에 따른 많은 노력에 의해 생태조사는 오랜 기간을 통하여 보다 정확하고 정밀해 질 것으로 예상

된다.

생태조사를 위한 계획의 수립 시 가장 중요하게 생각하면서도 가장 많이 간과하는 것은 바로 조사의 목적을 들 수 있다. 예를 들어 일반적인 학술적 현황조사가 아닌 도로건설, 택지 개발 등 특정사업을 목적으로 한 경우 기존에 서식하던 천연기념물이나 멸종위기동식물 등과 같은 우선 조사 대상 생물군의 조사가 미진하여 추가조사 혹은 전문가의 의견을 제시한 상세 보충조사가 이루어지는 경우가 많다. 이는 결국 사전에 생태조사계획을 철저히 수립하지 않고 사업의 시급함에 따라 조급하게 일정이 추진된 것을 원인으로 들 수 있다.

표 1.I.2 생태조사 계획 수립 원칙

항 목	주 요 내 용
1. 조사목적의 인지	일반 학술조사와 특정 사업 구분
2. 조사 대상 우선 순위 결정	천연기념물, 멸종위기야생동식물 우선 조사 각 생물군 특성에 따른 조사시기 결정
3. 주변 환경 및 생물군과의 연관성 고려	환경요인 및 주변 서식 동식물 특성 검토
4. 자료 수집	과거 선행 연구자료 비교, 검토
5. 문제점 및 대안 제시	현지관찰, 생태학 실험, 모델링 등을 통해 문제점 파악 및 현실성 있는 대안 제시

II. 조사항목

생물종의 분석은 조사 목적에 따라 다르지만 기본적으로 천연기념물, 환경부 지정 희귀 및 멸종위기 야생동식물, 우점종 등을 우선으로 하며 분포특성을 밝히기 위하여 각 생물군의 분포 비율 등을 조사지점 혹은 서식처 특성별로 항목을 산정해야 한다(표 1.Ⅰ.3). 이러한 생물군의 조사는 기본적으로 관찰을 우선으로 하며, 미확인되는 종의 분류 및 종별 생태 특성의 파악 등을 위한 실험을 목적으로 하는 부득이한 경우에만 채집을 실시한다. 그 외 현지에서 야장을 작성하거나 사진촬영, 녹음 등을 통한 기록을 충실히 수행하여야 한다. 이와 함께 생태계의 특성을 정확히 파악하기 위해서는 각 생물종의 분석

표 1.1.3 생태조사에 따른 우선 조사 항목 및 내용

항목	구분	주요 분류군 및 내용
생물종의 조사 및 분석	육상생태계	· 식물상 및 식생의 조사 및 분석 · 곤충류의 조사 및 분석 · 조류의 조사 및 분석 · 포유류의 조사 및 분석 · 양서류의 조사 및 분석 · 파충류의 조사 및 분석 · 그 외 분류군의 조사 및 분석
	육수생태계	· 수생식물 및 식생의 조사 및 분석 · 동식물플랑크톤의 조사 및 분석 · 저서성대형무척추동물의 조사 및 분석 · 어류의 조사 및 분석 · 조류의 조사 및 분석 · 포유류의 조사 및 분석 · 양서류의 조사 및 분석 · 파충류의 조사 및 분석 · 그 외 분류군의 조사 및 분석
	해양생태계	· 동식물플랑크톤의 조사 및 분석 · 저서생물의 조사 및 분석 · 염생식물의 조사 및 분석 · 해조류의 조사 및 분석 · 어류의 조사 및 분석 · 조류의 조사 및 분석 · 그 외 분류군의 조사 및 분석
주변 환경 조사 및 분석	서식처	· 서식처 종류의 조사 및 분석 · 서식처 형태의 조사 및 분석 · 서식처 분포특성의 조사 및 분석
	환경요인	· 수질의 조사 및 분석 · 대기질 조사 및 분석 · 토양 조사 및 분석 · 기타 이화학적 분석(기온, 수온, 습도 등)
종합결과	통계	· 우점도지수 분석 · 다양도지수 분석 · 균등도지수 분석 · 풍부도지수 분석 · 군집분석 · 요인분석 · 생태자연도 분석 · 그 외 각종 생물학적 지수의 분석
	문헌	· 정부보고서(환경부 전국자연환경조사 등) 분석 · NGO 및 지자체 보고서 분석 · 관련 연구소 및 기업 연구 보고서 분석
	모델링	· 미래 예측 · 저감방안 및 대안제시
	가치평가	· 보존, 보전, 복원, 이용 타당성 및 이용 분석

과 함께 주변 환경에 대한 철저한 조사와 이해가 선행된다. 이는 생물군의 군집 유형을 설명하는 주요한 자료가 되며 또한 특정 사업으로 인한 미래 예측을 가능하게 하고 추후 복원을 위한 기초자료로 매우 소중하게 활용되기 때문이다.

어느 지역의 생태조사를 한다고 가정해 보자. 조사 목적은 생태공원 조성을 위한 기초 타당성 조사로서 전 분야의 생물상을 조사하여 보전과 복원을 목표로 한다. 1차 조사결과 특정 생물상이 다양하게 나타나는 등 비교적 안정된 생태계를 유지하는 것으로 분석되어 사업 추진에 급물살을 타게 된다. 그러나 이 지역은 과거에 중금속 광산이 개발되었던 흔적이 있는 등 주변의 일부 토양과 수환경은 매우 심각하게 훼손되어 있어 동물상은 매우 빈약하며, 반면 일부 지역에서는 멸종위기야생동물이 서식하고 있는 것으로 확인된다. 이렇게 된다면 사업 시행에 있어 중대한 문제로 대두되는 것은 극명한 일이다. 결국 이러한 특성을 사전에 발견하지 못한다면 더욱 큰 문제가 야기될 수 있으며 해당 사업의 당위성조차 상실할 가능성이 있다. 물론 극단적인 예를 들긴 하였지만 이에 생태조사는 생물종의 조사와 더불어 주변 서식처의 특성을 과거와 현재, 그리고 미래에 대한 시점을 바탕으로 충분히 조사하고 분석하여야 한다.

1. 천연기념물

천연기념물이란 자연물 중에서 학술적·관상적 가치가 높아 그 보호와 보존을 법률로써 지정한 동·식물 및 그 서식지와 자생지 그리고 지질과 광물 등이라고 문화재보호법에 의해 문화재청에서 지정 보호받고 있다. 문화재보호법 시행령은 국가 지정 문화재의 지정, 관리, 보호, 공개 등에 대한 사항을 다루고 있으며, 문화재보호법 시행규칙에서 규정하고 있는 동식물에 관한 천연기념물의 지정 기준은 다음과 같다.

* 식물

1) 한국 특유의 식물로서 저명한 것 및 그 서식지·생장지
2) 석회암 지대, 사구, 동굴, 건조지, 습지, 하천, 호소, 폭포의 소, 온천, 하구, 섬 등 특수 지역이나 특수 환경에서 서식하거나 생성하

는 특유한 식물 또는 식물군 및 그 생육지

3) 진귀한 식물로서 그 보전이 필요한 것 및 그 생육지
4) 학술상 가치가 큰 사총, 명목, 거수, 기형목
5) 대표적 원시림, 고산 식물 지대 또는 진귀한 숲
6) 진귀한 식물의 자생지
7) 저명한 식물 분포의 경계가 되는 곳
8) 유용 식물의 원산지
9) 귀중한 식물의 유물 발견지 또는 학술상 특히 중요한 표본과 화석

* 동물

1) 한국 특유의 동물로서 저명한 것 및 그 서식지, 생장지
2) 석회암 지대, 사구, 동굴, 건조지, 습지, 하천, 호소, 폭포의 소, 온천, 하구, 도서 등 특수 지역이나 특수 환경에서 자라는 특유한 동물 또는 동물군 및 그 서식지, 번식지, 도래지
3) 진귀한 동물로서 그 보존이 필요한 것 및 그 서식지
4) 한국 특유의 축양 동물
5) 저명한 동물 분포의 경계가 되는 곳
6) 유용 동물의 원산지
7) 귀중한 동물의 유물 발견지 또는 학술상 특히 중요한 표본과 화석

식물단위로 지정된 것은 줄나무·등나무·동백나무·은행나무·이팝나무·향나무·올벚나무·탱자나무·왕버들·소나무·한란·망개나무·주엽나무·후박나무·팽나무·밤나무·비자나무·굴참나무·느티나무·소태나무·백일홍·다래나무·회양나무·측백나무 등이다. 또한 동물단위의 지정내용을 보면 조류(鳥類) 도래지(渡來地)·번식지·극경회유해면(克鯨廻遊海面), 사향노루, 산양, 진돗개, 오골계(烏骨鷄)가 있고, 종(種) 자체를 지정한 것은 크낙새·따오기·황새·두루미·흑두루미·먹황새·백조·재두루미·팔색조(八色鳥)·저어새·느시·흑비둘기·까막딱따구리·사향노루·산양(山羊)·무태장어·어름치·반딧불이·장수하늘소·수리 등이다. 또한 식물, 동물 그리고 광물 단위외에 천연보호구역으로 지정한 것도 있다. 천연보호구역이란 일정한 지역에 동물 · 식물 · 광물의 천연기념물이 집중되어 있는 경우, 하나하나 낱개를 지정하지 않고 일정 구역을 포함하여 지역단위의 넓은 자연 면적을 지정한 것을 말한

다. 한라산 · 설악산 · 홍도 등이 있다. 북한에서는 학술적 · 과학적으로 연구가치가 있고 보호해야 할 희소한 동식물, 지질, 광물 등의 천연기념물에 덧붙여 체제 및 김일성가계우상화와 관련된 대상과 지리부문까지 포함시키고 있다. 1993년 말 현재 북한의 천연기념물은 모두 467점이며 여기에는 식물 90종 230여 점, 동물 68종 103점, 그리고 나머지가 지질부문과 지리부문이다. 자연보호구는 백두산 · 오가산 · 묘향산 · 구월산 · 금강산 · 칠보산 등 모두 6개이고, 동식물 등 개별적 대상물을 보호하기 위해 동물보호구 15개, 식물보호구 14개, 바다새 · 수산자원보호구 10개 등이 지정되어 있다.

2. 멸종위기 및 보호종

환경부에서는 자연생태계의 균형유지와 그 종이 멸종위기에 처하는 것을 방지하기 위하여 194종을 멸종위기야생동 · 식물, 보호야생동 · 식물로 지정하여 이들의 포획과 채취 등을 금지하고 있다(표 1.II.1~8). 또한 살아있는 외국생물종이 자연적 또는 인위적으로 도입되어 국내 생태계의 균형유지에 위해를 가져올 우려가 있는 황소개구리, 블루길, 큰입배스, 돼지풀, 단풍잎돼지풀에 대하여는 자연환경보전법 제39조 규정에 의거 생태계 위해 외래 동 · 식물로 지정하여 그 수입을 엄격히 규제하고 있다.

표 1.II.1 멸종위기 및 보호 야생동식물 지정현황

구 분	종 류	종 수
멸종위기야생동식물(43종)	포유류	10
	조류	13
	양서파충류	1
	어류	5
	곤충물	5
	무척추동물	3
	식물	6
보호야생동식물(151종)	포유류	7
	조류	46
	양서파충류	4
	어류	7
	곤충류	14
	무척추동물	21
	식물	52
총계(194종)	194	

표 1.II.2 희귀 및 멸종위기 야생동식물현황 – 식물

한 국 명	과 명	학 명
	멸 종 위 기	
1. 한란	난초과	*Cymbidium kanran* Makino
2. 나도풍란	난초과	*Aerides japonicum* Rchb. f.
3. 광릉요강꽃	난초과	*Cypripedium japonicum* Thunb.
4. 매화마름	미나리아재비과	*Ranunculus kazusensis* Makino
5. 섬개야광나무	장미과	*Cotoneaster wilsonii* Nakai
6. 돌매화나무	암매과	*Diapensia lapponica* var. *obovata* F. Schmidt
	보 호 대 상	
1. 솔잎란	솔잎란과	*Psilotum nudum* (L.) Griseb.
2. 물부추	물부추과	*Isoetes japonica* A. Braun
3. 파초일엽	꼬리고사리과	*Asplenium antiquum* Makino
4. 고란초	고란초과	*Crypsinus hastatus* (Thunb.) Copel.
5. 섬천남성	천남성과	*Arisaema negishii* Makino
6. 솔나리	백합과	*Lilium cernuum* Kom.
7. 자주솜대	백합과	*Smilacina bicolor* Nakai
8. 큰연령초	백합과	*Trillium tschonoskii* Maxim.
9. 진노랑상사화	수선화과	*Lycoris chinensis* var. *sinuolata* K.H. Tae et S.C. Ko
10. 노랑무늬붓꽃	붓꽃과	*Iris odaesanensis* Y.N. Lee
11. 대청부채	붓꽃과	*Iris dichotoma* Pall.
12. 털개불알꽃	난초과	*Cypripedium guttatum* var. *koreanum* Nakai
13. 으름난초	난초과	*Galeola septentrionalis* Rchb. f.
14. 백운란	난초과	*Vexillabium nakainaum* F. Maek.
15. 천마	난초과	*Gastrodia elata* Blume
16. 대흥란	난초과	*Cymbidium nipponicum* (Franch. et Sav.) Makino
17. 죽백란	난초과	*Cymbidium lancifolium* Hook.
18. 지네발란	난초과	*Sarcanthus scolopendrifolius* Makino
19. 풍란	난초과	*Neofinetia falcata* (Thunb.) Hu
20. 삼백초	삼백초과	*Saururus chinensis* (Lour.) Baill.
21. 죽절초	홀아비꽃대과	*Chloranthus glaber* (Thunb.) Makino
22. 개가시나무	참나무과	*Quercus gilva* Blume
23. 순채	미나리아재비과	*Brasenia schreberi* J.F. Gmel.

표 1.II.2 계 속

한국명	과 명	학 명
24. 연잎꿩의다리	미나리아재비과	*Thalictrum coreanum* Lev.
25. 새뿔투구꽃	미나리아재비과	*Aconitum austro-koreense* Koidz.
26. 산작약	미나리아재비과	*Paeonia obovata* Maxim.
27. 깽깽이풀	매자나무과	*Jeffersonia dubia* (Maxim.) Benth. et Hook.
28. 한계령풀	매자나무과	*Leontice microrhyncha* S. Moore
29. 고추냉이	십자화과	*Wasabia koreana* Nakai
30. 끈끈이귀개	끈끈이귀개과	*Drosera peltata* var. *nipponica* (Masam.) Ohwi
31. 둥근잎꿩의비름	돌나물과	*Sedum rotundifolium* D.B. Lee
32. 개병풍	범의귀과	*Rodgersia tabularis* Kom.
33. 나도승마	범의귀과	*Kirengeshoma koreana* Nakai
34. 히어리	조록나무과	*Corylopsis coreana* Uyeki
35. 개느삼	콩과	*Echinosophora koreensis* Nakai
36. 만년콩	콩과	*Euchresta japonica* Benth.
37. 애기등	콩과	*Milletia japonica* (Siebold et Zucc.) A. Gray
38. 황기	콩과	*Astragalus membranaceus* (Fisch.) Bunge
39. 갯대추	갈매나무과	*Paliurus ramosissimus* (Lour.) Poir.
40. 망개나무	갈매나무과	*Berchemia berchemiaefolia* (Makino) Koidz.
41. 황근	아욱과	*Hibiscus hamabo* Siebold et Zucc.
42. 왕제비꽃	제비꽃과	*Viola websteri* Hemsl.
43. 가시오갈피나무	두릅나무과	*Eleutherococcus senticosus* (Rupr. et Maxim.) Maxim.
44. 섬시호	산형과	*Upleurum latissimum* Nakai
45. 노랑만병초	진달래과	*Rhododendron aureum* Georgi
46. 홍월귤	진달래과	*Arctous ruber* (Rehder et E.H. Wilson) Nakai
47. 기생꽃	앵초과	*Trientalis europaea* L.
48. 박달목서	물푸레나무과	*Osmanthus insularis* Koidz.
49. 미선나무	물푸레나무과	*Abeliophyllum distichum* Nakai
50. 섬현삼	현삼과	*Scrophularia takesimensis* Nakai
51. 무주나무	꼭두서니과	*Lasianthus japonicus* Miq.
52. 솜다리	국화과	*Leontopodium coreanum* Nakai

표 1.II.3 희귀 및 멸종위기 야생동식물현황 – 포유류

한 국 명	과 명	학 명
멸 종 위 기		
1. 붉은박쥐	애기박쥐과	*Myotis formosus chofukusei* Mori
2. 늑대	개과	*Canis lupus coreanus* Abe
3. 여우	개과	*Vulpes vulpes peculiosa* Kishida
4. 표범	고양이과	*Panthera pardus orientalis* Schlegel
5. 호랑이	고양이과	*Panthera tigris altaica* Temminck
6. 수달	족제비과	*Lutra lutra* (Linnaeus)
7. 바다사자	물개과	*Zalophus californianus japonica* Peters
8. 반달가슴곰	곰과	*Ursus thibetanus ussuricus* Heude
9. 사향노루	사슴과	*Moschus moschiferus parvipes* Hollister
10. 산양	소과	*Naemorhedus caudatus* (Miline-Edwards)
보 호 대 상		
1. 삵	고양이과	*Prionailurus bengalensis* (Kerr)
2. 담비	족제비과	*Martes flavigula* (Boddaert)
3. 물개	물개과	*Callorhinus ursinus* (Linnaeus)
4. 큰바다사자	물개과	*Eumetopias jubatus* (Schreber)
5. 물범	물범과	*Phoca largha* Pallas
6. 물범류	물범과	*Phoca* spp.
7. 하늘다람쥐	다람쥐과	*Pteromys volans aluco* Thomas

표 1.II.4 희귀 및 멸종위기 야생동식물현황 – 조류

한 국 명	과 명	학 명
멸 종 위 기		
1. 노랑부리백로	백로과	*Egretta eulophotes* (Swinhoe)
2. 황새	황새과	*Ciconia boyciana* Swinhoe
3. 노랑부리저어새	저어새과	*Platalea leucorodia* Linnaeus
4. 저어새	저어새과	*Platalea minor* Temminck & Schlegel
5. 혹고니	오리과	*Cygnus olor* (Gmelin)
6. 흰꼬리수리	수리과	*Haliaeetus albicilla* (Linnaeus)
7. 참수리	수리과	*Haliaeetus pelagicus* (Pallas)
8. 검독수리	수리과	*Aquila chrysaetos* Linnaeus
9. 매	매과	*Falco peregrinus* Tunstall
10. 두루미	두루미과	*Grus japonensis* (P.L.S. Muller)
11. 넓적부리도요	도요과	*Eurynorhynchus pygmeus* (Linnaeus)
12. 청다리도요사촌	도요과	*Tringa guttifer* (Nordmann)

표 1.II.4 계 속

한 국 명	과 명	학 명
13. 크낙새	딱따구리과	*Dryocopus javensis* (Horsfield)
보 호 대 상		
1. 아비	아비과	*Gavia stellata* (Pontoppidan)
2. 쇠가마우지	가마우지과	*Phalacrocorax pelagicus* Pallas
3. 알락해오라기	백로과	*Botaurus stellaris* (Linnaeus)
4. 큰덤불해오라기	백로과	*Ixobrychus eurhythmus* (Swinhoe)
5. 흑기러기	오리과	*Branta bernicla* (Linnaeus)
6. 큰기러기	오리과	*Anser fabalis* (Latham)
7. 개리	오리과	*Anser cygnoides* (Linnaeus)
8. 큰고니	오리과	*Cygnus cygnus* (Linnaeus)
9. 고니	오리과	*Cygnus columbianus* (Ord)
10. 가창오리	오리과	*Anas formosa* Georgi
11. 호사비오리	오리과	*Mergus squamatus* Gould
12. 물수리	수리과	*Pandion haliaetus* (Linnaeus)
13. 벌매	수리과	*Pernis ptilorhychus* (Temminck)
14. 솔개	수리과	*Milvus lineatus* (J.E. Gray)
15. 참매	수리과	*Accipiter gentilis* (Linnaeus)
16. 조롱이	수리과	*Accipiter gularis* (Temminck & Schlegel)
17. 털발말똥가리	수리과	*Buteo lagopus* (Pontoppidan)
18. 큰말똥가리	수리과	*Buteo hemilasius* Temminck & Schlegel
19. 말똥가리	수리과	*Buteo buteo* (Linnaeus)
20. 항라머리검독수리	수리과	*Aquila clanga* Pallas
21. 흰죽지수리	수리과	*Aquila heliaca* Savigny
22. 독수리	수리과	*Aegypius monachus* (Linnaeus)
23. 잿빛개구리매	수리과	*Circus cyaneus* (Linnaeus)
24. 알락개구리매	수리과	*Circus melanoleucus* (Pennant)
25. 개구리매	수리과	*Circus aeruginosus* (Linnaeus)
26. 새홀리기	매과	*Falco subbuteo* Linnaeus
27. 쇠황조롱이	매과	*Falco columbarius* Linnaeus
28. 비둘기조롱이	매과	*Falco vespertinus* Linnaeus
29. 흑두루미	두루미과	*Grus monacha* Temminck
30. 재두루미	두루미과	*Grus vipio* Pallas
31. 뜸부기	뜸부기과	*Gallicrex cinerea* (Gmelin)
32. 느시	느시과	*Otis tarda* Linnaeus
33. 검은머리물떼새	검은머리물떼새과	*Haematopus ostralegus* Linnaeus

표 1.II.4 계 속

한 국 명	과 명	학 명
34. 흰목물떼새	물떼새과	*Charadrius placidus* J.E. & G.R. Gray
35. 알락꼬리마도요	도요과	*Numenius madagascariensis* (Linnaeus)
36. 검은머리갈매기	갈매기과	*Larus saundersi* (Swinhoe)
37. 적호갈매기	갈매기과	*Larus relictus* Lonnberg
38. 뿔쇠오리	바다오리과	*Synthliboramphus wumizusume* (Temminck)
39. 수리부엉이	올빼미과	*Bubo bubo* (Linnaeus)
40. 긴점박이올빼미	올빼미과	*Strix uralensis* (Pallas)
41. 올빼미	올빼미과	*Strix aluco* (Linnaeus)
42. 까막딱따구리	딱따구리과	*Dryocopus martius* (Linnaeus)
43. 아물쇠딱따구리	딱따구리과	*Dendrocopos canicapillus* (Blyth)
44. 팔색조	팔색조과	*Pitta nympha* (Linnaeus)
45. 뿔종다리	종다리과	*Galerida cristata* (Linnaeus)
46. 삼광조	딱새과	*Terpsiphone atrocaudata* (Eyton)

표 1.II.5 희귀 및 멸종위기 야생동식물현황 – 양서파충류

한 국 명	과 명	학 명
멸 종 위 기		
1. 구렁이	뱀과	*Elaphe schrenckii* (Strauch)
보 호 대 상		
1. 맹꽁이	맹꽁이과	*Kaloula borealis* (Barbour)
2. 금개구리	개구리과	*Rana chosenica* Okada
3. 남생이	남생이과	*Chinemys reevesii* (Gray)
4. 까치살모사	살모사과	*Agkistrodon saxatilus* (Emelianov)

표 1.II.6 희귀 및 멸종위기 야생동식물현황 – 어류

한 국 명	과 명	학 명
멸 종 위 기		
1. 감돌고기	잉어과	*Pseudopungtungia nigra* Mori
2. 흰수마자	잉어과	*Gobiobotia naktongensis* Mori
3. 미호종개	미꾸리과	*Iksookimia choii* (Kim et Son)
4. 꼬치동자개	동자개과	*Pseudobagrus brevicorpus* (Mori)
5. 퉁사리	퉁사리과	*Liobagrus obesus* Son, Kim et Choi

표 1.II.6 계 속

한 국 명	과 명	학 명
보 호 대 상		
1. 다묵장어	칠성장어과	*Lampetra reissneri* (Dybowski)
2. 묵납자루	잉어과	*Acheilognathus signifer* (Berg)
3. 모래주사	잉어과	*Microphysogobio koreensis* Mori
4. 두우쟁이	잉어과	*Saurogobio dabryi* Bleeker
5. 부안종개	미꾸리과	*Iksookimia pumila* (Kim et Lee)
6. 꺽저기	꺽지과	*Coreoperca kawamebari* (Temminck et Schlegel)
7. 좀수수치	미꾸리과	*Niwaella brevifasciata* Kim et Lee

표 1.II.7 희귀 및 멸종위기 야생동식물현황 - 곤충류

한 국 명	과 명	학 명
멸 종 위 기		
1. 장수하늘소	하늘소과	*Callipogon relictus* Semenov-Tian-Shansky
2. 두점박이사슴벌레	사슴벌레과	*Metopodontus blanchardi* Parry
3. 수염풍뎅이	검정풍뎅이과	*Polyphylla laticollis manchuricus* Semenov
4. 상제나비	흰나비과	*Aporia crataegi* (Linnaeus)
5. 산굴뚝나비	뱀눈나비과	*Eumenis autonoe* (Esper)
보 호 대 상		
1. 꼬마잠자리	잠자리과	*Nannophya pygmaea* Ramber
2. 고려집게벌레	고려집게벌레과	*Challia fletcheri* Burr
3. 닻무늬길앞잡이	길앞잡이과	*Cicindela (Chaetodera) anchoralis* Chevrolat
4. 물장군	물장군과	*Lethocerus deyrolle*i (Vuillefory)
5. 주홍길앞잡이	길앞잡이과	*Cicindela hybrida nitida Lichtenstein*
6. 멋조롱딱정벌레	딱정벌레과	*Damaster mirabilissimus mirabilissimus* Ishikawa et Deuve
7. 소똥구리	소똥구리과	*Gymnopleurus mopsus* (Pallas)
8. 비단벌레	비단벌레과	*Chrysochroa fulgidissima* (Schoenherr)
9. 울도하늘소	하늘소과	*Psacothea hilaris* (Pascoe)
10. 큰자색호랑꽃무지	꽃무지과	*Osmoderma opicum* Lewis
11. 깊은산부전나비	부전나비과	*Protantigius superans* (Oberthur)
12. 쌍꼬리부전나비	부전나비과	*Spindasis takanonis* (Matsumura)
13. 왕은점표범나비	네발나비과	*Fabriciana nerippe* (C. et R. Felder)
14. 붉은점모시나비	호랑나비과	*Parnassius bremeri* Bremer

표 1.II.8 희귀 및 멸종위기 야생동식물현황 - 무척추동물

한국명	과명	학명
	멸종위기	
1. 나팔고둥	수염고둥과	*Charonia sauliae* (Reeve)
2. 귀이빨대칭이	석패과	*Cristaria plicata* (Leach)
3. 두드럭조개	석패과	*Lamprotula coreana (v. Martens)*
	보호대상	
1. 별혹산호	회초리산호과	*Verrucella stellata* Nutting
2. 측맵시산호	측뱀족산호과	*Plexauroidea complexa* Nutting
3. 망상맵시산호	측뱀족산호과	*Plexauroidea reticulata* (Esper)
4. 둔한진총산호	총산호과	*Euplexaura crassa* Kukenthal
5. 착생깃산호	폴립산호과	*Plumarella adhaerans* Nutting
6. 깃산호	폴립산호과	*Plumarella spinosa* Kinoshita
7. 흰수지맨드라미	곤봉바다맨드라미과	*Dendronephthya alba* Utinomi
8. 밤수지맨드라미	곤봉바다맨드라미과	*Dendronephthya castanea* Utinomi
9. 연수지맨드라미	곤봉바다맨드라미과	*Dendronephthya mollis* (Holm)
10. 자색수지맨드라미	곤봉바다맨드라미과	*Dendronephthya putteri* Kukenthal
11. 검붉은수지맨드라미	곤봉바다맨드라미과	*Dendronephthya suensoni* (Holm)
12. 유착나무돌산호	나무돌산호과	*Dendrophyllia cribrosa* M. Edw. et H.
13. 잔가지나무돌산호	나무돌산호과	*Dendrophyllia micranthus* (Ehrenberg)
14. 진홍나팔돌산호	나무돌산호과	*Tubastraea coccinea* (Hemprich et Ehrenberg)
15. 해송	해송과	*Antipathes japonica* Brook
16. 장수삿갓조개	구멍삿갓조개과	*Scelidotoma vadososinuata hoonsooi* Choe, Yoon et Habe
17. 대추귀고둥	대추귀고둥과	*Ellobium chinensis* (Pfeiffer)
18. 기수갈고둥	갈고둥과	*Clithon retropictus* (v. Martens)
19. 긴꼬리투구새우	긴꼬리투구새우과	*Triops longicaudatus* (LeConte)
20. 선침거미불가사리	침거미불가사리과	*Ophiacantha linea* Shin et Rho
21. 의염통성게	의염통성게과	*Pseudomaretia alta* (A. Agassiz)

III. 표본추출방법

1. 표본추출법

일반적으로 생태계와 각각의 구성요소인 생물군의 특성을 설명하기 위해서는 여러 가지 수치와 지수를 이용한다. 특히 개체군의 특성을 나타낼 때 가장 보편적으로 사용되는 것은 밀도를 우선적으로 사용하며 이러한 밀도는 생물군의 특성을 파악하기 위한 여러 가지 방법에 의해 정량적 혹은 정성적으로 조사분석된다. 밀도란 특정 생물군의 서식지에서 단위면적당 개체수를 의미하나 일부 생체량을 말하기도 한다. 이러한 개체수나 생체량을 산정하기 위해서는 정량적 조사에 의해 전수를 모두 세는 방법이 가장 정확하나 현실상 어려운 경우가 많아 임의로 일부 표본을 추출하여 이 표본들을 대상으로 집단의 크기와 특성을 밝히는 통계학적 방법을 사용한다. 특히 표븐 조사를 하는 방법은 대상이 어떤 생물군이냐에 따라 다르며 크게 식물과 동물 즉, 이동성의 유무에 따라 결정된다. 결국 이동성이 거의 없는 일부 소형 동물은 식물에 적용되는 표본추출방법을 사용할 수도 있으며 또한 식물이라 할지라도 조사대상 지역의 환경특성에 따라 조사방법이 다르게 적용될 수 있다. 특히 표본 조사의 경우 전체 조사지역을 일정한 크기의 소 단위 조사구로 나누어 그 중에서 일부의 조사구를 표본으로 추출하는 것이 통상적이다. 이러한 표본 추출의 방법으로는 크게 단순 임의추출과 계층 임의추출 그리고 계통 표본추출 3가지로 나눌 수 있다.

2. 방형구법(측구법)

방형구법은 일정면적의 조사구를 설정하여 그 지역 내의 고든 동물 혹은 식물의 전수를 확인하는 방법으로 매우 정확한 결과치를 제공한다. 이러한 방형구법은 기본적으로 정량조사의 대표적인 방법으로 각 생물군의 서식처에 따른 특성을 상세히 비교할 수 있는 잇점이 있으나 중요한 점은 방형구법이 적용된 조사지점이 정확한 대표성을 띠고 있어야 한다는 것이다. 즉, 생물의 분포는 기본적으로 소규모 분산분포(패치 분포)를 하는 특성을 지니고 있는데 대표성을 상실한 지역에 방형구를 설치하여 정량분석을 시도한다면 의도와는 전혀 다른 결과가 나올 것이며 이는 생태조사의 실패를 의미한다.

Ⅳ. 조사 빈도

생태계와 그 구성요소인 각 생물군의 특성을 파악하기 위한 생태조사에서 매우 중요한 것은 바로 조사시기 및 조사횟수이다. 이는 각 생물군별로 지역별, 계절별 분포특성이 다르며 먹이 섭식 패턴이 상이하기 때문이다. 생태조사시 적절한 조사횟수와 조사시기는 전체 생태계를 이해하는데 보다 더 오차율을 줄일 수 있으며 더 나아가 생태복원에 대한 매우 중요한 단서를 제공한다. 현실적으로 생태조사는 자주, 많이 할수록 가장 좋으나 일반적으로 계절별로 연 4회 혹은 월 1회 정도가 적당하다. 또한 이러한 조사횟수는 방형구법에 의한 표본조사에 따라 각 조사 횟수별 반복조사가 여러 번 중복되기도 하나 이는 환경부에서 제시한 전국자연환경조사의 각 생물군의 통상적인 조사방법에 따른다.

1. 계절별 조사

지구상에 존재하는 많은 생물군 중 비교적 척추동물과 같은 고등동물은 매우 큰 이동성과 더불어 그동안의 진화의 결과로 선택적인 서식처 특성을 선호한다. 예를 들어 조류(새)와 같은 일부 생물군은 텃새와 철새 등으로 나뉘어 계절에 따른 출현 특성이 현저히 나뉜다. 그렇기에 겨울철에 조류의 관찰은 매우 중요한 생태조사 항목이며 본 항목의 조사 유무에 따라 생태계 특성이 좌우되기도 한다. 또한 수생식물의 경우 다년생과 더불어 일년생인 경우도 많다. 이러한 경우 수생식물들은 대부분 여름 장마 이전에 가장 활발한 성장과 출현을 보여주고 있어 장마나 태풍 이후인 9월 이후에는 종확인이 매우 어려운 것이 사실이다. 이는 일반 육상식물과 거의 대동소이하여 식물상 조사시 여름이전의 조사를 가장 중요한 조사시기로 인식하는 것이 일반적이다.

2. 산란시기, 개화시기별 조사

실제 많은 동물의 산란기에 있어서도 식물의 개화기 생태특성과 비교하여 보았을 때 근본적인 경향은 다를 바 없다. 그러나 대부분의 동물은 봄시기인 4월에서 6월 사이가 산란기와 짝짓기 기간이며 이 시기에는 비교적 관찰하기 쉬운 성체의 출현이 최고조에 달한다. 특히 일부 곤충류의 경우 봄과 여름시기에 우화를 하여 성체가 되고 나면 가을 이후에는 알과 유충 상태의 종들이 관찰되어 조사에 따른 생태특성을 파악하기 어려운 점이 많다. 또한 개체수 역시 현저히 줄어들어 몇 번의 조사를 통한 결과가 실제 그 지역의 생태적 대표성을 띠고 있다고 말하기에는 많은 어려움이 있다.

결국, 특정 생물군의 조사를 위해서는 기본적으로 그 생물의 생태특성을 파악하고 있는 것이 가장 중요하며 이러한 생태특성에 따라 조사시기를 결정하는 것은 생태조사의 기본이라 할 수 있다.

제 2 장
생태계 환경요인 조사방법

생태계의 특성은 환경 요인과 생물 요인에 의해 결정된다. 특히, 환경요인은 생물이 살아가는데 큰 영향을 미치게 된다. 지리 · 지형 · 경관적 특성은 생태계의 특성을 결정하는 기본요소이며, 다른 생태계와의 관계를 설정하는 중요한 요인이다. 이들 요인에 의해 대기환경, 수환경, 토양환경들이 영향을 받기도 한다. 본 장에서는 이들의 특성을 기록하는 방법을 간단히 설명하고자 한다.

I. 지리 · 지형 · 경관적 특성

1. 해발고도

해발고도는 고도계(그림 2. I .1)를 이용하여 기록한다. 삼각점이나 해안 등을 통과할 때 고도계를 보정한다. 만약 불확실한 점이 예상되더라도 그대로 기록하여 두었다가 후에 정확한 해발고도를 확인한 다음 바르게 보정하고 동시에 기록을 수정한다.

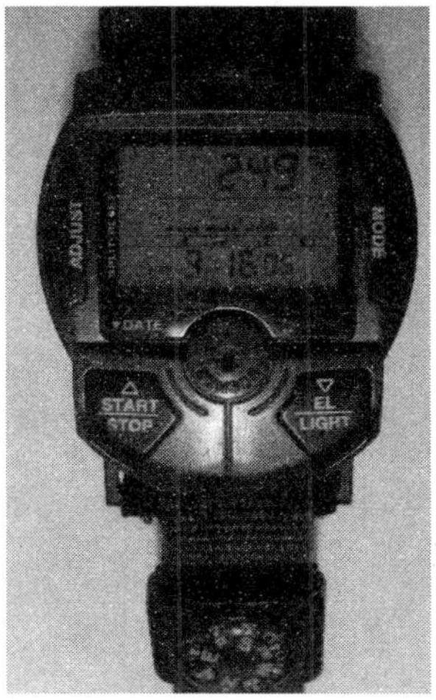

그림 2.I.1
디지털 고도계의 예

2. 경사의 방위와 각도

조사 장소의 경사에 대한 방향과 각도는 식물 군락의 일조조건이나 풍향, 토양의 습도 등과 관계된다. 그러므로 경사의 방위와 각도는 경사계를 이용하여 반드시 기록하여야 한다.

경사계(그림 2. I .2)에는 N, S, E, W의 기호가 쓰여 있으며, 좌측에 E, 우측에 W로 동서가 일반적인 상식과 반대로 표기되어 있다. 이것이 경사계의 특징이며, 경사계를 사용할 때의 장점이다. 경사계를 수평으로 하고 경사방향(사면의 아래를 향하는 방향)에 경사계의 N이 위치하게 한다. 바늘이 정지할 때 바늘의 붉은 쪽이 가리키고 있는 방향이 경사의 방향이 된다. 조사표에 S45E 또는 SE45와 같이 기입한다. 경사계에는 E와 W의 기호가 동서와 반대로 되어 있기 때문에 있는 그대로 붉은 바늘이 가리키는 방향을 읽으면 된다.

그림 2.I.2
경사계의 예

경사의 각도는 경사계에 존재하는 다른 바늘을 읽으면 된다. 그러나 조사구의 경사가 일정하지 않기 때문에 조사구의 네모서리와 중앙에서 경사 각도를 측정하여 평균을 내기도 한다.

경사의 방위와 각도에 따라 입사되는 빛의 양과 질이 달라진다. 또한 바람의 세기와 빈도가 달라진다. 이와 같은 사항은 경사의 방위와 각도만으로 파악하기 어렵다. 비록 주관적이기는 하지만 나무의 가지가 난 방향을 보고 주로 부는 바람의 방향을 추정할 수 있다. 그러므로 나무의 가지가 난 방향과 편향된 정도를 기록할 필요가 있다.

3. 지형과 토양

조사구의 지형상의 위치나 특징을 기록해야 한다. 이 때에는 사면의 위쪽(약자로 US), 중간(MS), 아래쪽(LS), 혹은 산등성이(R) 등을 약자로 기록한다. 이외에 해당되는 사항을 표 2. I .1의 용어로 기록한다. 본격적인 토양 조사는 토양의 깊이를 1m 이상 파서 토양의 단면 및 분석 시료를 채취하는 것이 일반적이나 식생조사의 경우 수 10cm 정도 파서 표층이나 그 아래층의 토성을 파악한다. 토양형이 확실하게 파악되면 그것을 기록하여 두고, 그렇지 않은 경우 분석을 위하여 시료를 채취한다.

조사구의 토양 표면에 자갈이 산재하고 있다든지, 점토질, 사질, 과습 상태 등 현저한 특징을 반드시 기록한다. 식물군락의 분포는 이와 같은 입지요소에 의해 결정되는 것이 일반적이다.

표 2.I.1 주요지형을 나타내는 용어

산지와 관련된 지형	물과 관련된 지형	해안과 관련된 지형
고원	단구	간척지
골짜기, 계곡	댐	갯벌, 간석지
분지, 유역	범람원	단구
사면, 비탈	사행천	사구
산마루	삼각주	삼각주
산사태	수로	암초
산정	제방, 둑	염습지
암석	충적지	절벽
절벽, 낭떠러지	침식지	조간대
협곡	하구	해변
화구		해안선
화산		

4. 경관적 특성

조사장소의 경관적 특성은 그곳에서 서식하는 생물의 특성을 결정할 수 있기 때문에 환경영향평가, 토지이용계획, 야생생물의 관리 등에서 중요하게 다루어지고 있다. 경관적 특성은 항공사진, 지도, 야외조사, 문헌조사를 통하여 이루어질 수 있다. 조사장소가 속한 곳의 경관적 특성과 이웃하는 곳의 경관적 특성, 그리고 이들이 어떻게 연결되었으며, 이들의 분포는 어떠한 유형을 가지는가 등을 조사하게 된다.

II. 대기환경

1. 개요

기후, 계절, 기상은 육상, 수중 생물체들의 분포, 구조 및 기능에 영향을 준다. 생물체가 생식을 하고 성장을 하며 모든 기능을 발휘하기 위해서는 이들이 서식하고 있는 환경과 조화된 상관관계를 유지하여야 한다. 기후는 어떤 지역에서 수십 년간 지속되는 대기 조건의 변화이고 지구의 위도에 따라 달라진다. 기후는 보통 계절적 기온, 습도, 강우량에 의해 형성되고 그에 상응하는 식생이 형성된다. 계절의 변화는 육상 및 수중 생물의 분포나 생장에 영향을 미친다. 기상은 대기의 시시각각의 변화이다. 그러므로 식생의 분포나 토양의 조건 등 육상 환경요인을 분석하는데 대기환경의 조사는 반드시 필요하다.

강수, 온도, 습도, 바람, 광(光) 등과 같은 요인을 기후요인이라고 하며 일반적으로 물리적 요인으로 분류하기도 한다. 어느 지역의 기후는 위의 요인에 의하여 결정된다. 이들 요인의 변화는 생물치의 분포와 생활양상에 영향을 미친다. 서식지의 대기구성 성분의 물리적인 요인은 공기의 온도, 수분함유량, 바람, 태양방사이다. 이는 주야, 계절, 또는 해마다 주기적으로 변화하는데 이들 모두가 생물체에 영향을 미친다. 즉 서식처의 기상학적 물리적 요인은 그 수준과 대상에 따라 변하므로 그들의 측정 방법을 제대로 알고 측정기기를 직접 고안하거나 사용하는 것이 중요하다고 할 수 있다. 이러한 요소들의 극한변화는 생물체의 분포와 수를 변화시킨다. 이 절에서는 대기환경 요인의 분석방법에 대해 언급하고자 한다.

2. 기온

기온은 대기의 온도로 대기와 온도계가 평형이 될 때의 온도이다. 기온은 보통 섭씨(Celsius ℃)와 화씨(Fahrenheit °F)로 표시된다. 그 관계는 다음과 같다.

$$centigrade = (fahrenheit - 32) \times \frac{5}{9}$$

$$fahrenheit = centigrade \times \frac{9}{5} + 32$$

1) 봉상온도계

지표면 기온 측정에는 흔히 봉상온도계가 사용된다. 온도계를 사용하여 기온을 잴 경우에는 통풍이 잘 되는 곳에서 직사광선을 피해서 측정한다. 기온은 대기와 열평형 상태에 있는 온도계로 읽으므로 공기 속에서 끊임없이 열방사를 받는 온도계는 일사를 막는다 하더라도 바람이 약하면 진정한 기온을 가리키지 않는다. 왜냐하면 열용량은 공기보다 온도계의 유리가 크기 때문이다. 그러한 이유로 야외에서 봉상온도계로 기온을 측정할 때는 온도계의 봉 부위 쪽에 코르크 마개를 끼우고 흰 종이를 평행하게 절단하거나 작은 구멍을 뚫은 해가리개를 붙여 햇빛을 가리고 통풍을 원활하게 해준다. 기온은 공간적 변화에 따른 기온변화를 여러 개의 봉상온도계로 측정하는데, 이 온도계는 측정은 간단하지만 시차에 의해 오차가 발생할 수도 있고 봉상온도계마다 오차가 있을 수 있다. 이 때문에 두 가지 단계를 거쳐야 한다. 첫 번째로 봉상온도계를 표준 눈금에 맞추어 눈금교정을 하여야 한다. 눈금교정을 하려는 온도계와 표준온도계를 용액이 든 비이커에 담근 후 평형이 된 후 표준온도계와의 차이를 표시한다. 두 번째로 봉상온도계를 읽을 때는 눈금의 위치와 눈의 높이를 수평으로 하여 읽는다. 눈의 위치에 따라서 오차가 발생할 수 있기 때문이다. 이는 시차에 의한 오차를 막기 위해서이다.

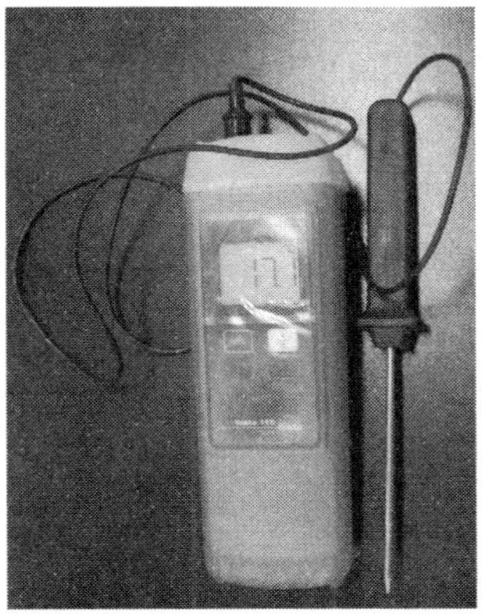

그림 2.II.1
열전대를 이용한 온도계

2) 열전대

열전대는 열팽창률이 다른 두 금속선을 접합시킨 것으로 온도에 따라 접점의 기전력이 다르게 발생하고 이를 증폭시켜 온도로 전환시킨 것이다. 2개의 접합점이 같은 온도일 때에는 전류가 흐르지 않지만, 온도가 다르면 열전기 현상에 의해 회로에 전류가 흐른다. 다양한 금속을 사용하여 다양한 범위의 온도를 측정할 수 있다.

3. 강수량

강수량은 빗물과 눈이 땅위에 떨어지는 양을 물의 깊이로 나타낸 것이다, 강수량은 우량계로 측정되는데 이것은 지름 20cm의 깔때기와 저수병을 높이 60cm의 원통관 속에 넣어 잔디밭에 묻도록 고안되어 있다. 저수병에 고인 빗물을 우량되(내경 3.5cm, 높이 35cm의 유리로 된 실린더)에 부어 그 빗물의 높이를 강수량으로 하거나, 일정량의 빗물이 저수병에 고이면 사이폰에 의해 밑으로 흘러 내리게 하여 그 높이가 자동기록계에 기록되도록 하고 있다. 자기우량계에는 여러 가지 종류가 있다. 자기우량계 중 하나인 중량 측정형 우량계는 저울 위에 빗물을 받아 그 무게를 측정하며, 눈에 의한 강수량을 측정할 수 있다.

측정된 강수량의 자료는 그 지점의 우량을 나타낼 뿐이며, 유역 전체의 강수량을 나타내지 않는다. 강수량 자료를 이용하여 유역 내 평균강수량을 얻는 간단한 방법은 산술평균법이지만, 이 밖에 thiessen 법을 흔히 이용한다. 즉 각 관측소가 차지하는 면적의 가중치를 부여하여 가중 평균을 계산한다. 그들의 면적은 관측소를 연결하여 삼각형의 수직이등분선을 그어서 각 관측점 주위의 다각형 모양으로 계산한다.

4. 습도

습도는 대기 중에 수증기 상태로 존재하는 수분의 양을 나타내는 수치이다. 공기 중의 수증기량은 증기압을 나타내는데 증기압은 millibars(mb)나 기압계에서 수은주의 높이(mmHg)로 나타내며 다음과 같이 환산한다.

1mmHg = 1.333mb 또는 1mb = 0.7501mmHg

습도의 표시 방법에는 상대습도, 절대습도, 포차, 노점습도, 비습로점, 혼합비가 있다.

1) 상대습도(relative humidity, Hr)

상대습도는 동일한 온도와 압력에서 공기가 수증기로 포화되었을 때의 절대 습도에 대한 실제습도의 백분율이다. 공기가 포함할 수 있는 수증기의 양은 온도와 함께 증가한다. 즉 상대습도(relative humidity, Hr)는 공기가 갖는 포화수증기압 E에 대한 실제로 공기가 갖는 수증기압의 백분율(%)이다. 즉,

$$\mathrm{Hr}(\%) = \frac{e}{E} \times 100$$

여기에서 e와 E는 증기압(mmHg 또는 mb)으로 나타낸다. 보통 습도라고도 부르며 건습구온도계나 Asmann 통풍건습계의 온도차를 표나 그림에서 읽는다(표 2.Ⅱ.1).

2) 절대습도(absolute humidity, Ha)

절대습도(absolute humidity, Ha)는 일정부피의 공기에 들어있는 수분의 양으로 부피 $1m^3$의 공기 속에 포함되어 있는 수증기량을 g 단위로 나타낸 값이다. 즉,

$$\text{Ha} = 217\frac{e}{T}$$

여기에서 T는 절대온도이다. 포차(saturation deficit, Sd)는 포화수증기압 E에서 현재의 수증기량 e를 뺀 값으로 나타낸다.

3) 이슬점온도(dew point)

수증기를 포함한 대기의 기압과 수증기량을 변화시키지 않고 기온을 떨어뜨릴 경우 수증기가 포화에 달할 때의 온도를 말한다. 노점습도라고도 하며 물체에 접촉한 공기가 포화수증기 상태에 있으므로 그 수증기의 분압이 이슬점의 포화수증기압과 같다는 원리에 따라 그 물체의 표면온도를 측정하여 습도로 나타낸다. 이슬점은 건습구온도계를 사용해서 구할 수 있으나, 직접 이슬점습도계에 의해서 측정하는 경우도 있다. 이슬점은 공기 속에 함유된 수증기의 양을 나타내는 기준이 된다.

표 2.II.1 건습도계의 건구와 습구의 온도차로부터의 상대습도(%) (상대습도는 기압계 743mmHg에서 측정한 값이다.)

건구 (℃)	건구와 습구의 온도차(℃)																								
	1	2	3	4	5	6	7	8	9	10	11	12	13	14	15	16	17	18	19	20	21	22	23	24	25
-10	60	31																							
-8	65	39	13																						
-6	70	46	23																						
-4	74	53	32	11																					
-2	78	58	39	21																					
0	81	64	46	29	13																				
2	84	68	52	37	22	7																			
4	85	71	57	43	29	16																			
6	86	73	60	48	35	24	11																		
8	87	75	63	51	40	29	19	8																	
10	88	77	66	55	44	34	24	15	6																
12	89	78	68	58	48	39	29	21	12																
14	90	79	70	60	51	42	34	26	21	12															
16	90	81	71	63	54	46	38	30	23	18	10														
18	91	82	73	65	57	49	41	34	27	20	14	7													

표 2.II.1 계 속

건구	건구와 습구의 온도차(℃)																								
(℃)	1	2	3	4	5	6	7	8	9	10	11	12	13	14	15	16	17	18	19	20	21	22	23	24	25
20	91	83	74	66	59	51	44	37	24	18	12	6													
22	92	83	76	68	61	54	47	40	34	31	24	18	12	6											
24	92	84	77	69	62	56	49	43	37	31	26	20	15	10	5										
26	92	85	78	71	64	58	51	46	40	34	29	24	19	14	10	5									
28	93	85	78	71	65	59	53	48	42	37	32	27	22	18	13	9	5								
30	93	86	79	73	67	61	55	50	44	39	35	30	25	21	17	13	9	5							
32	93	86	80	74	68	62	57	51	46	41	37	32	28	24	20	16	12	9	5						
34	93	87	81	75	69	63	58	53	48	43	39	35	30	26	23	19	15	12	8	5					
36	94	87	81	75	70	64	59	54	50	45	41	37	33	29	25	21	18	15	11	8	5				
38	94	88	82	76	71	66	61	56	51	47	43	39	35	31	27	24	20	17	14	11	8	5			
40	94	88	82	77	72	67	62	57	53	48	44	40	36	33	29	26	23	20	16	14	11	8	6		
42	94	88	83	78	72	67	63	58	54	50	45	42	38	35	31	28	25	22	19	16	13	11	8	6	
44	94	89	83	79	73	68	64	59	55	51	47	43	40	36	33	30	27	24	21	18	16	13	10	8	6

5. 바람

바람은 지표면에 대한 공기의 상대적인 움직임이다. 바람은 벡터량이므로 보통 풍향과 풍속의 두 가지 양으로 나타낸다. 풍향과 풍속은 풍향풍속계로 동시에 측정한다. 풍향은 북(N)을 기준으로 하여 측정하며 16방위의 이름으로 나타낸다. 풍속계에는 고정형의 Robinson 풍속계와 운반형의 Biram 풍속계가 있다. 풍속은 10분간의 평균값을 모아서 시간에 대한 평균값으로 나타낸다. 풍향풍속계는 건물이나 나무를 피하고 $600m^2$ 이상 넓은 평탄한 곳에 지상 10m 높이에 설치한다. 바람은 지형의 영향을 크게 받기 때문에 현장에서 직접 측정하는 것이 좋다.

6. 빛

빛은 가시파장에 속하는 전자기파방사로 단파장인 보라색과 장파장인 붉은색까지의 범위이다. 생태적으로 중요한 것은 햇빛, 즉 자연방사이다. 태양방사에는 가시광선이외의 파장도 포함되어 있다. 지표에 도달하는 태양방사에너지의 약 반이 가시광선이고 나머지

반은 근적외선에 속한다. 자외선방사의 대부분은 대기의 오존층에 흡수되고, 극히 소량만이 지표에 도달한다. 지표면에 도달하는 햇빛은 300nm의 자외선으로부터 4,000nm의 적외선까지의 파장으로 구성되어 있는데 이중 가시광선만이 광합성에 이용되며 이를 광합성 유효파장 즉, PhAR(Photosynthetically Active Radiation)이라 한다. 지표면에 도달하는 총 입사에너지의 약 46~48%를 PhAR가 차지한다.

1) 직달일사, 전천일사

기상관측에서 중요시 하는 일사량은 지표면에서 받는 태양열의 강도를 말하는 것으로서 직달일사와 수평면일사(전천일사)로 나눌 수 있다.

① 직달일사

직달일사는 산란이나 반사광 없이 지표면에 도달하는 광을 의미한다. 직달일사량은 수광면(受光面)이 항상 태양광선에 수직하도록 설치한 직달일사계(pyrheliometer)로 측정한다. 직달일사계로 관측된 일사량은 대기의 투과율 및 혼탁계수 계산에 이용되며 다른 일사측정의 기준이 된다. 직달일사계는 움직이는 태양을 따라 신속하고 부드럽게 방위와 고도각을 조정하는 장치가 필요하다. 직달일사계로는 Angstrom 보상식일사계, 은반일사계, Michelson 바이메탈일사계, Linke-Feussner 일사계, Eppley 직달일사계 등이 사용되고 있다.

② 전천일사

수평면일사라고도 불리는 전천일사의 관측은 수평하게 놓인 수광면(受光面)이 받는 태양광선과 전체 하늘의 산란광을 관측하는 것으로 가장 많이 이용되는 일사량이다. 측기는 계속적으로 외부에 노출되어 자기 기록되므로 그 수감부(受感部)는 구형유리로 밀폐되어 있다. 대표적인 전천일사계(pyranometer)로는 Eppley 일사계, Moll-Gorczynski 일사계, Eppley 일사계, Robitzsch 바이메탈 일사계, Yanishe-vsky 일사계 등이 있다.

2) 빛의 강도

빛의 강도는 단위 면적당 단위시간에 통과하는 에너지량, 곧 방사속 밀도(radiant flux density)로 나타내며, radiometer로 측정한다. 측정단위에는 그 종류에 따라 $J/m^2 sec$, erg/cm^2, W/m^2, langley ($cal/cm^2/min$) 등의 에너지 단위가 있다. 최근에 태양의 전자기적 에너지는 quantum sensor로 측정하여 초당 입사하는 광량자(photon)의 수인 $\mu E/m^2 sec$로 나타내고 있다.

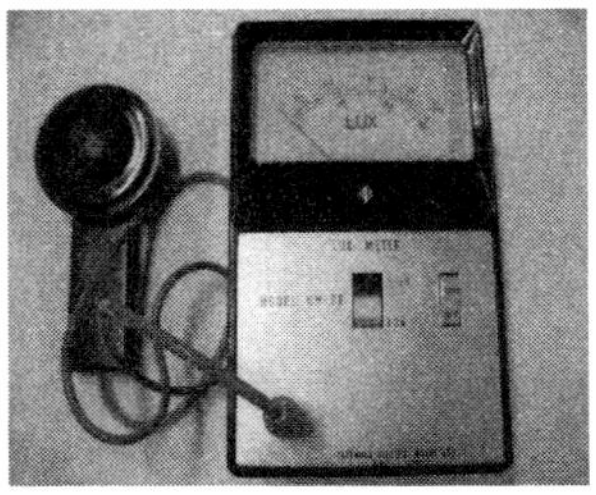

그림 2.II.2
일종의 조도계

3) 태양의 방사량

태양의 방사량은 어느 시각이나 몇 시간 또는 1일간의 측정값을 이용한다. 빛에너지는 감지기(sensor)를 기록계 또는 data logger에 연결하고 연속 측정하여 적산 적분하여 시간당 또는 하루의 총 에너지량으로 나타낸다.

햇빛이 물 속으로 입사되면 그 속의 용해성 물질이나 입자성 물질에 의해 흡수되거나 산란되므로 수심(z)에 따라 빛 에너지량(Iz)은 지수함수적으로 감소된다. 수표면의 에너지량(Io)과 주어진 수심에서의 에너지량(Iz) 사이에는 다음의 관계가 성립한다.

$$Iz = Io \times e^{-kz}$$

여기에서 k는 수질의 고유한 소멸계수이다. 수심 별로 수중의 빛 에너지량을 측정하면 k값을 얻을 수 있다. 물 속의 빛 에너지량은 수중 광량자 측정기(underwater quantum meter)를 이용하여 측정한다.

7. 기후도

기후도는 어떤 지역의 기후를 한눈에 볼 수 있도록 그림으로 나타낸 것이다. 여기에는 Climograph, 기후도가 있다.

1) Climograph

Climograph는 조사대상지역의 기상 측정 자료를 이용하여 기후의 특성을 한눈에 분석할 수 있도록 만든 기후도이다. 같은 기온이라 하더라도 습도에 따라 인체가 느끼는 더위나 추위의 정도가 많이 다르다. 호주의 G. Taylor는 이러한 기후의 체감을 표현하기 위하여 기온과 습도의 결합으로 Climograph를 창안하였다. 이는 일반적으로, 기후의 특성을 나타내는 데 사용한다. 과거에 습구온도와 상대습도로 나타내었으나 현재에는 세로축에 월평균기온을, 가로축에 월강수량을 넣어 각 달의 양자의 값이 교차하는 점을 찍고 그 옆에 월수를 적은 다음 점을 선으로 연결한 것이다. 기온과 강수량이 기후요소 중에서도 기후의 특성을 가장 크게 좌우하는 것임을 생각할 때 이는 기후의 특성을 잘 나타낸다고 볼 수 있다.

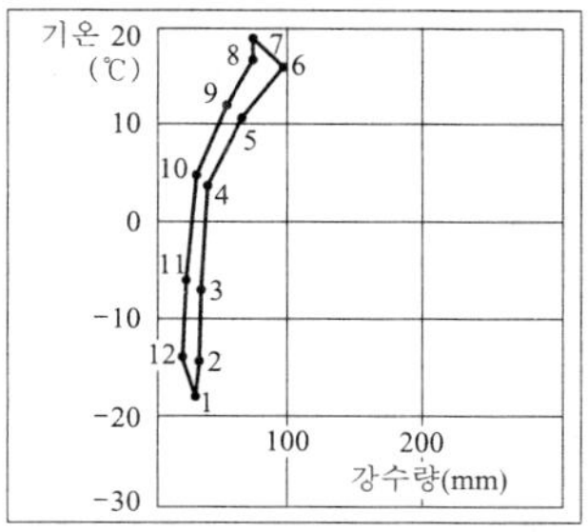

그림 2.II.3

Climograph

2) 기후도

기후도를 작성하려면 기상청의 기후자료를 이용하여 대상지역의 연평균기온과 강수량, 월평균기온과 강수량, 각 달의 일평균기온교차를 계산한다. 기후도는 왼쪽에 월평균 기온 10℃와 오른쪽에 월평균 강수량 20mm가 일치하도록 눈금을 조정하고 월평균 강수량이 100 mm 이상에서는 100mm 당 단위로 눈금을 끊어서 건기와 우기로 구별한다. 특별한 경우에는 월평균기온 10℃마다 월평균강수량 30mm씩 눈금을 맞춘다. 가로축은 북반구에서 1월로부터 12월을, 남반구에서 7월로부터 다음해 6월을 나타내어 따뜻한 계절이 기후도의 중앙에 오도록 한다. 추운 계절은 일평균 최저기온으로, 서리가 내리는 달을 각 달의 절대 최저기온으로 나타낸다. 기후도에서 수직선 부분과 점 부분의 높이는 각각 우기와 건기의 상대적 세기를 나타내는 기후형이다.

이것은 온대지방의 건기가 지중해성 기후지역이나 열대의 건기와 다름을 뜻한다. 그 이유는 건기를 잠재증발량 곡선 대신에 온도곡선을 사용하기 때문이다. 온도와 잠재 증발량의 곡선은 같지 않지만, 종종 서로 평행하게 그려지는데, 그들 사이의 관계는 각 기후대에 따라 다르고, 건조도가 클수록 그 차가 커진다.

기후도에서 건기를 상대값으로 나타내는 것은 생태학적으로 의미가 크다. 식물은 내건성이 클수록 그 지역의 기후가 더 건조하기 때문이다. 열대우림의 식물에게는 강우량이 한달에 100mm 이하이면 건조하지만, 덜 습한 기후대의 식물에게는 한달에 100mm 이하라도 매우 습하게 영향을 미친다, 예를 들면 중부유럽의 건성식물이 건조한

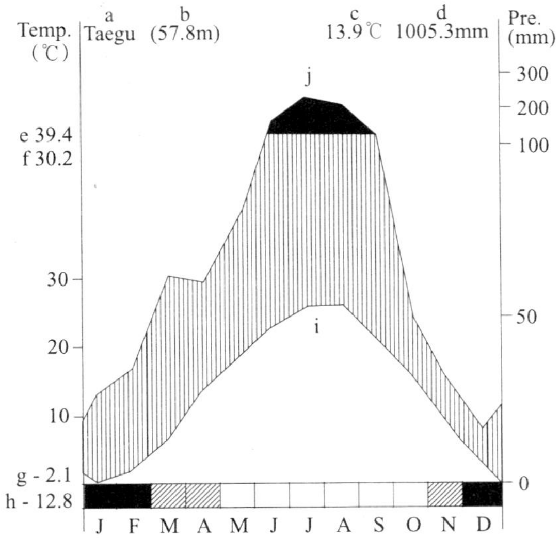

▨ 절대 최저기온이 0℃ 이하인 날이 있는 날(서리 내리는 달)
■ 평균일 최저기온이 0℃ 이하인 날이 있는 달
□ 월평균 강수량이 100mm 초과하는 달

a. 관측지점 b. 해발고도 c. 연평균기온
d. 연평균강수량 e. 절대최고기온 f. 최난월의 일평균 최저기온
g. 최한월의 일평균 최고기온 h. 절대 연 최저기온
i. 월평균 기온곡선 j. 월평균 강수량곡선

그림 2.II.4 기후도

스텝에서는 수성식물이고, 사막에서는 출현하지 않는다. 식물의 건조 예민성은 식물이 적응한 기후대의 습도가 높을수록 증가한다. 기후도에 나타난 상대적 건조도는 그 지역에서 출현하는 식물의 상대적 내건성과 관계가 깊다.

III. 토양환경

1. 토양시료의 채취

생태계 구성의 주요 요인인 지권은 지표로부터 수 m 두께의 토양과 물 속의 저질토로 구성된다. 토양은 장구한 세월에 걸쳐 기후나 식생과 상호작용을 하여 형성된 산물로 계절에 따라 약간 변한다.

1) 채토법

일반적으로 표토(top soil 또는 surface soil)라고 하면 0~10cm 전후의 토양을 의미하며, 보통 토양의 수직단면(soil profile)의 A층에 해당된다. 물론 토양의 층서가 잘 발달된 경우에는 A층이 15cm 이상인 경우도 있지만 우리나라의 경우는 대부분 10cm 정도까지를 표토로 인식하고 있다. 표토를 채취하기 위해서는 주로 부삽을 이용하며, 경우에 따라 토양 채취기(soil hand auger)를 이용하기도 한다. 먼저 시료채취지점을 선정하고 부삽을 이용하여 토양을 채취하고, 표면의 잡초, 유기물 등의 이물질을 제거한다. 시료의 양은 조사의 목적에 따라 다르지만 보통 0.5~1.0kg이면 충분하다. 토양 시료 채취에 있어 고려해야 할 사항은 토양 자체는 불균질하기 때문에 한 지점에서만 채취하면 한쪽으로 치우친 결과를 얻을 수 있다는 것이다. 그러므로 이를 보완하기 위하여 중간지점과 약 5m 거리로 동서남북 각 방향에서 시료를 채취하여 총 5개의 부시료(subsample)를 하나의 혼합시료(composite sample)로 하는 방법을 이용한다.

토양은 토양오거로 채토 하는데 그것은 한쪽이 열려 있는 금속관이다. 토양오거를 지표면에 수직으로 끝까지 박은 다음 조심스럽게 뽑아 올려서 관찰한다. 그리고 토양오거는 다음 번의 채토를 위하여

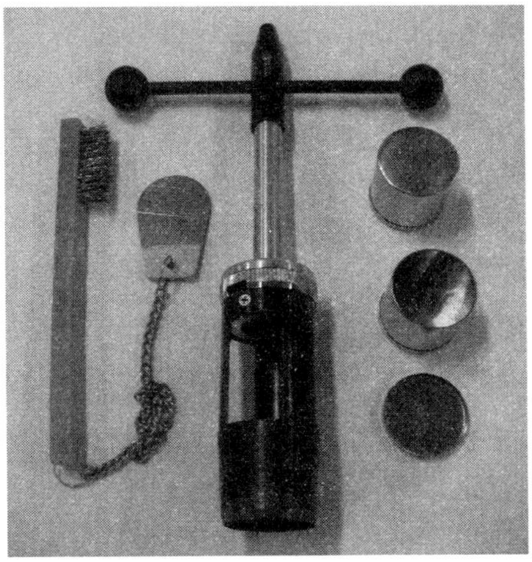

그림 2.III.1 토양 채취기

깨끗이 닦아 놓는다. 토양오거를 사용하는 것이 가장 좋으나 그렇지 못한 사정이나 많은 양이 필요하여 삽을 사용할 때는 삽으로 일정한 깊이의 흙을 떠내 시료로 한다.

채취한 시료는 비닐봉투에 담고 다시 질긴 종이봉투에 넣어 시료 내역을 기록하여 분석실로 보낸다. 봉투에 채취 날짜, 시료명, 주소, 시료내역, 표토 · 심토의 구분, 토심 등을 기재하여야 한다.

2) 시료의 건조

채취된 시료는 그늘에서 깨끗한 비닐이나 종이 위에 얇게 펴서 서서히 건조시켜야 한다. 야외에서 채취해 온 시료를 건조판 위에 놓고 그늘에서 풍건시키면서 토양이 푸슬푸슬하게 마르면 고무망치로 토괴를 잘게 부수어 주면서 완전히 말린다. 시료를 바람에 말릴 때 근처에 휘발성 화학물질이 있으면 좋지 않다. 이물질이 바람 등에 의하여 혼입되지 않도록 각별히 주의하여야 한다.

3) 시료의 분쇄와 체질

시료에는 굵은 덩어리가 많고 세토가 아닌 자갈 등이 섞여 있다. 그러므로 토양의 화학분석에 앞서 곱게 빻은 후 2mm 체눈을 통과시킨 것(표준망체 No.10을 이용하여 체질을 한 것)을 사용한다. 잔존부분은 다시 고무망치로 가볍게 두드려 덩어리를 부수어가며 체별하여, 일차 입자로써 직경 2mm 이상인 부분만 남을 때까지 반복한다.

표 2.III.1 ASTM에 의한 표준망체의 규격

표준망체 번호	구멍의 길이(μm)	표준망체 번호	구멍의 길이(μm)
10	2,000	80	180
18	1,000	100	150
20	850	120	125
40	420	140	106
45	355	170	90
50	300	200	75
60	250	230	63
70	212	270	53

시료분쇄에 사용되는 도구는 불순물에 오염된 것을 사용하지 말고 깨끗한 목재 용기를 쓰거나 막자사발과 막자를 쓰고 체는 녹슬지 않은 것을 사용하여야 한다. 다음 표 2.Ⅲ.1은 ASTM(American Society for Testing Materials)에서 제시한 표준망체(standard sieve)의 번호와 구멍의 길이(aperture, μm)를 정리한 것이다.

4) 시료의 보관

아무리 정확하게 채취, 조제된 토양시료 일지라도 보관이 적절하지 못하면 앞서 들인 공이 헛되게 된다. 조제가 끝난 시료는 500g정도를 시료내역을 기입할 수 있게 만든 봉투에 넣고 습기가 적은 곳에 보관한다. 시료보관 장소는 습도가 낮을수록 좋으며 특별한 시설이 없는 한 봄에 채취한 시료는 여름을 넘기기 전에 분석하는 것이 좋다.

2. 토양의 물리적 성질

1) 토성

① 서론

토성 분석은 토양분류, 형태학, 토양생성연구의 기초 자료가 되며, 토양의 제반 물리적, 화학적 성질, 즉 투수성, 보수력, 통기성, 염기치환능력 등과 밀접한 관계를 가지고 있다. 이들 입자들의 굵기에 따라 자갈(gravel), 모래(sand), 미사(silt) 및 점토(clay) 등으로 구분한다. 이러한 토양 입도의 구분은 미국 농무성(USDA) 기준, 국제표준(International) 기준에 따라 다소 차이가 있지만 주로 미국 농무성(USDA)에서 분류한 방법이 많이 이용되고 있다.

토성 분석을 정확히 수행하기 위해서는 완전한 분산이 필요하다. 왜냐하면 작은 일차입자가 모여 입단을 이루고 있다면 그 입자는 본래의 직경보다 더 큰 입자로서 측정되기 때문이다. 분산은 고착제(Cementing agent), Ca^{2+}의 제거, 기계적 교반, 분산제의 사용 등을 시행함으로써 완전을 기할 수 있다.

표 2.III.2 미국 농무성, 국제표준 기준의 토양입도 분류

입 도 구 분		지름(mm)		1g당 입자수 (개/g)
		미국 농무성	국제표준안	
모래	very coarse sand	2.00-1.00	-	90
	coarse sand	1.00-0.50	2.00-0.20	720
	medium sand	0.50-0.25	-	5,700
	fine sand	0.25-0.10	0.20-0.02	46,000
	very fine sand	0.10-0.05	-	722,000
실트		0.05-0.002	0.02-0.002	5,776,000
점토		< 0.002	< 0.002	90,260,853,000

② 분산(分散)과정

가. 석회질 분산(分散)

염산처리는 고착제와 분산에 방해가 되는 치환성 염기와 유리염을 제거하기 위하여 사용되어 온 것으로, 석회질 토양에 대하여는 칼슘염이 용출되어 토성의 변화를 가져올 수 있기 때문에 적용할 수가 없다. 그러므로 산처리의 적용여부는 분석목적, 토양의 성질, 사용될 분산체의 종류에 따라서 결정되어야 한다. Ammonium Hydroxide나 NaOH를 분산제로 사용할 때 산처리가 없으면 분산능력이 별로 나타나지 않으며 Sodium Oxalate는 산처리가 없어도 분산능력을 가지므로 석회질 토양에 적당한 분산제가 된다.

나. 유기물 분해

비이커에 증류수를 30㎖씩 가하고 30% 과산화수소를 25㎖씩 가한 뒤 90℃로 가열된 전열판 위에서 가열한다. 만일 격렬한 반응이 일어난다면 반응이 끝날 때까지 계속하되 과산화수소 5㎖씩을 30분에서 1시간 간격으로 가하여 준다. 상등액이 맑아지고 미세한 유기질 부유물이 없어지면서 기포발생이 없으면 유기물 분해가 거의 완료 된 것이다.

다. 기계적 분산

토양입단은 마찰, 비등, 진탕, 교반에 의하여 분산된다. 분산제

를 넣은 후 교반하면 더욱 효과적인 분산을 기할 수 있다.

라. 분산제

수화이온반경이 큰 1가이온(특히 Na^{+}, Li^{+})이 많으면 토양 콜로이드는 이들 이온에 의하여 포화되어 상호 결합력이 작아지므로 음전하가 노출될 확률이 많다. 콜로이드는 서로 접근하였을 때 반발함으로써 안정된 분산을 유지할 수 있는 것이다. 효과적인 분산제는 이러한 작용을 잘 일으켜 주는 것이다. 현재까지 많이 사용해온 분산제로는 NH_4OH, NaOH, Na_2CO_3 Sodium Silicate, Sodium Oxalate, Sodium Hexametaphosphate 등이 있다. Sodium Hexametaphosphate는 석회질 토양과 석고질 토양을 포함한 광범위한 토양에 좋은 분산제로서 사용된다. 토양에 대한 분산조작이 끝난 다음에는 각 입도에 따라 그 함량을 측정하는 데 0.05mm 이상의 부분은 체분석에 의하여 알맞은 체로서 체별(Sieving)하여 잔존율을 측정하여 구하며, 0.05mm 이하의 부분은 용액 내에서 입자하강속도에 관한 Stoke의 법칙(구형입자의 하강속도는 액체의 점성계수에 반비례하고, 입자의 비중과 반경의 제곱에 비례한다.)에 의하여 Hydrometer와 Pipette법으로 측정한다. 이와 같은 방법으로 점토, 미사, 모래의 함유비가 결정되면 삼각토성분류표에서 토성을 판별한다.

③ 비중계법(Hydrometer Method)에 의한 토성분석

가. 서론

비중계법은 0.05mm 이하 미사+점토 부분의 함유비를 규명하기 위하여 진행되는 실험이며 Pipette법에 비하여 간단한 기구로 단시간 내에 다량의 시료를 분석할 수 있다는 장점 때문에 입도분석에 많이 사용된다. 본 방법은 비중계를 일정한 시간별로 토양 혼탁액에 삽입하여 비중이나 용적당 무게(g) 감소를 측정하여 점토의 함량을 구하며, 모래함량(2.0~0.05mm)은 Pipette법과 마찬가지로 체분석에 의하여 측정한다. Stoke의 법칙에서 침강속도는 소요시간과 침강길이만 알면 구할 수 있으며 침강속도가 구해지면 계산에 의하여 그 입자의 직경을 알수 있다. 여기서 소요시간은 정치시작 시각부터 측정 시각까지이다.

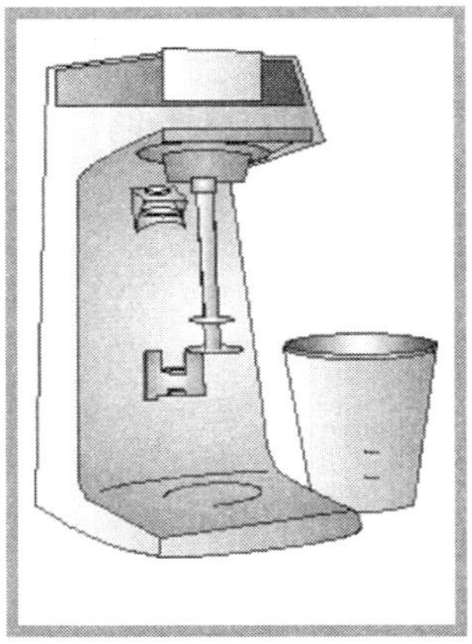

입도분석 교반기

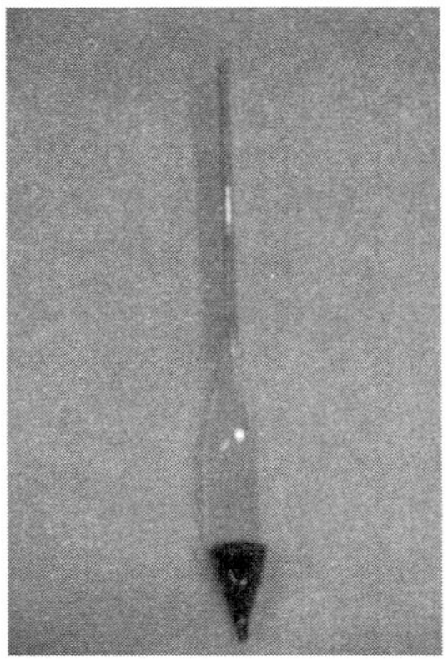

토양비중계

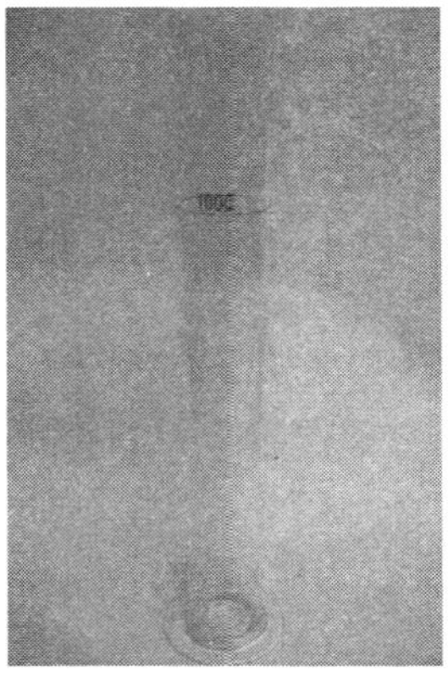

입도분석 실린더

그림 2.III.2 토성판별 도구

나. 시약

가) 분산제(5% Sodium Hexametaphosphate) : 50g의 Sodium Hexametaphosphate와 8~9g의 Na_2CO_3를 1L로 희석하여 만드는데 Na_2CO_3는 용액을 알칼리성으로 유지하기 위하여 사용되며 이것은 산성에서 Metaphophate가 가수분해하여 분산 능력이 작은 Orthophosphate로 변화하는 것을 방지하는 역할을 한다.

나) Amyl alcohol

다. 기구

가) 저울 : 0.001g 감도

나) 분산장치

다) Hydrometer : Hydrometer(a.s.t.m. d422) 152H

라) 침전 cylinder : 높이 45.72cm, 내경(the inside [internal] diameter) 6.35cm로 내경이 일정하여야 하며 1000㎖ 표식은 36±2cm에 있어야 한다.

마) 온도계 :1~100℃

바) 체

사) 삼각 플라스크 250㎖

아) 항온장치 : 항온실이나 항온 수조

자) 버니어 캘리퍼스

라. 과정

가) Sampling : U. S. No. 10체를 통과한 풍건토양시료를 105~110℃에서 18시간 건조시킨 것으로서 점토나 미사가 많을 때는 50g을 채취하여 250㎖ 비이커에 담고 모래함량이 높은 토양의 경우에는 100g을 취한다.

나) 분산 : 토양이 담긴 250㎖ 비이커에 분산제 100㎖를 가한 후 토양이 완전히 젖을 때까지 흔들어 주고 약 18시간 이상 담가서 침지시킨다. 침지가 끝나면 시료를 strirring cup으로 깨끗이 옮긴 후 적당량의 물을 가하고 교반기에 연결하여 5분간 교반시켜 준다(유기물의 양이 많은 경우 분해과정을 실시한다).

다) 비중계 검정

(가) 비중계를 증류수에 넣어 메니스커스 상단(r_u) 및 하단(r_L)을 읽고, 메니스커스 보정치($C_m = r_L - r_u$)를 결정한다.

(나) 비중계의 구부를 메스실린더에 침수시키고 침수 전후의 수위차로부터 구부의 체적 V_B(cm^3)를 구한다.

(다) 구부길이 L_B(cm)를 버니어 캘리퍼스를 이용하여 0.1 mm 단위까지 구한다.

(라) 구부의 상단으로부터 수치 1.000까지의 거리 l_1(mm)을 측정한다.

(마) 구부의 상단으로부터 수치 1.050까지의 거리 l_2(mm)를 측정한다.

(바) 침강분석에 이용하는 메스실린더의 내경을 측정하여 단면적 A(cm^2)를 0.1cm^{2}단위까지 계산한다.

라) 비중계 측정

(가) 분산된 시료를 침전 실린더로 옮긴 후 증류수를 가하여 전 용적이 1L가 되도록 한다.

(나) 메스실린더를 항온수조나 항온실 내에 둔다.

(다) 메스실린더 내용물의 입자가 침강하지 않도록 자주 유리막대로 저으면서 내용물의 온도가 항온수조나 항온실내의 온도와 같게 한다.

(라) 온도가 동일해지면 메스실린더를 항온수조나 항온실 내에서 꺼낸다.

(마) 메스실린더의 윗부분을 손바닥 또는 고무마개로 막고 1분간 약 30회 위 아래로 반전한다.

(바) 반전 작업이 종료된 후 즉시 메스실린더를 항온수조에 정치시키며, 정치한 시각이 침강측정의 시작 시간이 된다.

(사) 정치 후의 경과시간 1, 2, 5, 15, 30, 60, 240, 1440 븐마다 비중계를 넣어 그 비중계 읽음값 r을 읽고 수온을 측정한다.

마) 실험 시 유의사항

(가) 교반이 끝난 직 후 현탁액 표면에 생긴 거품을 없애기 위하여 Amyl Alcohol(Pentanol) 몇 방울을 떨어 뜨려 준다.

(나) 비중계 삽입 시에는 측정시간 20~25초 전에 눈금이 정면에 오도록 잡고 근사한 깊이까지 비중계의 움직임이 적도록 조심스럽게 넣고 손을 넣을 때 비중계가 돌지 않도록 주의해야 한다. 이 조작은 숙달을 요하는 바 실험 전에 증류수에서 충분한 실습을 한 다음 실험에 임하여야 한다.

(다) 비중계 측정 후 비중계는 현탁액이 교반되지 않도록 즉시 조심스럽게 꺼내어 깨끗한 물이 당긴 Jar에 옮겨서 한 번 세게 회전시켜서 씻어야 하다. 그렇지 않으면 Bulb 주위에 clay가 달라붙어서 다음 측정에 오차를 범할 수 있다.

(라) 비중계 측정이 끝난 후 온도계를 꽂아 현탁액의 온도를 측정해 두어야 한다.

마. 침강분석 결과를 이용한 입도의 계산

가) 유효심도 L의 계산

비중계 검정 시 측정값을 이용하여 유효심도(mm)를 그한다.

$$L = l_1 - 20\,(l_1 - l_2)\,(r + C_m) + \frac{1}{2}\left(L_B - 10\frac{V_B}{A}\right)$$

r : 비중계 읽음값

l_1 : 구부의 상단으로부터 수치 1.000까지의 거리(mm)

l_2 : 구부의 상단으로부터 수치 1.050까지의 거리(mm)

C_m : 메니스커스 보정치

V_B : 비중계 구부의 체적(cm^3)

L_B : 비중계 구부의 길이(cm)

A : 메스실린더의 단면적(cm^2)

나) 현탁 되어 있는 흙입자의 지름 d(mm)의 계산

$$d = \sqrt{\frac{30\eta}{980\,(Gs - Gt)r_W}} \times \sqrt{\frac{L}{t}}$$

η : 물의 점성계수

L : 비중계의 유효길이

t : 침강시간(분)

G_s : 흙입자의 비중

G_t : T℃의 물의 비중

r_W : 물의 단위 체적 중량(g/cm^3)

여러 가지 온도와 토양 입자의 비중에 대한 $\sqrt{\frac{30\eta}{980\,(Gs - Gt)r_W}}$ 의 값을 표로 나타내었다.

표 2.Ⅲ.3 각 온도와 흙 입자의 비중에 대한 $\sqrt{\frac{30\eta}{980\,(Gs - Gt)r_W}}$ 의 값

온도	흙입자의 분해								
℃	2.45	2.50	2.55	2.60	2.65	2.70	2.75	2.80	2.85
4	0.01819	0.01788	0.01759	0.01732	0.01705	0.01680	0.01656	0.01633	0.01633
5	0.01791	0.01761	0.01732	0.01705	0.01670	0.01654	0.01630	0.01607	0.01595
6	0.01763	0.01734	0.01706	0.01679	0.01653	0.01629	0.01605	0.01586	0.01561
7	0.01737	0.01708	0.01671	0.01653	0.01628	0.01605	0.01581	0.01559	0.01538
8	0.01711	0.01682	0.01655	0.01629	0.01605	0.01581	0.01558	0.01536	0.01515
9	0.01696	0.01659	0.01631	0.01606	0.01581	0.01558	0.01536	0.01514	0.01493
10	0.01663	0.01635	0.01608	0.01583	0.01559	0.01563	0.01514	0.01493	0.01472
11	0.01640	0.01612	0.01586	0.01561	0.01537	0.01514	0.01493	0.01472	0.01452
12	0.01611	0.01584	0.01558	0.01534	0.01510	0.01488	0.01467	0.01448	0.01426
13	0.01595	0.01568	0.01543	0.01519	0.01495	0.01473	0.01452	0.01432	0.01412
14	0.01575	0.01548	0.01523	0.01497	0.01476	0.01454	0.01433	0.01413	0.01398
15	0.01554	0.01538	0.01503	0.01480	0.01455	0.01436	0.01415	0.01395	0.01376
16	0.01531	0.01505	0.01481	0.01457	0.01435	0.01414	0.01394	0.01374	0.01356
17	0.01511	0.01486	0.01462	0.01439	0.01417	0.01396	0.01376	0.01356	0.01338
18	0.01492	0.01467	0.01443	0.01421	0.01369	0.01378	0.01359	0.01339	0.01321
19	0.01474	0.01449	0.01425	0.01403	0.01382	0.01362	0.01342	0.01323	0.01305
20	0.01456	0.01431	0.01408	0.01386	0.01365	0.01344	0.01325	0.01307	0.01289
21	0.01433	0.01414	0.01391	0.01369	0.01348	0.01328	0.01309	0.01291	0.01273
22	0.01421	0.01397	0.01374	0.01353	0.01332	0.01312	0.01294	0.01276	0.01258
23	0.01404	0.01381	0.01358	0.01337	0.01317	0.01297	0.01279	0.01261	0.01243
24	0.01388	0.01365	0.01342	0.01321	0.01301	0.01282	0.01264	0.01246	0.01229
25	0.01372	0.01349	0.01327	0.01306	0.01286	0.01267	0.01249	0.01232	0.01215
26	0.01357	0.01334	0.01312	0.01291	0.01272	0.01253	0.01235	0.01218	0.01201
27	0.01342	0.01319	0.01297	0.01277	0.01258	0.01239	0.01221	0.01204	0.01188
28	0.01327	0.01304	0.01283	0.01264	0.01224	0.01225	0.01208	0.01191	0.01175
29	0.01312	0.01290	0.01269	0.01249	0.01230	0.01212	0.01195	0.01178	0.01162
30	0.01298	0.01256	0.01256	0.01236	0.01217	0.01199	0.01182	0.01165	0.01149

다) 현탁 되어 있는 흙의 백분율 P(%)의 계산

비중계의 각 측정치에 대하여 유효깊이 L일 때 1㎖ 중에 현탁되어 있는 흙의 백분율 P는 다음 식으로 표시한다.

$$P = \frac{100}{W} \times \frac{G_S}{G_S - G_T}(r' + F)$$

W: 전시료의 oven dry 중량

G_S : 흙입자의 비중

G_T : T℃에서의 물의 비중

r' : 비중계 측정치의 소수부분(메니스커스에 대한 보정을 한 값)

F : 온도에 대한 보정계수 $\frac{G_S}{G_S - G_T}$의 값과 F는 표로 나타내었다.

표 2.III.4 $\frac{G_S}{G_S - G_T}$의 값

온도 (℃)	비중 (G_S)								
	2.45	2.50	2.55	2.60	2.65	2.70	2.75	2.80	2.85
15	1.689	1.666	1.644	1.624	1.605	1.587	1.571	1.555	1.540

표 2.III.5 각 온도에 대한 보정계수 F의 값

온도 (℃)	보정계수 (F)	온도 (℃)	보정계수 (F)
4	-0.0006	18	+0.0004
5	-0.0006	19	+0.0006
6	-0.0006	20	+0.0008
7	-0.0006	21	+0.0010
8	-0.0006	22	+0.0012
9	-0.0005	23	+0.0014
10	-0.0005	24	+0.0016
11	-0.0004	25	+0.0018
12	-0.0003	26	+0.0020
13	-0.0002	27	+0.0023
14	-0.0001	28	+0.0025
15	-0.0000	29	+0.0028
16	+0.0001	30	+0.0031
17	+0.0003		

바. 그래프 작성

각 측정시간과 측정치에 따라 입자의 직경과 함유비의 계산이 완료

되면 Sand log graph 용지에 횡좌표는 직경(mm)을, 종좌표에는 함유량(%)을 산술치로서 점을 찍어 입도분포 곡선을 그린다.

표 2.III.6 토양표본의 입자크기와 식토, 미사 및 모래 함량의 백분율 관계

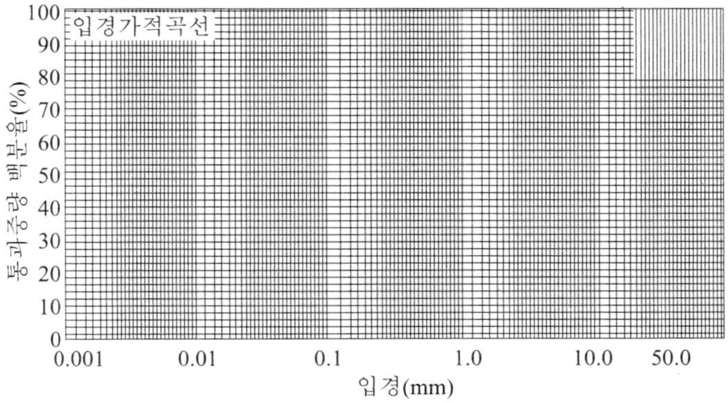

사. 미사와 점토함량의 계산

곡선이 완료되면 미사와 점토의 함량은 곡선으로부터 구해지는데 < 0.02 부분과 <0.002(mm) 부분의 함량을 찾아낼 수 있다.

가) USDA 방법기준

(가) 점토 % =< 0.002mm 부분 %

(나) 미사 % =< 0.05mm 부분 % － 0.002mm 부분 %

나) 국제법 방법기준

(가) 점토 % =< 0.002mm 부분 %

(나) 미사 % =< 0.02mm 부분 % － 0.002mm 부분 %

* 토목 공학에서는 AASHTO분류법과 통일분류법으로 토양을 나누고 있으며 이것은 생태학에서 입경분석을 위해 사용하는 기준과 다르다.

2) 토양수분

① 토양삼상과 토양수분

토양 내에 존재하는 수분 즉 토양수분은 단독으로 존재하는 것이 아니라 토양입자와 결합하여 피막을 형성하면서 존재하게 되고, 나머지 공간은 공기로 채워지게 된다. 토양 내에서 입자가 차지하는 공간을 제외한 나머지 공간 즉 물(수분) 또는 공기

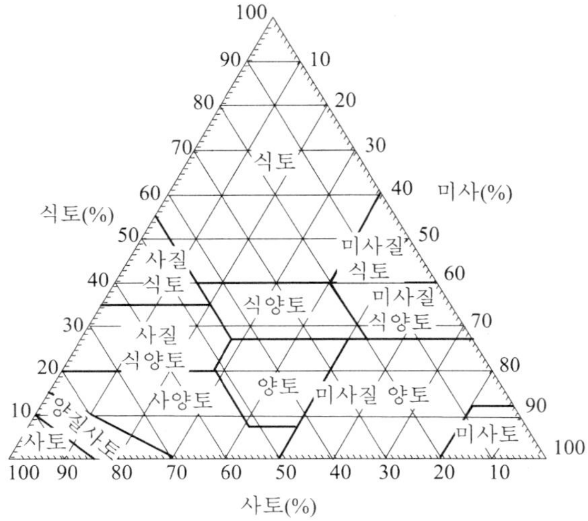

그림 2.III.3 삼각 토성 분류표

로 채워질 수 있는 공간을 공극(pore)이라고 한다. 토양 입자, 토양 수분, 토양 공기 이 세 가지를 토양 삼상이라고 한다.

② **수분의 표시**

토양이나 식물이 물을 어떤 조건으로 간직하고 있는지를 아는 것은 매우 중요하다. 토양이나 식물이 가지고 있는 수분조건을 표현하는 데는 크게 두 가지 방법이 있다. 하나는 양적 개념(무게를 기준으로 보는 중량함량과 용적을 기준으로 보는 용적함량의 두 가지가 있음)으로 파악하는 방법이며, 다른 하나의 방법은 질적 수준 즉, 에너지 개념으로 파악하는 방법이다. 이들 두 가지 방법은 각 방법이 가지고 있는 목적과 장단점이 다르나 실제 두 개념이 동시에 사용되고 있다.

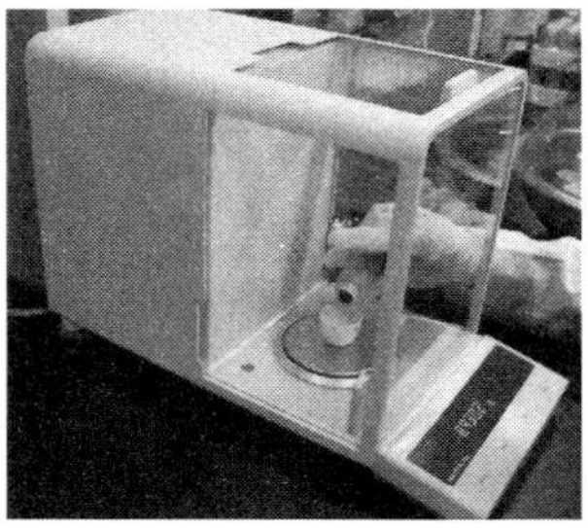

그림 2.III.4
저울

가. 중량수분 함량(Gravimetric water content : θg) : 토양수분과 토양입자간의 무게비율을 뜻한다.

$$\theta g = \frac{Ww}{Ws}$$

(Ww : 토양수분의 무게, Ws : 토양입자의 무게)

나. 용적수분 함량(Volumetric water content : θv) : 젖은 토양의 전체 부피 중 물이 차지하는 부피의 비율을 뜻한다.

$$\theta v = \frac{Vw}{Vt}$$

(Vw : 물이 차지하는 부피 Vt : 젖은 토양의 전체 부피)

여기서 젖은 토양을 건조시켜 수분의 양 (Vw)을 알 수 있으므로 Vw는 곧바로 측정된다(즉, 물 1g≒$1cm^3$). 그러나 Vt는 젖은 토양시료를 채취할 때 전체 부피를 알 수 있도록 채취해야만 측정이 가능하다. 이를 위해 Core 시료를 채취해야 한다. 한편 토양의 용적밀도(가비중, Bulk density, ρb)와 중량수분함량(θg), 용적수분함량(θv)의 관계는 다음과 같다.

$$\theta v = \theta g \times \rho b$$

③ 토양 수분함량 측정법(건토중량법)

가. 이 방법은 젖은 토양과 건조 토양의 무게만 측정하면 되는 방법으로 θg의 측정만 가능하며, 가장 고전적이나 정확한 방법이기 때문에 표준 측정법으로 인정되고 있다. 육지 토양의 수분함량은 건토중량이 적합하며 습지와 같이 함수량이 큰 토양의 경우 습토중량을 사용하는 것이 적합하다.

나. 과정

가) 포장조건 또는 야외 자연조건에서 젖은 토양시료를 채취했을 때의 무게 (Wt)는 [$Wt = Ww + Ws$]가 된다.

나) 젖은 토양시료를 105℃에서 18시간 oven dry시키면 수분은 증발되고 입자만 남게 되므로 건조 후 무게는 바로 Ws가 되어 [Ww=젖은 토양의 무게－건조 토양무게]가 된다.

그림 2.Ⅲ.5

Dry Oven

다. 계산

$$\theta g(g/g) = \frac{Ww}{Ws}$$

=(젖은 토양무게－건조 토양무게)/건조 토양무게

$$\theta g(g/g) = \frac{Ww}{Ws} \times 100$$

3) 가밀도(가비중, 용적밀도, bulk density)

① 가밀도의 의의

토양의 가밀도는 자연 상태의 토양에서 토양입자간의 부피 뿐만 아니라 공극의 부피를 합한 부피에 대한 비중이다. 따라서 실제 토양에서는 진밀도(Particle density)보다 이 가밀도가 작물 및 토양학적 의의가 더 크다.

토양의 가비중은 토양의 입단, 토성, 식생과 깊은 관계를 맺고 있으며, 토성이 거칠면 가비중이 커지고, 입단구조가 잘 발달되며 대공극이 많을수록 작아진다. 또한 토양 중 유기물이 많으면 가비중은 떨어진다.

토양 중 토양입자와 유기물의 고상과 토양용액의 액상, 그리고 토양공기의 기상을 토양의 삼상이라고 하며 이들이 적당한 비율로 조합되어야 작물생육에 좋다. 또한 총 공극률은 액상과 기상을 합한 값으로 나타낸다. 토양의 가밀도는 자연 상태의 토양을 파괴하지 않고 시료를 채취하여 토양의 건토중량을 측정하여 그 중량을 토양전체(공극포함) 용적으로 나눈 것이다.

② 기구

가. 100㎖ core
나. core 시료채취기
다. Cutting lip.
라. 저울 : 0.1g감도
마. 건조기
바. 수분평량병
사. Tape(특히 masking tape)

③ 과정

가. 자연토양에 시료채취기를 수직으로 걸어놓고, 자연토양 구조를 파괴하지 않은 채 들어낸다. core의 횡단을 cutting lip으로 잘 깎아 뚜껑을 덮어 테이프로 밀봉하여 실험실내로 운반한다(이때에 시료가 과도한 충격으로 눌리거나 파괴를 받지 않도록 주의해야 한다). 토양과 core의 전 중량을 0.1g 단위까지 정확히 무게를 잰다. 25g 정도의 토양을 취하여 평량병

에 넣어 수분을 정량 한다. 흙을 모두 제거한 빈 core의 무게를 측정하여 core 내의 흙의 무게를 산출한다.

④ **계산**

$$Wc(\%) = \frac{St - Sd}{st} \qquad dP = \frac{St}{V} \times \frac{Sd}{Sw}$$

Wc = 토양수분함량(%)

dP = 가비중(g/cm^3)

St = 시료의 전중량

Sd = 건조토양의 중량

Sw = 건조토양+수분중량

V = core의 용적

4) 진밀도(진비중, Specific gravity, Particle density)

① **진밀도의 의의**

토양의 진밀도는 토양 자체만의 비중을 말하는데 이는 토양광물의 종류에 따라 다르다. 보통 2.6~2.7g/cm^{3}이며, 일반적으로 평균 2.65g/cm^{3}를 사용하면 큰 오차가 없다. 그러나 토양광물 중 철의 함량이 많은 계통의 광물은 2.9~3.5g/cm^{3}나 되며, 철의 산화물을 많이 함유한 토양에서 진밀도가 비교적 높고, 부식이 많은 토양이나 화산회토 계통은 진밀도가 낮다.

진밀도의 측정은 토양입자에 의해 대체된 물의 부피로, 토양의 무게를 나누어줌으로써 얻어진다. Mass flask를 사용하는 것과 Pycnometer를 사용하는 방법이 있다. 여기서는 Mass flask법을 소개하도록 한다.

② **기구**

가. 250㎖ Mass flask

나. 저울 : 0.01g 감도

다. 증발접시

라. 수분평량병

마. Buchner funnel

바. 건조기

사. 진공 Pump

아. 온도계

③ 과정

가. Flask상수의 계산

잘 씻은 Flask에 탈기 증류수를 실온에서 측정표식이 있는 표선의 아래까지 채운다. 이 때 플라스크의 외벽과 물표면 이상의 내벽에 묻어있는 물방울을 깨끗이 닦아 다시 표선까지 채운다. 0.01g까지 정확히 평량하고 이때의 수온을 0.1℃까지 측정한다. 20~30℃의 범위 내에서 3회 정도의 반복으로 온도에 따라 상기 조작을 여러 번 해서 얻은 수치(15, 20, 25, 30℃)와 4℃에서 측정한 수치로 플라스크 무게와 물의 무게를 온도에 대한 관계 그림을 얻어 그 온도에서의 플라스크 상수로 사용한다.

나. 진밀도의 측정

토양이 적은 상태이면 건조기에서 건조시켜 덩어리를 부순다. 시료의 양은 점질토양인 경우 50g 내외, 사질토양인 경우 100g 내외를 필요로 한다. 토양의 적당량을 평량병에 담아 평량한 다음 건조기에서 105℃로 건조시켜 0.01g까지 정확히 평량하여 Ws로 기록하고 수분함량을 구한다. 이 건조토양을 평량한 250㎖ 플라스크에 담고, 탈기수를 2/3가량 채워 4~6시간 침적시킨다. 충분히 침적된 토양을 진공 펌프에 연결한 후 약 30분간 작동시켜 기포를 충분히 제거한다. 이때 유기물이 많거나 중점토일 경우에는 2시간 이상 걸리는 수도 있다. 탈기가 끝나면 실온으로 냉각시키고 증류수로 플라스크를 완전히 채워 0.1g 단위까지 평량하여 $Wbws$로 기록한다. 이 때 플라스크 내용물의 온도를 측정한다.

④ 계산

$$S.C = \frac{Ws}{Ws + Wbw - Wbws}$$

$S.C$ = 진비중(Specific gravity g/cm^3)

Ws = 건조토양의 무게

Wbw = 플라스크의 무게

$Wbws$ = 플라스크 + 건조토양 + 물의 무게(T℃)

5) 흙의 3상과 흙의 기본 공식

① 흙은 흙입자, 물, 공기로 이루어져 있다.

W	$W_w = Se\gamma_w$ (W_a는 무시)	W_a	공기	V_a	$V_v = e$	$V = 1 + e$
		W_w	물	V_w		
	$W_s = G_s\gamma_w$	W_s	흙입자	$V_s = 1$	$V_s = 1$	

② 흙의 기본적인 공식(정의)

가. 간극비(e) - 간극률(n)의 관계

가) 간극비(e) - 흙입자의 체적에 대한 간극의 체적의 비

$$e = \frac{V_v}{V_s} = \frac{V_v}{V - V_v} = \frac{\frac{V_v}{V}}{1 - \frac{V_v}{V}} = \frac{n}{1-n}$$

나) 간극률(n) - 흙덩이 전체의 체적에 대한 간극의 체적의 비율을 백분율로 표시한 것

$$n = \frac{V_v}{V} = \frac{V_v}{V_s + V_v} = \frac{\frac{V_v}{V_s}}{1 + \frac{V_v}{V_s}} = \frac{e}{1+e} \times 100\ (\%)$$

나. 포화도(S) - 간극의 체적 중 물이 차지하고 있는 체적의 백분율

$$S = \frac{V_w}{V_v} \times 100\ (\%)$$

다. 비중(G_s) - 4℃에서의 물의 단위중량에 대한 흙의 단위중량 비

$$G_s = \frac{\gamma_s}{\gamma_{w(4℃)}} \quad \text{여기서,} \quad \gamma_s = \frac{W_s}{V_s}$$

라. 함수비(ω) - 흙입자의 중량에 대한 물의 중량의 백분율

$$\omega = \frac{W_w}{W_s} \times 100\ (\%)$$

$$\omega = \frac{W_w}{W_s} = \frac{\gamma_w V_w}{\gamma_s V_s} = \frac{\gamma_w V_w}{G_s \gamma_w V_s} = \frac{\gamma_w S V_v}{G_s \gamma_w V_s} = \frac{S \cdot e}{G_s}$$

여기서, $\gamma_s = W_s / V_s$, $\gamma_w = W_w / V_w$

$G_s = \gamma_s / \gamma_w$

$S = V_w / V_v$

$e = V_v / V_s$

$\therefore\ S \cdot e = G_s \cdot \omega$

마. 흙의 단위중량

가) 전체(습윤) 단위중량(γ 또는 γ_t)

- 흙덩이의 중량을 이에 대응하는 체적으로 나눈 값

$$\gamma_t = \frac{W}{V} = \frac{G_s + Se}{1+e}\gamma_w = \frac{1+\omega}{1+e}G_s\gamma_w$$

나) 건조 단위중량(γ_d)

- 흙을 건조시켰을 때의 단위중량(포화도 $S = 0$)

$$\gamma_d = \frac{W_s}{V} = \frac{G_s}{1+e}\gamma_w = \frac{\gamma_t}{1+\omega}$$

3. 토양의 화학적 성질

참고 - 분석 시료 농도 구하기

표준용액의 농도에 대한 흡광도 값을 연결하면 직선이 그려지고 이 선은 보통 원점을 지나기 때문에 다음과 같은 표준 직선식을 얻을 수 있다. 이 식을 이용하여 미지의 시료 농도를 계산 할 수 있다.

표준직선식 : $b = \frac{As}{Cs}$

As : 표준직선으로부터 얻은 절대값

Cs : As의 농도

$$\text{미지의 시료 농도 구하기 : } Cp = \frac{Ap}{b}$$

Cp : 미지의 시료 농도
Ap : 시료에서 얻은 흡광도

토양에서 화학성분을 추출할 경우 침출하여 측정하고 계산 후 얻은 농도를 그대로 사용하는 것이 아니라 건조 토양 속의 성분 농도(mg/kg soil)를 구하여야 한다. 생토양으로 화학성분을 추출하면 토양의 하위표본으로 수분함량과 건중량을 얻은 다음 생토양으로부터 건조 토양의 무게를 계산한다.

$$Cw = \frac{CoVo}{Md}$$

Cw : 단위 건중량 당 화학성분의 농도
Md : 토양의 건중량
C_O : 원재료의 농도
V_O : 원시료의 부피

1) 유기물함량(작열감량법, Loss-on-ignition method)

① 서론

토양생태계의 생물들이 살아 움직이게 하는 요인 중 가장 중요한 것이 유기물이다. 생명현상을 가능하게 하는 물질과 에너지를 지니고 있기 때문이다. 몇몇 독립영양생물을 제외한 절대 다수의 토양 생물이 종속영양생물이다.

토양의 유기물은 주로 C, H, O, N, S, P 등으로 구성되어 있으며 이들 중에서 유기탄소의 함량이 매우 중요하다. 정확하게 토양의 유기물함량을 측정하기 위해서는 토양 중의 탄소, 수소, 질소의 양을 측정하는 장비(CHN detector)를 이용하여 정량적으로 측정하지만, 대부분의 경우는 작열감량법(loss-on-ignition method)을 이용하여 간접적으로 측정한다. 작열감량법을 이용한 유기물의 함량측정은 토양의 수분함량 측정방법과 유사하다.

그림 2.Ⅲ.6
용광로

② 기구

가. 도가니

나. 저울
다. 데시케이터
라. 도가니집게
마. 용광로

③ **과정**

가. 도가니의 무게를 잰다(A).
나. 일정량의 건조되지 않은 시료 10~20g 정도를 넣고 므게를 잰다(B).
다. oven에서 105℃로 가열한 후, 데시케이터에서 냉각하고 무게를 잰다(C).
라. 용광로에서 550℃로 4시간 가열한 후 데시케이터에서 식힌 후, 무게를 잰다(D).

④ **계산**

가. 다음 식으로 작열감량을 계산한다.

작열감량(LOI; loss-on-ignition)(%)={(C−D)/(C−A)}×100

나. 수분함량(%)은 {(B−C)/(C−A)}×100으로 계산된다.
다. 작열감량을 이용하여 유기물의 함량을 계산하는 식은 다음과 같다.

유기탄소의 함량(%)=0.458×LOI(%)−0.4
유기물 함량(%)=유기탄소함량(%)×1.724
={(0.458×LOI)−0.4}×1.724

* 1.724 : 유기탄소 함량을 유기물로 전환하는 factor
* 가정 : 유기물은 약 58%의 유기탄소를 함유한다. 그러나 이것은 고정된 값이 아니다(표토에서는 1.9 심토에서는 2.5).

그림 2.III.7
Dessicator

2) 산도(pH)

① **서론**

대체로 경작지토양이 갖는 수소이온농도는 10^{-5}~10^{-7}gram ion/ℓ 범위로 그 실제량으로 봐서는 극히 적은 양이다. 그럼에도 불구하고 이것에 대해 깊은 관심을 갖는 이유는 수소이온 그 자체가 작물에 해롭거나 이로워서가 아니라, 수소이온 농도가 작물이 필요로 하거나 작물에게 유해한 다른 물질들의 용해도에 결정적인 영향을 미치기 때문이다. 토양의 pH를 측정하고 그 측정치를 취급함에 있어서 명심해야 할 중요한 사실 중의 하나는 흔히 물에 현탁시켜 측정하는 토양 pH가 갖는 의미를 명백히 이해하는 일이다. 이 때 측정한 pH는 활산성으로 표현되는 것으로 이것은 어디까지나 그 토양이 갖는 수소이온의 극히 일부를 측정하는데 불과한 것임을 알아야 한다. 대체로 산성토양의 범주에 드는 토양의 경우에는 많은 양의 수소이온 또는 수소이온을 방출시킬 수 있는 다른 이온이 토양교질 측면에 흡착되어 있다. 이 잠재수소이온은 활산성 측정 시에는 직접 측정되지는 않지만 토양의 중화를 목적으로 석회를 이용하고자 할 때는 반드시 고려되어야 할 대상이다. 이렇게 따져 보면 중요한 것은 잠산성이지 활산성은 별 의미가 없는 것으로 생각될 수 있다. 그러나 활산성은 그 토양의 현재조작에서의 각종 양분에 유해물질의 활동 농도를 진단하는데 불가결한 정보이다.

토양의 pH를 측정하면 토양에 대한 여러 가지 성질을 짐작할 수 있다. 강산성인 토양은 용탈이 심하게 진행된 토양으로 염기의 함량이 낮고 카올리나이트 또는 수산화물 점토광물이 주가 되는 토양이며, 미생물의 활동은 활발하지 못하다. 또한, 금속이온의 용해도가 높아서 때로는 Al, Mn 등의 농도가 독성을 나타낼 정도로 높아진다. 반대로 pH가 7.5~8.5 사이의 토양은 치환성 양이온으로 Ca과 Mg이 주가 되며 K과 Na의 함량은 낮다. 이렇게 높은 pH의 토양은 가용성 염류의 집적이 많은 토양이다. 치환성 양이온으로 Na의 함량이 양이온 교환용량(CEC)의 15%를 넘으면 토양의 pH는 10 이상으로 올라가 식물생육에 장해를 주고, 또한 토양의 물리성도 극히 불량해진다. 일반적으로 토양의 pH는 3~9 정도의 넓은 범위를 가지며 일부 토양은 극산성 또는 극염기성을 띠기도 한다. 산성토양은 주로 황철석 또는 황을 포함하는 소택지나 습지에서 관찰되며, 염기성 토양은 주로 탄산염(sodium carbonates)이 존재하는 토양에서 관찰된다.

토양의 pH는 주로 유기물과 양이온의 형태 및 그 양에 의해 조절된다. 다량의 유기물은 유기산을 형성하여 토양의 산도를 높인다. 물론 다량의 염기를 함유한 경우는 유기산에 의해 산성토양을 중성으로 중화하기도 한다. 예를 들면 이탄(peat)질 토양의 pH는 3~4 정도로 산성을 띠지만 이들의 형성당시에 탄산칼슘과 같은 다량의 염기들이 용해된 물에 의해 중성의 pH를 갖기도 한다.

② 토양의 건조도 및 토양과 물의 비율

토양을 포장에서 직접 측정하는 것이 좋겠으나 여러 가지 불편한 점이 많으므로 보통은 말린 토양을 실험실에서 분석하는 것이 표준이다. 토양과 물의 비율은 보통 1 : 5(유기물의 경우 1 : 25)를 사용하나 물의 비율이 많아질수록 pH는 높아지는 경향이 있다.

③ 기구

가. pH meter

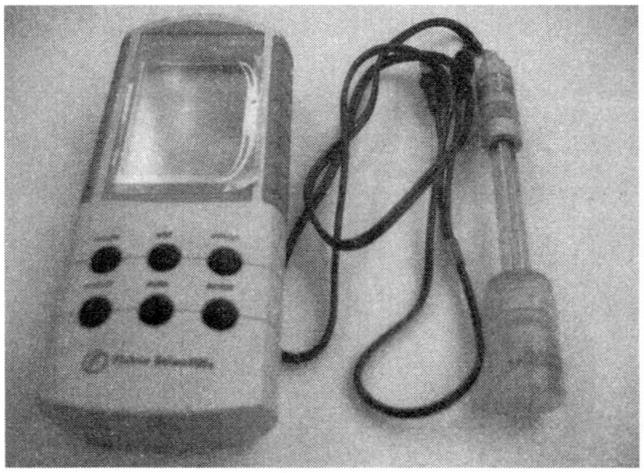

그림 2.III.8 pH meter

④ 시약

가. pH buffer 용액(표준용액) : pH 4.0 및 7.0 또는 10.0

* pH 값이 정확한 표준용액 사용

* 유리전극을 보정할 때 완충용액들은 미지 용액의 pH값을 포함하는 범위이어야 한다.

* 보정할 때 pH가 7 근처인 표준 완충용액에 전극을 담그고 1분 이상 평형을 유지한다. 좋은 결과를 얻기 위해서는 측정

하는 동안 용액을 계속 일정 속도로 저어 주어야 한다.

* pH meter는 측정하는 시료의 온도와 같은 온도에서 보정되어야 한다.

⑤ **과정**

pH meter를 표준용액으로 잘 맞춘다. 풍건토양 5g을 50㎖ 비이커에 취하고 증류수(distilled water) 25㎖를 가한 뒤 때때로 유리봉으로 저어 주면서 1시간 방치 후 60초 이내에 측정한다.

⑥ **주의 사항**

증류수는 공기 중의 CO_2를 흡수하여 pH가 내려가므로 질소 gas를 통과하여 쓰는 것이 이상적이며 약 10분간 끓여 식힌 것을 곧 사용해도 좋다. 전극을 넣을 때 토양현탁액을 만들어 주고 곧 넣어서 측정한다. 너무 오래 토양을 방치하면 미생물의 작용으로 탄산가스가 발생하여 pH를 낮추는 경우가 있다.

3) 질소

질소는 식물이 살아가기 위해 필요한 필수 원소이다. 토양에 함유되어 있는 질소 성분의 95% 이상이 유기화합물의 형태이며 이것은 식물이 이용할 수 없는 형태이다. 토양미생물에 의해 유기질소 화합물이 여러 단계의 분해 작용을 거쳐 암모늄이나 질산 형태가 되어야만 식물이 흡수할 수 있다.

질소의 분석과정은 크게 2단계로 대별할 수 있는데 첫 단계로는 토양으로부터 분석하고자 하는 형태의 질산을 화학적으로 추출하여 질산을 함유하는 용액을 준비하는 과정이고, 두 번째 단계는 용액 중의 질산을 정량하는 과정이다. 용액 중 질산을 정량하기 위하여 현재는 비색분석법을 이용하거나 증류법을 이용한다.

(1) 총질소

① **서론**

Kjeldahl 분해법과 CHNS 분석 방법이 있다. 본 장에서는 Kjeldahl 분해법을 소개하였으며 CHNS 분석 방법은 아래 기기부분에서 간단하게 다루도록 하겠다.

② 원리

토양시료에 진한 황산과 촉매제($CuSO_4$, K_2SO_4)를 가하여 분해하면 질소는 NH_4HSO_4로 된다. 촉매제는 이들의 온도와 황산의 비점상승, 분해속도의 촉진 등의 작용을 한다.

$$\text{Soil-N} + H_2SO_4 \xrightarrow{\text{몇 단계}} (NH_4)_2B_4O_7$$

$$\underset{\text{(청색)}}{(NH_4)_2B_4O_7} + 2H^+ + 5H_2O \longrightarrow 2NH_4^+ + \underset{\text{(핑크색)}}{4H_3BO_3}\text{(적정)}$$

토양의 Kjeldahl 분해에서 분해온도가 오차의 주요인이 되는데, 분해온도가 360℃ 이하일 때는 불완전하여 분해시간이 지연되고 410℃ 이상에서는 증산에 의한 손실이 있다.

③ 시약

가. conc. H_2SO_4(비중=1.84)

나. 45% NaOH : NaOH 450g을 증류수 1 ℓ 에 녹인다(발열반응이 일어나며 gas가 발생하므로 hood에서 할 것).

다. 황산염 혼합분말 : K_2SO_4와 $CuSO_4$의 비율을 9 : 1로 하여 분쇄한 후 표준망체 No.40으로 걸러 혼합한다.

라. 2% 붕산용액 : H_3BO_3 20g을 혼합지시약 5㎖가 들어 있는 증류수 1 ℓ 에 녹이고 H_2SO_4나 HCl과 NaOH로 pH 4.5가 되도록 조절한다.

마. 혼합지시약 : Bromcresol green 0.5g, Methyl red 0.1g을 95%의 Ethanol 100㎖에 용해하여 NaOH 또는 HCl로 pH 4.5(청자색)가 되도록 조절한다.

바. 아연분말, 유리알 : 증류시 돌비현상을 막기 위해 사용한다.

사. 황산표준용액 : 0.05N H_2SO_4 또는 0.1N H_2SO_4(취한 시료량과 시료의 질소함유량에 따라 적절히 사용)는 Na_2CO_3의 표준용액으로 사용하여 factor를 구한다.

④ 과정

가. 분해

가) Kjeldahl flask 이용

0.5mm체로 친 풍건세토 5g(진흙의 경우 1g)을 Kjeldahl

flask에 넣고(중점토의 경우에는 10mℓ의 물을 가하여 하룻밤 침윤시킨다.) 여기에 황산염 혼합분말 5g을 가하고 conc. H_2SO_4 25mℓ를 기벽에 묻어 있는 시료가 씻겨지도록 가한 다음 잘 혼합한다. 이 flask를 오목형 분해용 전기로에서 처음 10~30분은 낮은 온도로 가열하고 산화가 완료된 후 고열로 가열한다. 이 때 분해 온도가 360℃ 이하가 되면 불안전하여 분해시간이 지연되고, 410℃ 이상에서는 증산에 의한 손실이 있다. 시료가 무색이 된 후(촉매제로 인해 토양의 색은 무색으로 되나 시료는 엷은 청색을 띤다.) 30분내지 1시간 분해를 더 계속한다. flask가 어느 정도 냉각되면 물 350mℓ를 기벽을 따라 서서히 넣고 흔들어 잘 섞어준다.

나) Block digester의 이용

Block digester는 온도 조절이 가능하며 분해관을 이용하여 분해시키는데 분해조건은 다음과 같다.

(가) 토양 시료량 : 0.5~1.0g

(나) 황산염혼합분말 : 1.5g

(다) Conc. H_2SO_4 소요량 : 3~5mℓ

시료를 무색이 될 때까지 분해한 후 분해관의 표선까지 눈금을 맞춘다(일단 물로 희석시킨 후 냉각되었을 때 눈금을 맞춤).

나. 증류

heating mentle을 장치한 후 그 위에 증류수를 2/3 정도 채운 둥근 플라스크를 설치한 다음 가열된 뜨거운 증기를 이용하여 시료를 가열한다. Kjeldahl 증류장치에 있는 냉각관에 수돗물을 틀어 흐르게 하고 2% 붕산용액 10mℓ을 준비해 놓는다. 분해된 시료에 45% NaOH 용액 50mℓ를 기벽을 따라 서서히 가하고 액성을 알칼리화 한다. 재빨리 Kjeldahl플라스크를 연결하고 수기에 약 75mℓ쯤 증류되면 수기를 뗀다.

다. 적정

수기의 내용물을 H_2SO_4의 표준용액으로 적정하여 청색으로부터 핑크색이 나타나는 점을(2% 붕산 용액과 같은 색) 종말점으로 한다.

⑤ 계산

$$T-N(\%) = (T-B) \times N \times f \times 14 \times 1/1000m\ell \times 1/W \times 100$$

T = 시료적정에 소요된 황산표준용액의 mℓ수

B = 공시료의 적정에 소요된 황산표준용액의 mℓ수

f = 황산표준용액의 보정치(factor)

Normality = 황산표준용액의 normality

W = 시료의 무게(mg)

(2) 질산성 질소 측정법(Hydrazine method)

① 서론

토양의 질산성 질소 침출액으로 Bremner에 의해 1965년 1N KCl 방법이 제안 되었고 1958년 Jackson에 의해 2N KCl 침출 시약이 제안되었다. Hydrazine method는 diazotization-coupling 반응을 사용하는 발색에 의해 nitrate를 nitrite로 환원시키는데 hydrazine-copper 환원용액을 사용한다. 최종농도는 NO_3+NO_2-N μg/L로 나온다. nitrate 만의 농도를 측정하기 위해서는 환원과정을 생략한 같은 시료로부터 nitrite의 농도는 따로 분석해야한다. nitrite의 농도는 [NO_3]+[NO_2]에서 뺄셈으로 계산한다. 분석 최소 한계는 2μg/L이다. 10mℓ에 대한 precision(99%의 신뢰도 수준에서)은 ±0.3μg/L이다.

② 기구

가. 표준망체 10

나. 저울

다. 125ml polyethylene conical flask

라. shaker(or equivalent), 180 oscillation per minute

마. Whatman No. 2 filter paper (or equivalent),

바. UV-VIS spectrophotometer

사. 2.5cm matching spectrophotometeric tubes

아. funnels와 funnels rack

자. 정밀한 automatic diluter

차. volumetric flasks와 pipettes

③ 시약

가. 침출액: 2M Potassium Chloride(KCl) : 150g의 Potassium Chloride을 1000㎖의 volumetric flask에 넣고 증류수로 부피를 맞춘다.

나. Stock Hydrazine : Hydrazine Sulfate($NH_2H_2H_2SO_4$) 1.20g을 넣고 DDW를 250㎖까지 채운다.

다. Copper Solution : Cuppric Sulfate($CuSO_4$ $5H_2O$) 0.04g을 넣고 DDW를 100㎖까지 채운다.

라. Reducing Solution(매 분석 시 만든다) : Stock Hydrazine 25㎖와 Copper Solution 5㎖에 DDW를 50까지 채운다.

마. 1N Sodium Hydroxide : Sodium Hydroxide(NaOH, pellets) 40g에 DDW를 1000㎖까지 채운다.

바. Sulfanilamide(4-$NH_2C_6H4_4SO_2NH_2$) : Sulfanilamide 5g에 12N HCl 50㎖을 넣고 DDW를 500㎖까지 채운다.

사. N-1-Naphthylenediamine Dihydrochloride(NED)(어두운 병에 1달 보관) : NED 0.5g에 DDW를 500㎖까지 채운다.

아. Phenate Buffer(매 분석 시 만든다) : Phenol(C_6H_5OH) 1.8g에 1N Sodium Hydroxide(NaOH) 15㎖을 넣고 DDW를 100㎖까지 채운다.

④ standard

가. Primary NO_3+NO_2-N standard(50㎎ NO_3+NO_2-N/L) : 110℃에서 건조한 0.2858g의 Ammonium Nitrate (NH_4NO_3)를 1000㎖ volumetric flask에 넣는다. 500㎖ 정도의 증류수를 가해 잘 녹인 후 1L로 희석한다.

나. Working NO_3+NO_2-N standard : 파이펫으로 50ppm 용액을 0, 10, 20, 30, 40, 50㎖를 취하여 100㎖ volumetric flask에 넣고 침출액으로 부피를 맞추면 0, 5, 10, 15, 20, 25ppm P가 된다. 이 용액은 표준곡선을 얻는데 사용되며 분석하고자 하는 시료액의 종류에 따라 적정한 농도의 표준액을 만들어 사용하면 된다.

⑤ **과정**

가. 침출 과정 : 10번 체로 친 풍건 토양 10g을 125㎖ polyethylene conical flask에 넣은 후 50ml의 침출시약을 넣는다. shaker로 15분간 분당 180cycle로 shaking한다. Whatman 42 filter paper로 추출한 용액을 여과한다.

나. 질산성 질소 농도 결정

가) 토양 추출액 10㎖을 50㎖ tube에 넣는다.

나) 샘플을 38.5℃ 항온수조에서 45분간 둔다.

다) 항온수조에 있는 상태에서 Phenate Buffer 0.4㎖을 빠르게 넣는다.

라) 다)에 바로 이어 Reducing Solution 0.2㎖을 넣는다. vortex한다.

마) 샘플을 38.5℃ 항온수조에서 30분간 둔다.

바) 항온수조에서 꺼내어 샘플을 식힌다(약 40분 소요).

사) Sulfanilamide와 NED을 1 : 1로 섞은 용액 0.4㎖을 각 tube에 넣고 vortex한다.

아) 30분 정도 색이 나타날 때까지 기다린다. 단, 2시간은 넘기지 않게 한다.

자) 0.00㎎ $NO+NO_2$-N/L 용액으로 543nm에서 흡광도가 0이 되게 spectrophotometer를 준비 한 후 시료의 흡광도를 측정한다.

차) 흡광도가 standard 이상일 때에는 희석한 후 다시 실험을 수행한다. 이때 침출액을 사용하여 희석한다.

⑥ **standard curve를 작성하여 농도를 계산한다.**

⑦ **주의사항**

가. 침출액을 만들 경우 반드시 grade가 높은 시약을 사용해야 한다. 그렇지 않은 경우 침출액에 의한 반응이 일어나 희석배수가 높은 시료가 원액에 비해 더 진하게 발색되어 더 높은 질산성 질소의 농도를 나타내는 문제가 발생한다.

나. phenol 등은 시험관에 묻어서 남아 있기 때문에 사용 전 acetone에 담구어 하룻밤 방치 후 증류수로 충분히 세척하여 사용한다.

다. phenol은 독성이 강하므로 피부와 눈의 접촉을 피하고 fume hood 내에서 조작하며 반드시 장갑을 착용한다.

(3) 암모니아성 질소(Indophenol method)

① **서론**

시료의 추출방법은 질산성 질소와 동일하다. 암모니아성 질소의 농도는 일반적으로 낮고 시료 중의 함량은 매우 빠르게 변한다. Indophenol method는 암모늄, 페놀, hypochlorite의 반응으로 촉매로서 potassium nitroferricyanide를 사용하며 indophenol(blue)을 만드는 반응에 기초를 둔 것이다. 이 화합물은 청색을 나타내기 때문에 비색법은 다량분석이나 자동분석장치에 매우 적합하다. 최소 분석 한계는 ±3μg/L이다. 10㎖를 분석했을 때 (95%의 신뢰도 구간에서) precision은 ±2μg/L이다.

② **기구: 질산성 질소와 동일하다.**

③ **시약**

가. 침출액: 2M Potassium Chloride(KCl) : 150g의 Potassium Chloride을 1000㎖의 volumetric flask에 넣고 증류수로 부피를 맞춘다.

나. Phenol-Ethanol solution : Phenol(C_6H_5OH) 10g을 넣고 Ethanol(95%)을 100㎖까지 채운다.

다. Alkaline Citrate Solution(실온 보관) : Sodium Citrate ($Na_3C_6H5O_7$ $2H_2O$) 100g과 Soidium Hydroxide(NaOH, pellets) 5g을 넣고 DDW를 500㎖까지 채운다.

라. Oxidizing Solution(매 분석 시 만든다) : Alkaline Citrate Solution 40㎖에 Sodium Hypochlorite (NaOCl, 냉장보관 1달) 10㎖을 첨가하여 만든다.

마. Catalyst(매 분석 시 만든다) : Potassium Ferrocyanide ($K4Fe(CN)_6$ $3H_2O$)(Mallinckrodt) 0.5g을 넣고 DDW를 100 ㎖까지 채운다.

④ **standard**

가. Primary Ammonium-N standard(50㎎ NH-N/L) :

110℃에서 건조한 0.2858g의 Ammonium Nitrate (NH_4NO_3)를 1000㎖ volumetric flask에 넣는다. 500㎖ 정도의 증류수를 가해 잘 녹인 후 1L로 희석한다.

나. Working Ammonium-N standard : 파이펫으로 50ppm 용액을 0, 10, 20, 30, 40, 50㎖를 취하여 100㎖ volumetric flask에 넣고 침출액으로 부피를 맞추면 0, 5, 10, 15, 20, 25ppm P가 된다. 이 용액은 표준곡선을 얻는데 사용되며 분석하고자 하는 시료액의 종류에 따라 적정한 농도의 표준액을 만들어 사용하면 된다.

⑤ **과정**

가. 침출 과정 : 질선성 질소 침출과정과 동일하다.

나. 암모니아 농도 결정

가) 토양 추출액 10㎖을 50㎖ tube에 넣는다.

나) Phenol-Ethanol Solution을 0.4㎖(400㎕)을 넣는다. Vortex 한다.

다) Potassium Ferrocyanide 촉매 0.4㎖(400㎕)을 넣는다. Vortex 한다.

라) Oxidizing Solution 1.0㎖를 넣는다. Vortex 한다.

마) 시험관을 자외선 하에 약 45분 동안 놓아둔다.

바) 0.00㎎ NH-N/L 용액으로 640nm에서 흡광도가 0이 되게 spectrophotometer를 준비 한 후 흡광도를 측정한다.

사) 흡광도가 standard 이상일 때에는 희석한 후 다시 실험을 수행한다. 이때 침출액을 사용하여 희석한다.

⑥ **standard curve를 작성하여 농도를 계산한다.**

⑦ **주의사항**

가. pH 11 이하에서는 발색에 영향을 주므로 산의 접촉을 주의한다.

나. Sodium Hypochlorite는 강한 산화제이므로 주의한다.

4) 인

토양의 인산을 분석하는 목적은 토양 중 인산의 행동 즉 존해 형태 및 형태 변환을 알아보기 위함이다. 토양의 인산은 토양 중에 존재하는 인산의 총량을 의미하는 총 인산과 이를 다시 나누어 유기태와 무기태, 수용성과 화학약품 추출성, 작물의 이용성에 따라 가급태와 불가급태 등 여러 가지로 크게 나눌 수 있다. 인산은 토양 중에서 여러 가지 무기 및 유기성분과 결합하고 있는데 무기인산의 결합형태는 주로 Al-P, Fe-P 및 Ca-P 등으로 나누어지며 각 결합형 내에는 또 여러 가지 결합방법의 화합물이 존재하고 있다. 유기태 인산은 inositol-P, 핵산-P, 지질-P, 당-P 등으로 존재함이 확인되었다.

식물 생태학적 입장에서 가장 중요한 토양인산의 한 형태는 유효인산이다. 따라서 유효인산에 대한 연구의 역사는 꽤 오랜 편이나 아직도 어떤 한 가지 분석방법을 모든 토양에 적용할 수 없는 실정이므로 지금까지 수많은 분석방법이 개발되어 제기되어 왔고 비교 검토되었다.

인산의 분석과정은 크게 2단계로 대별할 수 있는데 첫 단계로는 토양으로부터 분석하고자 하는 형태의 인산을 화학적으로 추출하여 인산을 함유하는 용액을 준비하는 과정이고 두 번째 단계는 용액중의 인산을 정량하는 과정이다. 용액 중 인산을 정량하기 위하여 현재는 비색분석법을 이용하는데 인산의 분석은 이 비색법의 등장으로 큰 발전을 하였다. 비색법의 종류 선택은 분석용액 중의 인산농도, 적용 가능한 산의 종류 및 간섭이온의 종류와 농도 등에 달려 있다.

(1) 총인

① 서론

토양으로부터 총인산을 유출하기 위하여 2가지 방법 즉 탄산소다(Na_2CO_3) 용융법과 과염소산($HClO_4$) 분해법이 가장 널리 사용되고 있다. 이 중 탄산소다 용융법은 가장 신빙도가 높고 과염소산 분해법은 분석의 용이성은 있으나 모든 인산을 용해하지 못하는 경우가 있다. 토양특성이 다른 여러 범위의 토양을 분석할 때는 탄산소다 용융법을 선택할 필요가 있다고 볼 수 있다. 특히 풍화 정도가 상당히 진전된 토양이나 인회석(Apatite)을 함유한 토양의 경우는 더욱 그러하다. 이 장에서는 과염소산 분해법을 소개하고자 한다.

② 침출과정

가. 과염소산($HClO_4$) 분해법

가) 시약

(가) 과염소산($HClO_4$), 60%(9N)

(나) 진한질산(HNO_3), 16N

나) 과정

(가) 건조하여 곱게 분쇄한 시료 0.5g을 digestion tube에 담고 진한 질산 2.5㎖을 가하고 하룻밤 동안 방치한다.

(나) digestion tube를 분해대에 올려 80℃에서 1시간 동안 분해한다.

(다) 상온에서 식힌 후 과염소산 2.5㎖를 가하고 다시 180~200℃에서 분해액이 맑아질 때까지 가열한다. 분해액이 맑아지지 않으면 상온으로 식힌 후 과염소산을 조금씩 더 가해서 다시 가열한다.

(라) 분해액이 맑아지면 80℃에서 과염소산의 흰 연기가 날 때까지 가열하고, 식힌 후 증류수를 사용하여 일정 부피로 희석한다.

발색과 측정은 과염소산 산성하에서도 가능하며 Fe^{3+}의 방해가 적은 바나도 몰리브덴산(Vanado molybdate) 법으로 비색 측정한다.

③ 발색과 측정

몰리브덴 청(Mo blue)방법은 가장 감도가 높아서 총 인산은 물론 소량의 인산을 함유하는 토양용액중의 인산을 분석하는데까지 널리 이용되고 있다. 본 방법은 orthophosphate ion을 함유하는 몰리브덴산 용액 내에서 몰리브덴산인 화합물이 ascorbic acid, $SnCl_2$ 또는 다른 환원제에 의한 환원으로 Mo 청색을 형성할 수 있는 형태로 변화될 수 있다는 원리에 근거를 두고 있다. $SnCl_2$에 의한 몰리브덴(Mo) 청법이 있으며, Ascorbic acid에 의한 몰리브덴(Mo) 청법에 의한 발색도는 아주 민감하고 발색처리 후 30분부터 5시간까지 안정된 색을 유지하며 환원제로써 $SnCl_2$를 사용하는 것 보다 방해 ion의 간섭이 적다. 바나도 몰리브덴산 방법은 안정된 황색을 나타내고

ascorbic acid 법보다 감도가 낮아 인산이 다량 함유된 시료액의 인산 분석시 사용되며 타 ion의 간섭이 아주 적다. 1-amino-2-naphtol-4 sulfonic acid에 의한 몰리브덴(Mo) 청법은 발색된 청색의 안정도가 낮아 측정시간을 가능한 짧게 하여야만 한다.

가. 바나도 몰리브덴산 법(Vanado molybdate method)

가) 시약

(가) Ammonium paramolybdate - vanadate 용액

400㎖의 증류수에 25g의 ammonium paramolybdate를 녹인다. 따로 1.25g의 ammonium metavanadate를 300㎖의 끓는 증류수에 용해하여 식힌 다음 250㎖의 진한 질산을 가하고 실온으로 냉각시킨다. ammonium metavanadate와 진한질산 용액 위에 ammonium paramolybdate 용액을 부어넣고 증류수로 1L가 되도록 희석한다.

나) 조작

(가) 50㎖의 mess flask에 0.05 내지 1.0㎎의 P가 함유되는 시료액을 넣고 10㎖의 시약(가)를 가한 다음 증류수로 눈금을 맞춘다. 30℃에서 30분간 정치한 뒤 파장 400내지 490㎚(보통 470㎚)에서 흡광도를 측정한다. 인산표준곡선을 작성하기 위하여 인산표준액도 시료액과 똑같은 방법으로 발색시켜 인산을 측정하여야 하며 blank액을 두어 발색된 시료액의 흡광도에서 blank의 흡광도를 빼주어야 한다.

(나) 안정된 황색을 나타내고 ascorbic acid 법보다 감도가 낮아 인산이 다량 함유된 시료 액의 인산 분석 시 사용되며 타 ion의 간섭이 아주 적다.

나. Ascorbic acid에 의한 몰리브덴(Mo) 청법

가) 시약

(가) ammonium paramolybdate 용액 : 250㎖의 증류수에 12g의 ammonium paramolybdate를 녹이고 100㎖의

증류수에 0.2908g의 potassium antimony tartarate를 녹인다. 5N 황산용액 1,000㎖에 위의 두 용액을 부어 넣고 증류수로 2,000㎖가 되도록 눈금을 맞추고 잘 혼합한다. 이 혼합액을 Pyrex병에 넣어 냉암소에 보관한다(시약 A).

(나) Ascorbic acid : 200㎖의 시약 A에 1.056g의 ascorbic acid를 녹이고 잘 혼합하여 인산발색시약(시약 B)으로 사용한다. 시약 B는 24시간 이상 보관할 수 없기 때문에 필요할 때마다 다시 만들어야 한다.

(다) P-Nitrophenol(0.25% wt/vol)

(라) NaOH, 5N

(마) HCl, 5N

나) 조작

(가) 50㎖ mass flask에 1 내지 40㎍의 P가 함유되는 시료액을 넣고 증류수로 40㎖가 되도록 한 다음 용액의 pH가 5부근이 아니면 P-Nitrophenol을 5방울 떨어뜨린 후 pH를 5부근으로 조절하고 Ascorbic acid를 8㎖ 가하고 증류수로 50㎖가 되도록 눈금을 맞춘 다음 잘 혼합하고 30℃에서 30분간 정치한 후 파장 720 또는 840~880㎚범위에서 흡광도를 측정한다. 이때 표준용액의 인산함량에 따른 흡광도도 시료액의 조작 과정과 똑같은 과정을 거쳐 측정하고 표준곡선을 작성하여야단 한다.

(나) 발색도는 아주 민감하고 발색처리 후 30분부터 5시간까지 안정된 색을 유지하며 환원제로써 $SnCl_2$를 사용하는 것 보다 방해 ion의 간섭이 적다.

④ 표준용액

40℃에서 건조한 KH_2PO_4 0.4393g을 400㎖의 증류수에 용해하고 5㎖의 진한황산을 가한 다음 1L가 되도록 하면 100ppm - P(100㎍ P/㎖) 용액이 된다. 100ppm - P 용액을 0, 0.1, 0.2, 0.5, 1, 2, 5, 10㎖씩 뽑아 증류수로 100㎖를 만들면 0, 0.1, 0.2, 0.5, 1, 2, 5, 10ppm - P 용액이 된다. 이 용액은 표준곡선

을 얻는데 사용되며 분석하고자 하는 시료액의 종류에 따라 적정한 농도의 인산 표준액을 만들어 사용하면 된다.

⑤ **계산**

특별한 경우는 별도의 계산방법이 제시되어야 하겠으나 여기서는 일반적으로 통용될 수 있는 방법을 제시하겠다.

P in soil(ppm)＝ppm in solution×침출액량(㎖)/토양무게(g)

＊ 시료액을 희석하였을 경우에는 희석배수를 곱하여야 함.

(2) 유효인산(Ascorbic acid method)

① **서론**

토양인산 추출 방법에는 Truog법, Bray No. 1 및 No. 2법, Olsen법, Lancaster법 등이 있다. Bray No. 1법은 bray et al (1945)에 의해 흡착된 형태와 산에 용해된 형태의 인산을 추출하는 방법으로 제안되었다. 이 때, 흡착된 형태의 인산은 잘 추출되어지지 않지만 그 양이 증가할수록 용해도가 증가하는 특성을 갖는다. 산에 가용한 인산(rock phosphate)은 서서히 녹은 후에 흡착형태로 전환된다. 가용성과 흡착형태의 인산은 pH 6.0 이상에서 산에 녹은 인산형태로 전환된다. 또한 가해지는 산에 녹은 인산은 그 형태의 변화가 없다. HCI과 NHF 혼합액은 주로 산에 쉽게 용해되는 인산을 추출하는데 사용된다. 또한 NHF는 산성 조건하에서 Al, Fe의 금속이온들과 결합하여 A1-P, Fe-P 형태의 인산으로 추출되도록 한다. 추출액의 조건이 산성이기 때문에 산성토양의 유효인산을 측정하는데 적합하다. Ascorbic acid method은 인산이온이 몰리브덴산암모늄과 반응하여 생성된 몰리브덴산인암모늄을 아스코르빈산으로 환원하여 생성된 몰리브덴 청의 흡광도를 675㎚에서 측정하여 인산염 인을 정량하는 방법이다. 20㎖에 대한 precision(99%의 신뢰도 수준에서)은 ±0.6㎍/L이다.

② **기구**

가. 표준망체 10

나. 저울

다. 125ml polyethylene conical flask
라. Whatman No. 2 filter paper (or equivalent),
마. UV-VIS spectrophotometer
바. 2.5cm matching spectrophotometeric tubes
사. funnels와 funnels rack
아. 정밀한 automatic diluter
자. olumetric flasks와 pipettes

③ 시약

가. 1N Ammonium Fluoride(NH_4F) : 37g의 Ammonium Fluoride를 증류수로 녹인 후에 1L로 희석한다.

나. Hydrochloric Acid(HCl) : 0.5N Hydrochloric Acid 20.2㎖에 DDW를 500㎖까지 채운다.

다. 침출액 : 1N의 Ammonium Fluoride 15㎖와 0.5N Hydrochloric Aacid 25㎖을 섞은 후 DDW를 500㎖까지 채운다.

라. Molybdenum-Antimony Solution : 36N Sulfuric Acid (H_2SO_4) 244㎖에 Ammonium Molybdate($(NH_4)_6Mo_7O_{24} \cdot 4H_2O$) 21g과 Antimony Potassium Tartrate ($C_8H_4K_2O_{12}Sb_2 \cdot 3H_2O$) 0.6g을 용해시킨 후 DDW를 2000㎖까지 채운다.

마. Ascorbic Acid(냉장보관 1달) : Ascorbic Acid($C_6H_8O_6$) 3g에 Ethanol(95%) 100㎖를 넣는다(Ethanol 대신 DDW를 사용해도 되나, 이 경우 매 분석 시 만든다).

④ standard

가. Primary Orthophosphorus standard(50㎎ PO_4-P/L) : 110℃에서 건조한 0.1935g의 Sodium Dihydrogen Phosphate(NaH_2PO_4)를 1000㎖ volumetric flask에 넣는다. 500㎖ 정도의 증류수를 가해 잘 녹인 후 1L로 희석한다.

나. Working Orthophosphorus standard : 파이펫으로 50 ppm용액을 0, 10, 20, 30, 40, 50㎖를 취하여 100㎖

volumetric flask에 넣고 침출액으로 부피를 맞추면 0, 5, 10, 15, 20, 25ppm P가 된다. 이 용액은 표준곡선을 얻는데 사용되며 분석하고자 하는 시료액의 종류에 따라 적정한 농도의 표준액을 만들어 사용하면 된다.

⑤ **과정**

가. 침출 과정 : 10번 체로 친 풍건 토양 2.85g을 125mℓ polyethylene conical flask에 넣은 후 20mℓ의 침출시약을 넣는다. 1분간 흔든 후, 3000rpm으로 5분간 원심분리 한 후, Whatman 42 filter paper로 추출한 용액을 여과한다.

나. 유효인산 농도 결정

가) 토양 추출액 20mℓ을 50mℓ tube에 넣는다.

나) 2.0mℓ Molybdenum-Antimony Solution를 넣는다. vortex한다.

다) 0.2mℓ Ascorbic Acid를 넣는다. vortex한다.

라) 푸른색이 나타나기까지 20～30분 기다린다.

마) 0.00mg PO_4-P/L 용액으로 675nm에서 흡광도가 0이 되게 spectrophotometer를 준비한 후 시료의 흡광도를 측정한다.

바) 흡광도가 standard 이상일 때에는 희석한 후 다시 실험을 수행한다. 이때 침출액을 사용하여 희석한다.

⑥ **standard curve를 작성하여 농도를 계산한다.**

⑦ **주의사항**

가. Ammonium Fluoride와 Hydrochloric Acid를 섞은 침출액은 적어도 1일 이상 반응 시킨 후 토양 침출에 이용한다. 반응 시간이 부족한 경우 토양 침출이 성공적으로 수행되지 않는 문제가 발생한다.

5) 치환성 양이온(Exchangeable Cations)

① **서론**

점토와 토양 유기물 입자의 표면에 흡착되어 있는 양이온들 중에서 알칼리성을 나타나게 하는 것들로 Ca^{2+}, Mg^{2+}, K^{+}, Na^{+}이 있다. 이 4가지 양이온을 치환성 염기 양이온이라고 부른다. 이것들이 수소 이온에게 자리를 내어주고 토양 밖으로 나가 버린다는 것은 나트륨 이온을 제외한 나머지 3가지 이온 즉, 칼슘이온, 마그네슘이온, 칼륨이온이 식물을 비롯한 토양 생물에게 필수 영양소이기 때문에 중요하다. 즉 토양의 산성화는 토양이 척박해진다는 것과 같다.

양이온 치환용량은 토양에서 음전하를 중화시킬 수 있는 치환성 양이온을 쉽게 정량할 수 있는 방법으로 보통 토양 100g 당 milliequivalents(meq/100g)로 표현된다. 즉, 양이온 치환용량이란 토양이나 교질물 100g이 보유하고 있는 음전하의 수와 같다. Ca^{2+}, Mg^{2+}, K^{+}, Na^{+}이 전체 양이온 치환용량에서 차지하고 있는 비율인 염기포화도는 토양의 산성화와 함께 그 수치가 적어지게 마련이다. 따라서 염기 포화도는 토양의 비옥도를 가늠하는 척도 중의 하나이다. 치환성 양이온을 측정하는 방법으로 AAS와 ICP-AES가 있으며 본 장에서는 ICP-AES를 시행하기 위한 혼합산을 이용한 전처리 과정을 소개하겠다. AAS 분석 방법은 아래 기기분석 부분에서 간단하게 다루도록 하겠다.

② ICP 분석

가. 용기의 세척

가) 테플론 용기는 처음 사용할 경우 왕수(nitrohydrochloric acid)에서 2시간 이상 soaking하는 과정이 추가된다. 테플론 용기는 먼저 에탄올로 내, 외부를 씻어내고 난 뒤 1:1 질산 용액에 담가 가열판에서 4시간 정도 약 100℃로 가열한다. 식힌 후 Milli-Q 물로 세 번 이상 헹구고 정제된 6N 염산 용액에서 2시간 이상 담가 놓는다. 다시 Milli-Q 물로 세 번 이상 헹구고 정제된 6N염산 용액에서 2시간 이상 담가 놓는다. 다시 Milli-Q 물로 세 번 이상 헹군 후 Clean Area에서 건조시킨다.

나. Polyethylene 용기는 1:5염산 용액에 넣고 가열판에서 4시간 이상 60℃로 가열한 뒤 Milli-Q 물로 세 번 이상 헹구고 Clean Area에서 건조시킨다. 필요한 경우 1% 질산 용액으로 채워 사용 시까지 보관한다.

③ 시약

가. 혼합산

가) 질산 100㎖, 과염소산 25㎖를 Precise volume dispenser 에 넣고 혼합

나) 불산 100m, 과염소산 25㎖를 Precise volume dispenser 에 넣고 혼합

다) 내부 표준 용액 : Sc, In, Tl 10ppm 용액 제조

나. matrix match standard : 1% 질산 용액으로 Al 80ppm, Fe 50ppm, Na 20ppm, K 20ppm, Ca 10ppm, Mg 10 ppm이 되도록 혼합한다. 여기에 분석 대상 금속들을 0 ppm, 1ppm, 5ppm, 10ppm, 20ppm로 혼합 검정선용 표준 용액을 제조한다.

④ 과정

가. extraction

가) 시료를 건조기에서 60℃로 12시간 정도 건조시키고 데시케이터에 보관한다(퇴적물의 경우 이 과정이 매우 중요하다. 암석의 경우 이 과정을 생략할 수 있다).

나) 테플론 용기에 각 시료를 0.2g 정도 0.0㎎까지 평량한다. 이때 잘 건조된 테플론 용기의 경우 직접 저울에 올려놓고 사용해도 된다. 용기와 뚜껑 모두에 시료 번호를 기입한다.

다) 실험할 Hood의 상부를 깨끗이 증류수로 닦아내어 위에서 이물질이 떨어지지 않도록 한다. 가열판 주위와 용기를 다룰 장소도 증류수로 깨끗이 닦아낸다.

라) 가열판에 전기를 넣은 다음 각 용기에 혼합산 가)를 Precise volume dispenser를 이용하여 5㎖씩 넣는다. 이때 공 시료 1개를 준비한다. 산을 가할 때 처음 급격한 반응이 있을 경우와 용액에 의해 시료가 날아갈 수 있으므로 천천히 조금씩 용기 벽으로 가해 시료와 혼합한다.

마) 뚜껑을 손으로 잠글 수 있는 만큼 돌려 잠근다. 이때 너무 많이 돌리면 압력 조절의 나사가 마모된다. 유기물이 많은 시료의 경우 뚜껑을 잠그기 전에 열려진 상태에서 1시간

정도 70℃ 정도에서 가열하고 발생된 가스를 제거한 다음 뚜껑을 잠근다.

바) 가열판은 테플론이 녹지 않는 온도 약 200℃까지 올린다.

사) 약 6시간 동안 가열한 뒤 미리 준비한 증류수에 뜨거운 용기를 아래 부분만 담가 뚜껑과 나사 부분에 용액이 맺히지 않도록 한다. 약 30분 후 용기를 꺼내고 휴지로 용기에 묻은 물을 닦아낸다.

아) Closure를 이용 용기 뚜껑을 열어 뚜껑은 순서대로 놔두고 용기만 가열판에 올려 놓고 100℃에서 용액을 증발시킨다. 약 4시간 정도면 질산은 거의 증발되며 과염소산이 주로 남게 된다.

자) 이 때 혼합산 나)를 5㎖ 넣고 뚜껑을 마)와 같이 잠그어 바)사)아) 과정을 반복한다. 과염소산만 남게 된 후 가열한 200℃로 올려 거의 건조 직전까지 증발시킨다. 건조된 상황에서는 Hood속에서 이물질이 들어 갈 가능성이 많으므로 방치하지 말아야 한다. 만일 시간 상 처리하지 못할 경우 반드시 뚜껑을 닫아 놓는다.

차) 보통 슬러지나 퇴적물의 경우 위의 과정으로 산 분해가 끝나나, 유기물이 많거나 Refractory 광물이 많은 경우는 혼합산 가) 또는 나)과정을 한번 혹은 두 번 더 반복하여야 한다. 그러나 횟수를 반복할수록 Blank 수준이 높아지므로 분석 원소의 성격에 따라 결정하여야 한다.

카) 산 분해가 잘 된 경우는 색깔이 있는 입자가 거의 없고 투명한 겔 상태로 되는데 1% 질산 5~10㎖로 용기 벽 및 바닥을 씻고 가열판에서 100℃로 가열하여 거의 건조시킨다.

타) 투명한 상태가 아니라 적은 양의 흰색 침전 혹은 검은 색 침전물이(입자 상태가 아닌) 종종 생기는데 전자의 경우 과도한 HF로 인한 Mg 혹은 Ca Fluoride이고 후자는 초기 반응 시 온도가 낮음으로 인해 생기는 잔류 유기물이다. Fluoride의 경우 분석하는 원소가 전이 금속이 주라면 이 고체를 centrifuge 해서 버려도 되지만 U, Th 등을 분석하려면 이 고체를 용해하여야 한다. 이 입자들이 많을 경우

실험을 처음부터 다시 하는 것이 오히려 빠른 만큼 일단 형성된 Fluoride를 용해시키는 것이 어렵다. 이 고체를 용해시키는 방법은 적은 양의 경우 과염소산 0.5~1㎖로 높은 온도에서 fuming시키면 되고, 많을 경우 알칼리 용융을 해야 한다. 검은색의 잔류 유기물은 과염소산을 넣고 뚜껑을 닫은 다음 약 12시간 정도 반응시키면 투명한 액체가 된다(과염소산을 1㎖ 넣고 220℃에서 overnight).

파) 산분해가 끝났다고 판단되면 거의 건조된 상태에서 1% 질산 5~10㎖로 용기 벽 및 바닥을 씻고 가열판에서 100℃로 가열하여 거의 건조시킨다.

하) 식힌 후 1% 질산 용액으로 세 번 이상 씻어 Polyethylene Bottle에 옮겨 저울에서 40g을 맞추고 이를 ICP/AES를 이용한 미량 성분 원소 측정에 사용한다.

(가) 각 시료 당 2개씩의 20㎖ bottle을 준비하고 저울을 사용하여 1% 질산 용액을 20g씩 평량한다.

(나) 산 분해한 시료를 4㎖씩 주입하여 총 희석 배수 1000배로 만든다. 이때 희석액을 먼저 4㎖ 덜어내고 시료를 4㎖ 첨가한다. 준비한 시료 각각을 ICP/AES의 주성분 원소 측정, ICP/MS 측정을 위한 시료에 내부 표준 용액 0.2㎖를 주입한다.

4. 기기분석

1) 원소 분석기(Elemental Analyzer)

대부분의 유기화합물은 C(탄소), H(수소), N(질소), S(황) 그리고 O(산소) 등으로 구성되어 있으며, CHNS 분석 방법은 미지의 시료를 연소시켜 조성 원소 별로 분석이 용이한 특정 기체 분자로 전환하고, 전환된 기체 분자를 정량 분석하여 구성 유기 원자의 함량 비를 측정하는 방법이다. 근래의 대부분의 CHNS 유기 원소 분석기는 미량(㎎)의 시료를 동시에 혼합 조성 가스로 정량적으로 산화/연소시킨 후 가스 크로마토그래피를 이용하여 분리하고 검출기에서 각 성분을 정성, 정량화하는 시스템을 운용하고 있다.

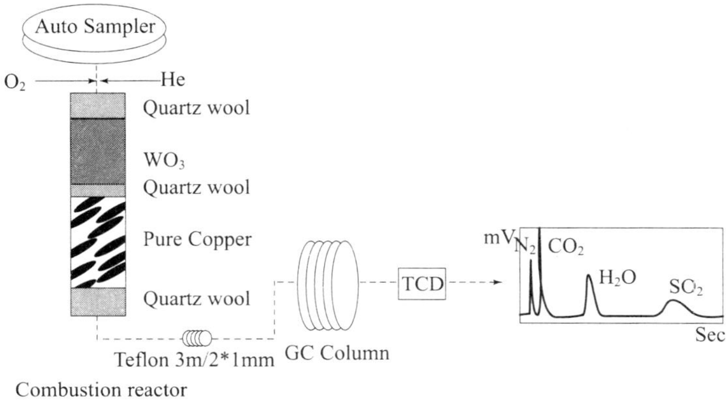

그림 2.III.9 원소분석기

2) 원자 흡수 분광 광도계(AAS, Atomic Absorption Spectroscopy)

금속류를 분석하는 장치로 시료를 적당한 방법으로 처리 후 불꽃으로 태워 원자화시킨 시료의 고유파장을 측정하여 금속농도를 분석한다. 중성원자운에 빛을 조사하면 원자는 빛 즉, 광자를 흡수하여 바닥상태에 있던 최외곽 전자가 높은 에너지 준위로 전이되어 들뜬 상태로 된다. 반대로 들뜬 상태의 원자는 흡수했던 에너지를 방출하면서 원래의 바닥상태로 되돌아가게 되는데 이와 같은 전자의 전이 현상을 각각 원자흡수 및 원자형광이라고 한다. 원자의 최외각 전자가 전이 할 때는 각 원자마다 고유한 에너지 준위를 이동하기 때문에 그 에너지 차이만큼의 빛만을 흡수, 방출하게 된다. 따라서 원자마다 고유한 파장의 빛만을 흡수하고 방출하게 된다. 원자 흡수 분광 광도계는 원자의 이러한 성질을 이용하여 미지시료 내의 특정 원소의 양을 측정하는 장치이다. 이 기기는 용액을 불꽃 중에서 원자화하여 외부로부터 빛을 방사하면 원소가 갖는 특유의 파장을 가진 광선만이 흡수되는 현상을 이용한 것이다. 즉, 용액시료를 적당한 방법으로 해리시켜 중성원자로 증기화 된 기저상태의 원자가 이 원자층을 투과하는 특유파장의 빛을 흡수하는 현상을 이용하여 광전측광과 같은 각각의 특유 파장에 대한 흡광도를 측정함으로써 시료중의 원소농도를 정량하는 방법이다. 이 기기는 1955년 호주의 Walsh에 의해 고안되어 그 동안 지구화학탐사에 많이 이용되었으며, 대부분의 원소를 측정할 수 있을 뿐만 아니라 분석비가 저렴한 장점을 가지고 있다. 그러나 한번에 한 원소만을 측정할 수 있고, 다른 기기에 비해 분석하한값(lower detection limit)이 비교적 높은 단점이 있다. 현재는 다양한 제작회사에서 이 기기를 제작・판매하고 있으며, 기기의 주요 구성은 광원부, 시료원자화부, 파장선택부(분광부) 및 측광부로 이루어져 있으며, 단광속형과 복광속형이 있다.

3) 유도결합플라스마발광광도계(ICP-AES, Inductively Coupled Plasma - Atomic Emission Spectrometer)

이 기기는 시료를 고주파유도코일에 의하여 형성된 아르곤 플라즈마에 주입하여 고온(6,000~8,000 °K)에서 여기된 원자가 기저상태로 이동할 때 방출되는 발광선 및 발광강도를 측정하여 원소를 정성 및 정량적으로 측정하는 방법이다. 방출분석장치는 들뜸원, 집광장치, 분광기, 검출기, 증폭・연산장치, 데이터기록장치의 기본요소로 구성된다. 들뜸원의 토치에 냉각, 보조, 운반 등 3종류의 아르곤기체를 흘려 주면서 유도코일에 들뜸전원으로부터의 고주파전력을 공급하여 토치위에 플라즈마를 생성시킨다. 플라즈마가 안정된 다음 시료도입부로부터 분무기를 통하여 시료용액을 플라즈마에 도입하면, 측정 대상원소의 원자나 이온이 들떠서 복사선을 방출한다. 이 복사선을 집광시켜 분광기의 입구슬릿에 초점을 맞추게 한 다음, 분광기로 측정원소의 방출선을 선택하고 출구슬릿을 통하여 검출기에 도달하게 한다. 검출기로는 일반적으로 광전증배관이 사용된다. 이상이 방출분석에서의 개략적인 측정조작이다. 이러한 ICP-AES는 1960년대에 개발되어 현재는 많은 연구자에 의해 사용되고 있으며, H, N, F, Cl, Br 등의 일부 원소를 제외하고 대부분의 원소를 동시에 분석할 수 있으며 감도와 정확도가 매우 높아 많이 사용되고 있지만, 원소간의 간섭현상에 대한 주의가 요구되며 비교적 고가 분석기기 중의 하나이다. 최근에는 이 기기보다 훨씬 낮은 측정하한값을 갖는 질량분석기(ICP-MS)가 개발되어 10억분의 1(ppb, part per billion)의 단위까지 측정할 수 있게 되었다.

IV. 수환경

1. 물리적 특성

1) 수심

(1) 개요

하천이나 호소를 조사할 때 기초가 되는 것은 수심(水深)의 측정이다. 수심은 수면에서 하천 바닥까지의 깊이를 말한다. 하천 바닥의 경사각이 큰 경우에는 두 가지 수심을 생각할 수 있다. 하나는 수면에서 하천 바닥까지의 연직수심(hv)이고, 다른 하나는 하천 바닥에서 수면까지의 수직수심(h)이다. 하천 바닥의 경사가 작으면 $hv = h$라 해도 오차가 없다.

(2) 수심의 측정

하안(河岸)이나 저수지에서 수심을 측정할 경우에는 미리 설치된 수위표로부터 직접 측정할 수 있으며, 간단한 측정이라면 물가에 막대기를 세워 이것에 자를 붙이는 것만으로도 충분하다. 일반적으로 수면의 진동을 방지하기 위한 우물통을 설치하고 부표(浮漂), 초음파, 음파 또는 압력에 의하여 수심을 측정한다. 하천의 경우, 수심은 막대기로 측정하는데 종류는 아무 것이나 좋으며, 막대기에 1m의 자를 비닐테이프로 고정시켜 놓으면 편리하게 측정할 수 있다. 유속이 약한 경우에는 길이 1m 정도의 대나무나 알루미늄 자를 사용해도 좋지만 흐름이 강할 경우에는 첨목(添木)이 필요하다. 또 바닥에 버려진 나뭇가지를 주워 적당히 사용해도 된다. 유속이 1m/초 이상으로 판단되고 수심이 무릎을 넘어설 경우에는 관측을 강행하지 않도록 한다. 호소의 경우에는 추를 붙인 로프와 줄자를 사용해 보트로부터의 깊이를 재면 된다. 또한 음향 측심방법이 사용되기도 한다.

2) 정체율

(1) 정체율

하천수가 한 지점에 단위 시간동안 정체하는 정도를 나타낸 것을 정체율이라 한다. 정체율은 단위시간동안 유입된 물의 양 (Q_i)과 유출된 물의 양 (Q_o)의 차만큼 정체된다고 생각하고, 그 값을 단위시간당 그 지점의 물의 총량 (Q_{tot})으로 나눈 값이다. 하천수의 정체율을 식으로 나타내면 다음과 같다.

$$\text{정체율}(\%) = \frac{Q_i - Q_o}{Q_{tot}} \times 100$$

(2) 체류시간(retention time)

호수는 지표수 중에서 물이 정체하는 수역이다. 우리나라의 큰 하천에서도 그 중간에 인공호가 없다면 최상류에서 바다까지 물이 흘러가는데 며칠 걸리지 않는다. 호수는 이에 비교가 되지 않을 정도로 체류될 뿐만 아니라 유입수에 운반된 물질도 그 곳에 정체된다. 따라서 호수의 체류 특성은 그 호수의 생물생산, 수질상태, 부영양화상태를 논하는데 매우 중요하다. 체류시간은 다음과 같은 식으로 정의된다.

$$\tau = V/Q$$

여기서, τ : 체류시간(year), V : 1년간의 평균 저수량(10^6 m^3)
Q : 1년간의 총유입량 또는 총유출량(10^6 m^3 y^{-1})

여기서는 1년을 단위로 체류시간을 생각했으나 대상 년도에 따라 유입량이 변하므로 체류시간 τ는 변할 수 있다. 예를 들어, 매월마다 V와 Q를 사용하여 τ를 계산하고 체류특성의 계절변화를 논할 수 있으나 보통 체류시간은 그 호수의 평균적인 연간자료를 대상으로 구하고 있다. Q는 유입량, 유출량 중 어느 것을 대상으로 하더라도 같은 체류시간이 나온다. 많은 호수에서 유입량을 정확히 알기가 힘들지만, 이에 비해 한정된 유출구로부터의 유출량은 기록되어 있거나 조사하기가 보다 쉬우므로, 이런 경우에는 유출량을 선택한다.

자연 호수의 체류시간은 100년에 달하는 경우도 있으며, 대체적으로 2개월은 넘는다. 한편 물 이용을 목적으로 한 인공호에서는 당연히 체류시간이 짧고, 2개월 이하가 많다. 경우에 따라서는 1년 이상이 되는 곳도 있다.

$$R = 1/\tau = Q/V$$

R은 회전율이라고 부르며, 1년간에 몇 회 물이 교체되는지를 의

미한다. 자연호와 인공호는 체류시간에서 큰 차이가 있다.

호수의 평균 수심을 Z, 호수면적을 A로 표시하면 $V = ZA$이고,

$$Z/\tau = ZQ/V = Q/A$$

으로 정의되며, Q/A는 호수의 단위면적당 수리학적 부하를 나타내고 있다.

3) 유속

(1) 개요

유속의 측정은 하천의 수생식물들이 어느 정도의 유속을 견디며 살아가는지에 대한 정보를 얻기 위해 중요하다. 하천의 유속은 횡단 방향에서는 중심부에서 빠르며, 수직 방향에서는 표면 약간 아래지점에서 가장 빠르고 밑으로 갈수록 느려진다. 따라서 수평(횡단)・수직의 양방향에서 정확하게 유속을 측정해야 하는데, 일반적으로 수직방향의 한 점 혹은 두 점에서 측정한 값으로 평균 유속을 대신한다. 1점 관측에서는 수심의 6할 위치에서 유속을 측정하고, 2점 관측의 경우에는 2할 수심과 8할 수심의 2점을 측정한다. 수심의 6할 위치란 예를 들어 수심이 30cm일 경우 수면으로부터 18cm의 깊이를 말한다. 수심 40cm 이하에서는 6할의 1점법으로 충분하지만 그 이상의 수심에서는 2점법을 사용한다. 그러나 공식적인 증명을 요하지 않는 조사에서는 약간 깊은 곳이라도 1점법을 사용하여 측정하는 것이 보통이다. 유속의 측정에는 부자나 초음파 등에 의한 평균 유속의 측정과 유속계나 피토관(Pitot tube) 등에 의한 점유속 측정이 있다.

(2) 회전식 유속계

유속계는 실험실 뿐 아니라 하천, 호수 및 연안 해역에도 많이 사용된다. 일반적으로 회전식 유속계는 회전자의 형식에 따라 프로펠러(propeller)형과 컵(cup)형으로 구분되며 프로펠러형이 많이 사용되고 있다. 회전식 유속계는 점유속을 측정하며, 그 원리는 유속이 큰 흐름에서는 회전자의 회전 속도가 빠르고, 유속이 작은 곳에서는 회전 속도가 느리다는 것이다. 이때 유속 V와 회전자의 회전 속도 N의 관계는 다음과 같다.

$$V = aN + b$$

여기서 상수 a, b는 유속계마다 다르며 검정에 의하여 결정된다. 유속계의 검정은 검정수로(檢定水路)에서 여러 경우의 서로 다른 기지(이미 알고 있는)의 속도로 유속계를 이동시킨 후 유속과 회전자의 상관관계식을 얻어서 상수를 결정하거나 보정한다.

기계적인 원리를 응용하여 점유속(点流速)을 측정하는 기구로서 전기장치를 응용한 열막유속계(熱膜流速計 hot-film anemometer)와 초음파유속계 등이 있다. 그 외에 열손실, 전자유도, 농도 희석 등을 이용한 계기도 유속 측정에 이용되고 있다.

(3) 부자법(浮子法)을 이용한 유속의 측정

유속을 측정하는 가장 간단한 방법은 부자를 이용하는 것이다. 폭이 좁은 작은 하천·수로에서는 부자(浮子)를 흘려 표면 유속을 측정하고 여기에 계수를 곱해 평균유속으로 하는 간이 관측을 하는 경우가 많다. 흐름이 일정한 곳에서 적당한 거리구간을 설정해 부자가 떠내려가는 시간을 측정해서, 유속으로 환산한다. 구간의 길이는 폭이 좁은 작은 수로에서는 2~5m 정도라도 상관없으나, 약간 넓은 하천에서는 10~20m, 보다 넓은 하천에서는 50m 이상이 필요하다. 구간거리는 유량, 유속뿐만 아니라 웅덩이 등 하천의 하상 조건에 따라 달라지기 때문에 상기의 수치로 짐작을 해 조사지역에 가장 적당한 거리를 찾아 조사자 스스로의 노하우로 삼는다. 부자는 바로 옆에서 주운 나뭇가지도 좋으나 이 경우는 크기를 일정하게 맞추어야 한다.

부자법은 상류와 하류에 사람이 서서 부자를 흘려보내, 소요시간을 잰다. 5번 정도 측정한 후 평균치를 내던가 부자를 한꺼번에 많이 흘려보내 가장 많이 도착한 시간을 대표값으로 한다. 흘려보낸 거리를 이 시간으로 나누면 표면 유속이 된다. 좁은 계류에서는 중심 1점의 부자의 유속에 계수를 곱해서 평균 유속을 측정하지만, 일단 대략 0.6~0.7을 곱하면 좋다. 계수의 범위는 0.6~0.8 정도로 정비된 하도나 수로의 경우에는 0.8을 곱한다.

4) 수온

(1) 개요

수온의 변화는 기체・액체・고체 상태의 오염물질이 물에 용해되는 정도나 이들 물질이 수중에서 변하는 정도, 각 물질간의 반응에도 영향을 미친다. 수온의 변화는 또한 수서생물(水棲生物)의 광합성이나 호흡에도 큰 영향을 미치며, 이에 따라 용존 산소의 농도 변화를 일으킨다. 일반적으로 수온이 높아지면 용존 산소 농도는 감소하고, 수온이 낮아지면 용존 산소의 농도는 증가한다. 수온이 높은 발전소의 냉각수나 산업 폐수들을 냉각시키지 않고 방류하면 방류된 지역의 물고기들이 다른 곳으로 이동하거나 수서생물이 과다하게 번식하는 현상이 나타난다.

하천과 호소수온은 변동하기 때문에 관측하는 시각별로 값이 상이하게 나타난다. 수온의 경우, 대개 오전 9시 혹은 10시의 값이 일평균 수온에 가깝다. 따라서, 기록계 없이 1일 1회의 관측을 계속할 경우에는 이 시각을 택하도록 한다. 정시관측을 할 수 없을 경우에는 관측시각을 정확하게 기록한다.

유리막대 온도계와 서미스터(Thermistor) 온도계가 일반적으로 사용되고 있으며, 검정필 정밀 온도계로 교정해 두어야 한다. 수온은 온도계를 측정하고자 하는 물 속에 직접 담근 상태에서, 일정한 온도가 유지되도록 시간이 경과한 다음, 수온 값을 읽는다.

(2) 유리막대 온도계

가장 간단한 온도계는 유리막대 온도계이다. 유리막대 온도계에는 여러 종류가 있는데 온도범위와 눈금 폭을 기준으로 조사목적에 맞는 온도계를 정한다. 수온을 측정할 경우 눈금범위가 0～40℃ 정도이면 충분하다. 그러나 온도 폭을 좁게 잡아 -10내지 -20에서부터 50℃까지의 0.2℃ 눈금 간격의 수은 온도계가 이상적이다. 빨간 알코올이 들어있는 온도계가 눈금을 읽기에는 좋으나 기온이 올라가면, 증발된 알코올이 온도계관의 끝부분에 남아있기 때문에 오차가 생기기도 하므로 수은온도계가 더 좋다.

온도계를 물에서 꺼내면 온도가 급변하기 때문에 수온 관측시에는 온도계를 물에 넣은 채로 읽는 것이 원칙이다. 그러나 얼굴을 수면 가까이에 대고 눈금을 읽어야 하기 때문에 어려움이 많다. 따라서 바가지나 비이커로 채수해서 안정된 장소에서 편한 자세로 온도계의 눈금을 읽도록 한다.

수온만의 조사일 경우 채수컵이 끝에 붙어있어 물을 뜰 수 있는 수온계가 편리하나, 채수 후 1분 내로 읽어야 한다. 한편, 막대 온도계로 읽은 수온은 표면수온이지만, 실제로는 수면으로부터 깊이 10cm 부근까지의 평균수온을 의미한다.

(3) 서미스터 온도계

전기를 사용한 온도계로는 여러 가지가 있으나, 보통 야외 조사시에는 서미스터(thermistor) 온도계가 자주 사용된다. 서미스터란 온도 제어 등에 사용되는 반도체를 말한다. 서미스터 온도계는 온도에 대한 반응이 빠르기 때문에 수초 내지 십수 초 만에 온도가 안정된다. 또 긴 코드를 사용하면 손이 닿지 않는 곳까지의 온도측정도 가능하기 때문에 호소수온을 조사할 때 서미스터 온도계를 사용하면 매우 편리하다.

서미스터 수온계는 주로 호소나 하천 조사 시 사용되기 때문에 깊이별로 코드에 눈금을 붙일 필요가 있다. 눈금은 줄자나 접자로 길이를 재면서 코드에 비닐테이프를 돌려 붙이든지 매직잉크로 표시하면 된다. 보통은 1m 간격으로 충분하지만, 10m 보다 얕은 부분은 0.5m 간격으로 붙이는 편이 좋다.

5) 탁도

(1) 투명도(Transparence)

물 속의 투명도는 clay, silt, 미세한 유기 및 무기물질, 플랑크톤 및 다른 미생물들 같은 부유물질에 따라 달라진다. 투명도는 물 속에 있는 투명도판이 보이게 되는 깊이로 나타낸다.

지름 30cm의 투명도판(백색원판; Secchi disk)을 사용하여 호소나 하천에 보이지 않는 깊이로 넣은 다음 이것을 천천히 끌어 올리면서 보이기 시작한 깊이를 측정(0.1m 단위까지)하여 투명도를 결정한다. 투명도판은 무게가 약 3kg, 지름 30cm인 백색 원판으로 지름 5cm의 구멍 8개가 뚫려있다.

날씨가 맑고 수면이 잔잔할 때 직사광을 피하여 투명도판을 수중에 보이지 않는 깊이로 넣은 다음 천천히 끌어 올리면서 보이기 시작한 깊이를 반복해서 측정하고 그 평균값을 0.1m 단위로 읽고 투명도로 한다. 원판의 표면이 더러울 때에는 다시 색칠하여야 한다. 투명도는 일기, 시각, 개인차 등에 따라 달라지므로 측정조건을 기록해 두어야 한다. 유속이 세어서 줄이 기울어질 경우에는 2kg 정도의 추를 달아서 줄을 세우도록 하며, 줄은 튼튼한 것을 사용한다. 비가 올 때나 파도가 격렬할 때는 투명도를 측정하지 않는 것이 좋다.

(2) 탁도(Turbidity)

탁도란 물의 탁한 정도를 나타내는 것으로 투명도와 같은 목적으로 사용된다. 탁(濁)하다는 말은 물이 부유물질을 포함하고 있어서 빛의 통과를 방해하거나 가시심도(Visual Depth)를 제한하는 경우를 말한다. 탁도를 유발하는 물질로는 부유물질, 조류, 미생물, clay, silt, 콜로이드, 무기물질 등이 있다.

탁도 측정방법에는 기기분석법과 육안법이 있다. 기기분석법에는 혼탁입자들에 의한 산란도를 측정하는 방법으로 네펠로법(Nephelometry)이 있다. 이 방법은 NTU(Nephelometry Turbidity Unit)단위를 사용한다. 낮은 탁도를 측정할 때는 반드시 기기분석법을 사용해야 한다. 육안법은 혼탁도에 의하여 빛의 통과가 방해받는 정도를 측정하는 방법으로 JTU(Jackson Turbidity Unit)단위를 사용한다.

(1) 탁도의 단위

① JTU(Jackson Turbidity Unit)

잭슨 탁도 단위로, 육안법으로 측정하였을 경우 사용하는 단위이다. 촛불 위에 올려놓은 메스실린더에 액체를 넣게 되면 액체의 탁도에 따라 불꽃이 보이는 눈금이 달라지는 원리를 이용한다. 육안법은 기기분석법에 비하면 정확도가 떨어진다. 기기분석법에서 Formazin 표준을 사용할 경우 40JTU와 40NTU가 거의 같다.

② NTU(Nephelometric Turbidity Unit)

네펠로 탁도단위로, 기기분석법으로 측정하였을 경우 사용하는 단위이다. 음용수 기준은 탁도를 NTU 단위로 측정하여 수질

기준을 1NTU 이하로 할 것을 규정하고 있다.

(2) 탁도의 표준

물 1L 중에 정제 카오린 1㎎을 포함한 경우의 탁도를 1도(또는 1ppm)로 한다.

① 탁도 표준액(카오린 표준액)제조법

카오린 약 10g을 500㎖ 비이커에 넣고, 증류수 300㎖와 피로인산 나트륨($Na_4P_2O_7 \cdot 10H_2O$) 0.2g을 첨가하여 3분간 잘 교반시킨다. 이것을 1L짜리 메스실린더에 부어 증류수를 첨가하여 1L로 만든 후 약 1분간 잘 섞이도록 흔들어 1시간 정치한다. 다음에 사이펀을 사용하여 액면으로부터 약 5cm까지의 액을 흡입하고, 그 이하 15cm까지의 액을 채취한다.

채취한 액을 원심분리하여(1500RPM으로 약 10분간, 4일 이상 정치) 얻어진 침적물을 수용하여 증발 건조시킨 후 미세하게 분쇄하여 105~110℃로 3시간 건조시킨 후, 용기에 넣어서 보존한다.

② 탁도 표준 원액(1㎎카오린/㎖)

표준 카오린을 105~110℃에서 약 3시간 건조하여 냉각시킨 후 이것 1g을 메스플라스크 1L에 넣고 증류수 800㎖와 포르마린(37%) 10㎖를 첨가하여, 여기에 증류수를 부어 전체량이 1L가 되도록 한다.

③ 탁도 표준액(0.1㎎카오린/㎖)

탁도 표준 원액을 흔들어서 잘 혼합시켜 피펫을 사용하여 이것 100㎖를 메스플라스크 1L에 넣고, 증류수를 첨가하여 1L가 되게 한다.

2. 화학적 특성

참 고

(1) 농도표시

① 백분율(Parts Per Hundred)은 용액이나 가스 100㎖ 중의 성분무

게(g)를 표시할 때는 W/V%, 용액이나 가스 100mℓ 중의 성분용량(mℓ)을 표시할 때는 V/V%, 용액 100g 중 성분용량(mℓ)을 표시할 때는 V/W%의 기호를 쓴다. 만약, 용액의 농도를 "%"로만 표시할 때는 W/V%를 말한다.

② 천분율(Parts Per Thousand)로 나타낼 때는 g/L 또는 ‰의 기호를 쓴다.

③ 백만불율(Parts Per Million)로 나타낼 때는 mg/L 또는 ppb의 기호를 쓴다. 1ppb는 1ppm의 1/1,000이다.

(2) 용액의 농도

① 용액의 농도를 (1→10), (1→100) 또는 (1→1000) 등으로 표시하는 것은 고체 성분에 있어서는 1g, 액체성분에 있어서는 1mℓ를 용매에 녹여 전체량을 10mℓ, 100mℓ 또는 1000mℓ로 하는 비율을 표시한 것이다.

② 액체시약의 농도에 있어서 예를 들어 염산(1+2)이라고 도어 있을 때에는 염산 1mℓ와 물 2mℓ를 혼합한 것을 말한다.

③ 용액의 앞에 몇 %라고 한 것(예; 20%수산화나트륨 용액)은 수용액을 말하며, 일반적으로 물 100mℓ에 녹아있는 용질의 g수를 나타낸다.

(3) 물

시험에 사용하는 물은 정제수 또는 탈염수이어야 한다.

(4) 온도

① 온도의 표시는 셀시우스(Celcius)법에 따라 아라비아 숫자의 오른쪽에 ℃를 붙인다.

② 표준온도는 0℃, 상온은 15~25℃, 실온은 1~35℃로 하며, 찬 곳은 따로 규정이 없는 한 0~15℃인 곳을 뜻한다. 온수는 60~70℃, 열수는 약 100℃, 냉수는 15℃ 이하로 한다. "수욕상(水浴上) 또는 수욕 중에서 가열한다"라 함은 다른 규정이 없는 한 수온 100℃에서 가열함을 뜻하고 약 100℃의 증기를 쐬어도 된다.

③ 모든 실험과정은 따로 규정이 없는 한 상온에서 실시하고, 조작 직후에 그 결과를 관찰해야 한다. 단, 온도의 영향이 있는 것의 판정은 표준 온도를 기준으로 한다.

(5) 항량

"항량으로 될 때까지 건조한다" 또는 "항량으로 될 때까지 강열한다"라 함은 같은 조건에서 1시간 더 건조하거나 또는 강열할 때 전후 차가 g당 0.3mg 이하일 때를 말한다.

1) 용존산소

(1) 개요

수중에 녹아있는 산소를 용존산소라 한다. 용존산소는 수중 생물의 생존 및 성장에 반드시 필요한 물질로 수질 관리나 수처리 측면에서 매우 중요한 인자이며, 용존산소의 분석 결과는 수질을 판단하는데 자주 이용된다. 또한, 하천이나 호수의 수질 분석 항목 중에서도 용존산소를 가장 중요한 인자로 간주한다. 이는 수중에 함유된 유기 물질의 분해에 따라 산소가 소모되므로 용존산소 농도의 고저에 따라 유기물질에 오염된 정도를 파악할 수 있기 때문이다. 수중에 유기성 오염물질이 존재하면 수중 미생물들이 이들 물질을 분해하기 위해 산소를 소모하므로 용존산소 농도가 감소한다. 물론, 용존산소 농도는 수온, 대기압 등과, 수중에 함유된 오염물질의 종류와 양, 그리고 기존의 용존산소 농도에 의해서도 크게 영향을 받는다. 또한, 수중에 황화합물, 제일철염 같은 환원성 물질이 함유되어 있거나 박테리아가 존재하는 경우에도 용존산소의 농도는 감소한다.

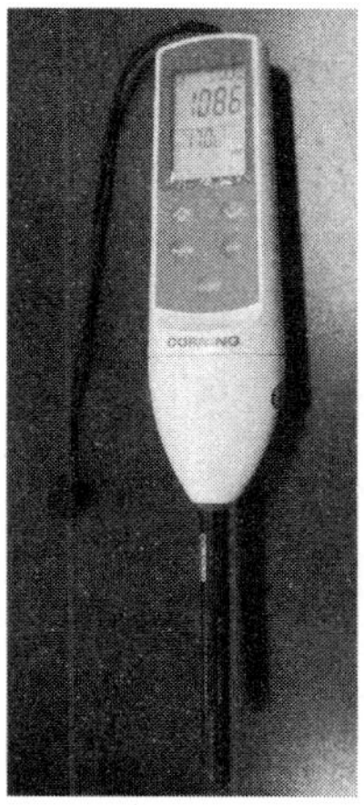

그림 2.IV.1
DO meter

통상적으로 물 속의 용존산소는 공기 중의 산소에 의해 공급되고, 용해량은 온도나 기압에 좌우되며 1기압 20℃에서 순수의 DO는 8.84mg/L이고, 온도가 낮아짐에 따라 상승하여 4℃에서 12.70mg/L가 된다.

(2) 용존산소의 농도 분석법

용존산소 농도를 분석하는 방법에는 윙클러-아지드화나트륨 변법(이하 윙클러법)과 막전극을 사용한 격막 전극법이 주로 사용된다. 윙클러법이 DO의 산화 특성에 근거한 적정 과정인 반면, 격막 전극법은 막을 통한 산소 분자의 확산 속도에 따른다.

윙클러법의 원리는 다음과 같다. 알칼리성 조건에서 산소가 Mn^{2+}을 산화시키고, 산화된 Mn이 산성조건에서 I^-를 I_2로 산화시킨다. 이때, 발생된 I_2가 용액에 존재하는 산소와 같은 당량으로 발생한다는 원리를 이용하여 용존산소 농도를 분석한다. 만약 수중에 산소가 존재하지 않는다면 백색의 침전물이 형성되는데, 이는 다음과 같은 식으로 표현된다.

$$Mn^{2+} + 2OH^{-} \rightarrow Mn(OH)_2 \downarrow \text{(백색침전물)}$$

산소에 의한 Mn^{2+}의 산화반응은 다음 식과 같다.

$$Mn^{2+} + 2OH^{-} + 1/2O_2 \rightarrow MnO_2 + H_2O$$

산성조건에서

$$MnO_2 + 2I^{-} + 4H^{+} \rightarrow Mn^{2+} + I_2 + 2H_2O$$

즉, 1mol의 I_2를 생성하기 위해서는 0.5mol의 O_2가 필요하다. 따라서, 생성된 I_2로 산소의 농도를 알 수 있다. 윙클러법은 현장에서 사용하기에는 불편하다.

격막 전극법은 용존산소 측정기(DO 미터)의 격막 전극부를 시료에 담그면 시료 중의 용존산소가 격막을 통과하여 금속 전극의 표면에서 산화·환원 반응을 일으키고, 이때 산소의 농도에 비례하여 전류가 흐르므로 그 전류에서 용존산소량을 측정하는 방법이다. 격막전극은 물속에 완전히 담글 수 있기 때문에 현장 분석에 적합하다.

① 윙클러-아지드화나트륨 변법

본 방법은 아지드 변법으로도 부르며, 간섭 물질인 아질산(nitrite)을 제거하기 위해 아지드화나트륨을 사용한다. 본 방법은 DO 분석에서 가장 정확하고 신뢰성있는 방법 중 하나이다.

가. 측정원리

황산망간과 알칼리성 요오드칼륨용액을 넣을 때 생기는 수산화제일망간이 시료 중의 용존산소에 의하여 산화되어 수산화제이망간으로 되고, 황산 산성에서 용존산소량에 대응하는 요오드를 유리한다. 유리된 요오드를 티오황산나트륨으로 적정하여 용존산소의 양을 정량하는 방법이다. 측정 종말점은 전분지시약으로 검출할 수 있다.

황산망간은 수산화칼륨(KOH) 또는 수산화나트륨(NaOH)과 반응하여 침전물을 생성한다. 흰색침전이 생성되면, 시료에 DO가 없다는 뜻이고, 더 이상 실험을 진행할 필요가 없다. 갈색침전이 보인다면, DO가 존재한다는 뜻으로, 수산화망간과 재반응을 한다. 여기서 갈색침전은 염기성의 산화망간이다.

$$MnSO_4 + 2KOH \rightarrow Mn(OH)_2 + K_2SO_4$$
$$2Mn(OH)_2 + O_2 \rightarrow 2MnO(OH)_2$$

황산을 첨가하면, 침전물은 용해되어 황산망간을 형성한다.

$$MnO(OH)_2 + 2H_2SO_4 \rightarrow Mn(SO_4)_2 + 3H_2O$$

황산망간($MnSO_4$)은 요오드화칼륨(KI)과 반응하여 요오드분자가 유리되므로 전분지시약이 있는 상태에서 전형적인 요오드색을 보인다.

$$Mn(SO_4)_2 + 2KI_2 \rightarrow MnSO_4 + K_2SO_4 + I_2$$

이 반응에서 유리된 요오드분자(I_2)의 양은 시료 내에 존재하는 산소의 양과 같은 당량을 보인다(I^-은 산소 존재 하에서 I_2 분자로 산화된다). 요오드량은 환원제인 티오황산나트륨 표준용액으로 적정하여 결정한다. 이때, 전분지시약을 사용하는데, 요오드 이온이 존재하면 전분은 푸른색을 나타내며, 이 푸른색은 (적정 종말점에서) 요오드분자 형성 시에 사라진다. 이 방법은 아질산염 5mg/L 이하, 제일철염 1.0mg/L 이하에서 방해를 받지 않으며, 하천수, 하수 및 공장폐수에 적용한다. 정량범위는 0.1 mg/L 이상이다.

나. 시료의 전처리

시료가 현저히 착색 또는 현탁되어 있을 때는 용존산소의 정량이 곤란하며, 시료에 활성슬러지의 미생물 플록(floc)이 형성되어 있으면 정량에 방해가 된다. 또한 시료에 잔류염소와 같은 산화성 물질이 있어도 방해를 받게 되는데 이런 경우, 다음과 같이 시료를 전처리 하여야 한다.

가) 시료가 착색 또는 현탁 된 경우

마개(접촉부분이 45°로 절단된 것)가 있는 1L 유리병을 기울여, 기포가 생기지 않도록 하면서 시료를 가득 채운다. 칼륨명반용액(황산알루미늄칼륨(24수화물) 10g을 물에 녹여 100mℓ로 한다.) 10mℓ와 암모니아수 1～2mℓ를 유리병의 위로부터 넣는다. 이때, 피펫의 공기가 들어가지 않도록 주의한다. 마개를 닫고 조용히 위아래를 바꾸어 가면서 1분간 흔들어 섞는다. 10분간 정치하여 현탁물을 침강시킨다.
사이펀작용(고무관 또는 폴리에틸렌관 이용)으로 300mℓ 용존산소측정병(또는 BOD병)의 아래로부터 상등액을 조용히 가득 채운다. 이때, 침강된 응집물이 들어가지 않도록 주의한다.

나) 황산구리-설파민산법(활성슬러지의 미생물 플록(floc)이 형성된 경우)
마개(접촉부분이 45°로 절단된 것)가 있는 1L 유리병을 기울여서 기포가 생기지 않도록 조심하면서 시료를 가득 채운다. 황산구리-설파민산 용액(설파민산 32g을 물 475mℓ에 녹인다. 따로 황산구리(5수화물) 50g을 물 500mℓ에 녹인다. 양액을 섞고, 초산 25mℓ를 넣는다.) 10mℓ를 유리병의 위로부터 넣는다. 이때, 공기가 들어가지 않도록 주의하면서 마개를 닫고 조용히 위아래로 바꾸어 가면서 1분간 흔들어 섞는다. 10분간 정치하여 현탁물을 침강시킨다. 사이펀 작용(고무관 또는 폴리에틸렌관을 이용)으로 깨끗한 상등액을 300mℓ 용존산소측정병(또는 BOD병)의 아래로부터 침강된 응집물이 들어가지 않도록 주의하면서 조용히 가득 채운다.

다) 산화성 물질을 함유한 경우
시료 중에 잔류염소 등이 함유되어 있을 때에는 바탕시험을 한다. 별도의 용존산소측정병에 시료를 가득 채운 다음 알칼리성 요오드화칼륨-아지드화나트륨 용액 1mℓ와 황산 1mℓ를 넣어 마개를 닫고 조용히 위아래를 바꾸어 가면서 약 1분간 흔들어 섞는다. 여기에 황산망간 용액 1mℓ를 넣고 다시 위아래를 바꾸어 가면서 흔들어 섞은 다음 이 용액 200mℓ를 취하여 삼각플라스크에 옮긴다. 전분용액을 지시약으로 하여 0.025N 티오황산나트륨 용액으로 적정하고 그 측정값을 용존산소량의 측정값에 보정한다.

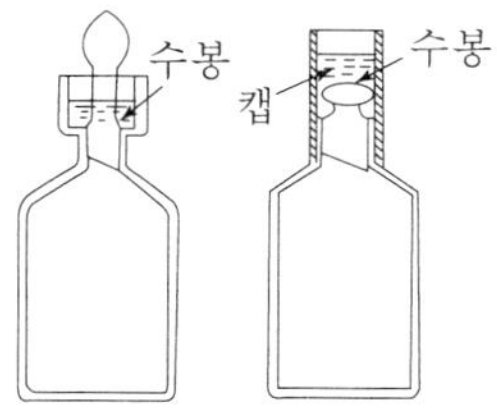

그림 2.IV.2
용존산소측정병(용량 300mℓ)

다. 실험기구
가) BOD 병 : 300mℓ
나) 적정 기구

라. 실험시약

가) 황산망간 용액

황산망간($MnSO_4 \cdot 4H_2O$) 480g을 증류수에 녹이고 여과시켜 물에 녹지 않은 부분은 버리고, 증류수를 넣어, 1000㎖가 되게 만든다.

나) 알칼리성 요오드화칼륨-아지드화나트륨 용액

수산화나트륨(NaOH) 500g(또는 KOH 700g), 요오드화칼륨(KI) 150g(또는 NaI 135g)을 증류수에 녹여 1000㎖로 한다. 증류수 40㎖에 녹인 아지드화나트륨(NaN_3) 10g을 더한다. 칼륨과 나트륨염은 상호교환하여 사용할 수 있다. 이 용액은 갈색병에 넣어 어두운 곳에 보관한다.

다) 진한 황산(H_2SO_4)

1㎖ 황산은 알칼리성 요오드화 칼륨-아지드화나트륨 용액 3㎖에 대응한다.

라) 전분지시약 용액

용해성 전분 2g을 비커에서 소량의 증류수로 섞는다. 걸쭉하게 되면 이 용액을 Salicylic Acid 0.2g과 함께 끓는 증류수 80㎖에 넣어 섞고 100㎖까지 희석한다. 수분간 끓이고 밤새 침전시킨다. 깨끗한 상층액을 병에 옮겨 보관한다.

마) 티오황산나트륨 적정용액(0.025N)(1㎖=200㎍/ℓ DO)

0.1N 티오황산나트륨을 만들어 4배 희석하여 사용한다.

(가) 0.1N 티오황산나트륨 용액 : 1L 중 티오황산나트륨($Na_2S_2O_3$ $5H_2O$: 248.17) 24.817g 함유한다. 티오황산나트륨(5수화물) 26g 및 무수탄산나트륨 0.2g에 새로 끓여 식힌 증류수를 넣어 녹여 1L로 하고 이소아밀 알콜 약 10㎖를 넣고 2일간 방치한 후 표정해야 한다.

* 표정과정

요오드산칼륨(표준시약)을 120～140℃에서 약 2시간 건조한 다음 데시케이터에서 식혀 약 100㎎을 요오드병에 정밀히 달아 물 25㎖를 넣어 녹이고 요오드화칼륨 2g 및 10% 염산 용액 10

mℓ를 넣어 마개를 닫고 암소에 약 10분간 방치한 다음 증류수 100mℓ를 넣어 유리된 요오드를 조제된 티오황산나트륨액으로 적정하여 규정도 계수를 계산한다. 다만, 적정의 종말점은 액의 종말점 부근에서 엷은 황색으로 되었을 때 전분 용액 3mℓ를 넣어 생긴 청색이 탈색될 때로 한다. 같은 방법으로 바탕시험을 하여 보정한다.

0.1N 티오황산나트륨 용액 1mℓ=3.5667mg KIO_3

(나) 0.025N 티오황산나트륨 용액

0.1N 티오황산나트륨액 250mℓ를 정확히 취하여 새로 끓여 식힌 증류수를 넣어 정확히 1000mℓ로 한다.

마. 시험방법

시료를 가득 채운 300mℓ 용존산소측정병(또는 BOD병)에 황산망간 용액 1mℓ와 알칼리성 요오드화칼륨-아지드화나트륨 용액 1mℓ를 넣고 기포가 남지 않게 조심하여 마개를 닫고 수회 병을 회전하면서 섞는다. 시료가 해수이거나 알칼리성에서 산화되기 쉬운 유기물을 함유하는 폐수의 경우에는 2분간 병을 회전하여 섞는다. 2분 이상 정치시키고 위의 맑은 액에 미세한 침전이 남아 있으면 다시 회전시켜 혼화한 다음 정치하여 완전히 침전시킨다.

100mℓ 이상의 맑은 층이 생기면 마개를 열고 진한 황산 2.0mℓ를 병의 위로부터 넣는다. 마개를 다시 닫고 갈색의 침전물이 완전히 용해될 때까지 병을 흔들어준다. 용존산소측정병의 용액 200mℓ를 정확히 취하여 황색이 될 때까지 0.025N-티오황산나트륨액으로 적정한 다음, 전분용액 1mℓ를 넣고 액의 청색이 무색이 될 때까지 적정한다.

$$\text{용존산소}(\text{mg O/L}) = a \times f \times \frac{V_1}{V_2} \times \frac{1000}{V_1 - R} \times 0.2$$

a : 적정에 소비된 0.025N-티오황산나트륨 용액(mℓ)

f : 0.025N-티오황산나트륨 용액의 역가(factor)

V_1 : 전체의 시료량(mℓ)

V_2 : 적정에 사용한 시료량(mℓ)

R : 황산망간 용액과 알칼리성 요오드화칼륨-아지드화나트륨 용액 첨가량(㎖)

바. 용존산소량을 포화율로 나타낼 경우

표 2.Ⅳ.1의 수중의 용존산소 포화량으로부터 시료의 온도와 염소이온 농도에 일치하는 값을 찾아내서 다음 식에 따라 계산한다.

$$\text{용존산소 포화율}(\%) = \frac{DO}{DO_t \times B/760} \times 100$$

DO : 시료의 용존산소량(mg/L)

DOt : 순수 중의 용존산소 포화량(mg/L)

B : 시료 채취시의 대기압(mmHg)

표 2.IV.1 수중의 용존산소 포화량

온 도 (℃)	수중의 염소 이온량(㎎ Cl/L)					염소이온 100㎖/L에 대한 용존산소 차감량 (㎎ O/L)
	0	5000	10000	15000	20000	
	수중 용존산소 포화량(㎎ O/L)					
0	14.16	13.40	12.63	11.87	11.10	0.0153
1	13.77	13.03	12.29	11.55	10.80	0.0148
2	13.40	12.68	11.97	11.25	10.52	0.0144
3	13.01	12.45	11.65	10.95	10.25	0.0440
4	12.70	12.03	11.35	10.67	9.99	0.0135
5	12.37	11.72	11.00	10.40	9.71	0.0131
6	12.00	11.42	10.79	10.15	9.51	0.0128
7	11.78	11.15	10.52	9.90	9.28	0.0124
8	11.47	10.87	10.27	9.67	9.06	0.0120
9	11.19	10.61	10.03	9.44	8.85	0.0117
10	10.92	10.36	9.79	9.23	8.66	0.0113
11	10.67	10.12	9.57	9.02	8.47	0.0110
12	10.43	9.90	9.36	8.82	8.29	0.0107
13	10.20	9.68	9.16	8.4	8.11	0.0104
14	9.97	9.47	8.97	8.40	7.95	0.0101
15	9.70	9.27	8.78	8.26	7.79	0.0099
16	9.56	9.06	8.60	8.12	7.63	0.0096
17	9.37	8.90	8.44	7.97	7.49	0.0094
18	9.18	8.73	8.27	7.82	7.36	0.0091
19	9.01	8.57	8.12	7.67	7.22	0.0089
20	8.84	8.41	7.97	7.54	7.10	0.0087
21	8.68	8.26	7.83	7.40	6.97	0.0086
22	8.53	8.11	7.70	7.26	6.85	0.0084
23	8.39	7.98	7.57	7.06	6.74	0.0082
24	8.25	7.85	7.44	7.143	6.65	0.0081
25	8.14	7.72	7.32	6.95	6.52	0.0079
26	7.99	7.60	7.21	6.82	6.42	0.0078
27	7.89	7.48	7.10	6.71	6.32	0.0077
28	7.75	7.37	6.99	6.61	6.22	0.0076
29	7.64	7.26	6.88	6.51	6.12	0.0076
30	7.53	7.16	6.78	6.41	6.03	0.0075
31	7.43	7.06	6.66	6.31	5.93	0.0075
32	7.32	6.96	6.59	6.21	5.84	0.0074
33	7.23	6.86	6.49	6.12	5.75	0.0074
34	7.13	6.77	6.40	6.03	6.65	0.0074
35	7.04	6.67	6.30	5.93	5.56	0.0074

② 격막 전극법

가. 측정원리

시료 중의 용존산소가 격막을 통하여 전극의 표면에서 산화, 환원 반응을 일으키고 이때 산소의 농도에 비례하여 전류가 흐르게 되는데 이 전류량으로부터 용존산소량을 측정하는 방법이다.

산소를 감지하는 격막 전극은 전해질로 채워져 있고 2종류의 고형 금속 전극으로 구성되어 있다. 격막 전극에서는 확산 전류(diffusion current)가 산소 분자 농도와 비례한다. 몇몇 보정 과정으로 전류는 농도 단위(㎎/L)로 쉽게 바꿀 수 있다. 격막 전극은 격막의 투수성 변화 때문에 상대적으로 높은 온도 계수를 보인다.

납과 은의 전극이 전해질(KOH) 층으로 덮여있는 전극을 시료 속에 담그면 산소 분자와 다음과 같이 반응한다.

양극 $O_2 + 2H_2O + 4e^- \rightarrow 4OH^-$

음극 $2Pb \rightarrow 2Pb_2 + 4e^-$

납 전극에서 전자가 자유롭게 양극으로 이동하면 시료 속의 산소 분자는 격막을 통과하여 양극 표면에서 전자를 잡아 환원반응이 일어난다. 따라서 시료 속의 용존산소량에 비례하여 전류가 흐르게 된다.

격막 전극법은 편리하고 간섭물질의 영향이 적어서 호수, 저수지, 하천 조사 등에 적합하며, 현장 분석에 적합하다. 산화성물질이 함유된 시료나 착색된 시료에 적합하며, 특히, 윙클러-아지드화나트륨 변법을 사용할 수 없는 폐하수의 용존산소 측정에 유용하게 사용할 수 있다. 정량범위는 0.5㎎/L 이상이다.

나. 실험기구

용존산소 측정기, 측정용기(용존산소측정병), 자석 교반기

다. 실험시약

가) 아황산나트륨 용액(5%)

아황산나트륨($NaSO_3$ 무수) 약 25g을 물에 용해하여 증류수를 가하여 500㎖로 한다. 사용할 때에 조제하며 미량의 염화코발

트($CoCl_2 \cdot 6H_2O$)를 첨가한다.

나) 용존산소 포화수

수산화칼륨(KOH 30%)으로 세정한 공기를 1L/min의 유량으로 유리섬유필터(구형 또는 판상)를 사용하여 물에 통기하여 (500㎖ 증류수에 10~20분간) 용존산소를 포화시킨다.

라. 시험방법

시료와 같은 온도의 5% 아황산나트륨 용액을 가득 채운 측정용기에 전극을 담그고 밀봉한 다음 일정한 속도로 교반하면서 기기가 안정되면 계기판의 지시값을 영점에 맞춘다. 별도로 용존산소 포화수를 측정용기에 조용히 가득 채우고 같은 조작을 하여 계기판의 지시값을 그 온도에서의 용존산소 포화농도 값(표 2.Ⅳ.1)에 맞춘다. 시료에 기포가 들어가지 않도록 조심하여 측정용기에 가득 채우고 같은 조작을 하여 계기판의 지시값이 안정되면 용존산소 값을 직접 읽는다.

2) pH

(1) 개요

수소이온 농도(pH)는 주어진 온도에서 용액의 산과 염기의 정도를 나타낸 것으로, 물속에 존재하는 수소이온은 화학반응이나 미생물의 활동에 큰 영향을 미친다. 수소이온 농도는 $[H^+]$로 표시하는데, $[H^+]$는 H^+의 몰농도(mole/L)를 뜻한다. pH는 다음과 같이 표시할 수 있다.

$$pH = -\log[H^+]$$

물은 어느 정도 H^+와 OH^-로 해리된다. 순수한 물은 $[H^+]=1.0\times10^{-7}M$, $[OH^-]=1.0\times10^{-7}M$로 $[H^+]=[OH^-]$임이 밝혀졌다. pH가 7.00인 용액은 중성이고, pH 7.00 이하는 산성, pH 7.00 이상은 염기성(물에 녹는 경우에는 알칼리성)이라 한다.

측정기구로는 pH 지시종이, 비색기, pH 미터가 있으나 생태연구에서는 정확성이 필요하므로 일반적으로 pH 미터를 사용한다. pH 미터는 두 전극 사이의 전위를 측정하는 원리를 이용한다. 기본 원리는 유리전극과 비교전극을 사용하여 전위측정으로 수소이온의 활성도를 결정하는 것이다. 가장 보편적인 복합전극(Combination electrodes)은 유리와 비교전극을 단일 전극으로 결합시켰다. 유리전극은 수소이온에 민감하여 수소이온 농도의 변화를 전위로 변환시키며 비교전극은 일정한 전위를 갖는다. 이들 전위의 차이는 mV로 나타내며, 이는 용액의 pH와 직선관계를 보인다. pH 미터의 척도(Scale)는 전압을 pH로 직접 읽을 수 있도록 제작되어 있다.

pH 측정방법은 사용하는 기기와 전극에 따라 다르며 pH 미터와 전극은 신뢰할만한 정확한 결과를 얻기 위해 양호한 상태여야 한다. 전극과 함께 pH 미터는 예상되는 시료의 pH 범위 값에 따라 pH 완충액 7.00, 4.00, 또는 10.00을 사용하여 보정해야 한다. 현장 측정시 전극을 흐르는 하천의 적당한 깊이에 담그고 전극 감응부 주변에서 시료 흐름이 충분하도록 젓는다. pH 변화가 0.1 이내가 될 때의 pH 값을 읽는다.

(2) 측정원리

pH는 수소이온 농도를 그 역수의 상용대수로서 나타내는 값이다. pH는 보통 유리전극과 비교전극으로 된 pH 미터를 사용하여 측정하는데 양 전극간에 생성되는 기전력의 차를 이용하여 다음과 같은 식으로 정의된다.

$$pH_x = pH_s \pm \frac{F(E_x - E_s)}{2.303RT}$$

pH_x : 시료의 pH 측정값

pH_s : 표준용액의 pH($-\log_{10}[H^+]$)

E_x : 시료에서의 유리전극과 비교전극간의 전위차(mV)

E_s : 표준액에서의 유리전극과 비교전극간의 전위차(mV)

F : 패러데이(Faraday)정수(9.649×10^4 coulomb/mole)

R : 기체정수(8.314 joule/°K · mole)

T : 절대온도(°K)

(3) pH 표준액

pH 표준액의 조제에 사용되는 물은 정제수를 증류하여 그 유출액을 15분 이상 끓여서 이산화탄소를 날려 보내고 산화칼슘(생석회) 흡수관을 달아 식힌 다음 사용한다. 조제한 pH 표준액은 경질유리병 또는 폴리에틸렌병에 보관하며, 보통 산성표준액은 3개월, 염기성 표준액은 산화칼슘(생석회) 흡수관을 부착하여 1개월 이내에 사용한다.

① pH 표준액의 조제

가. 수산염 표준액(0.05M)

테트라수산칼륨(pH 측정용)을 가루로 하여 데시케이터(실리카겔)에서 건조한 다음 12.71g을 정확하게 달아 물을 넣어 녹여 정확히 1L로 한다.

나. 프탈산염 표준액(0.05M)

프탈산수소칼륨(pH 측정용)을 가루로 하여 110℃에서 항량이 될 때까지 건조한 다음 10.21g을 정확하게 달아 물을 넣어 녹여 정확히 1L로 한다.

다. 인산염 표준액(0.025M)

인산이수소칼륨(pH 측정용) 및 무수인산일수소나트륨(pH 측정용)을 가루로 하여 110℃에서 항량이 될 때까지 건조한 다음 인산이수소칼륨 3.40g 및 무수인산일수소나트륨 3.45g을 정확하게 달아 물을 넣어 녹여 정확히 1L로 한다.

라. 붕산염 표준액(0.01M)

붕산나트륨(pH 측정용)을 데시케이터(물로 적신 브롬화나트륨) 중에 넣어 항량으로 한 다음 3.81g을 정확하게 달아 물을 넣어 녹여 정확히 1L로 한다.

마. 탄산염 표준액(0.25M)

데시케이터(실리카겔)에서 항량이 될 때까지 건조한 탄산수소나트륨(pH 측정용) 2.10g과 500~650℃에서 항량이 될 때까지 건조한 무수탄산나트륨(pH 측정용) 2.65g을 정확하게 달아 물을 넣어 녹여 정확히 1L로 한다.

바. 수산화칼슘 표준액(0.02M, 25℃ 포화용액)

수산화칼슘(pH 측정용)을 가루로 하여 5g을 플라스크에 넣고 물 1L를 넣어 잘 흔들어 섞어 23~27℃에서 충분히 포화시켜 그 온도에서 상층액을 여과하여 투명한 여액을 쓴다.

② **pH 표준액의 온도 보정**

pH 표준액에 대한 각 온도에서의 pH 값을 다음 표 2.Ⅳ.2에 표시하였다.

이 표에 없는 온도의 pH 값은 표의 값에서 내삽법으로 구한다.

표 2.Ⅳ.2 온도별 표준액의 pH 값

온 도	수산염 표준액	프탈산염 표준액	인산염 표준액	붕산염 표준액	탄산염 표준액	수산화칼슘 표준액
0℃	1.67	4.01	6.98	9.46	10.32	13.43
5℃	1.67	4.01	6.95	9.39	10.25	13.21
10℃	1.67	4.00	6.92	9.33	10.18	13.00
15℃	1.67	4.00	6.90	9.27	10.12	12.81
20℃	1.68	4.00	6.88	9.22	10.07	12.63
25℃	1.68	4.01	6.86	9.18	10.02	12.45
30℃	1.69	4.01	6.85	9.14	9.97	12.30
35℃	1.69	4.02	6.84	9.10	9.93	12.14
40℃	1.70	4.03	6.84	9.07	-	11.99
50℃	1.71	4.06	6.83	9.01	-	11.70
60℃	1.73	4.10	6.84	8.96	-	11.45

③ **pH 미터의 구조**

pH 미터는 보통 유리전극 및 비교전극으로 된 검출부와 검출된 pH를 지시하는 지시부로 되어 있다. 지시부에는 비대칭 전위조절(영점조절)용 꼭지 및 온도보상용 꼭지가 있다. 온도보상용 꼭지가 없는 것은 온도보상용 감온부가 있다. pH 미터는 다음 조작법에 따라 검출부를 물로 잘 씻은 다음 임의의 한 종류의 표준액에 대하여 5회 되풀이하여 pH를 측정했을 때 그 재현성이 ±0.05 이내의 것을 쓴다.

④ **시험방법**

유리전극은 미리 물에 수 시간 이상 담가 둔다. pH 미터는 전원을 넣어 5분 이상 경과한 후에 쓴다. 검출부를 물로 잘 씻고 부착된 물을 여지 등으로 가볍게 닦아낸다. 온도보상용 꼭지가 있는 것은 pH 표준액의 온도와 같게 맞추고 검출부를 시료의 pH 값에 가까운 표준액에 담가 2분 이상 되면, 온도에 있어서의 pH 미터의 지시가 표준액의 pH 값이 되도록 영점조절용 꼭지를 조절한다. 두 점에서 조절을 한 경우에는 보통 인산염 pH 표준액과 검액의 pH 값에 가까운 pH 표준액을 써서 앞의 조작에 따라 조작한다. 다음에 검출부를 물로 잘 씻고 부착된 물을 여지 등으로 가볍게 닦아낸 다음 검액에 담가 측정값을 읽는다. pH 미터의 구조 및 조작법에 관한 상세한 사항은 pH 미터에 따라 다르다. pH 11 이상의 시료는 오차가 크므로 알칼리에서 오차가 적은 특수전극을 쓰고 필요한 보정을 한다. 시료의 온도는 pH 표준액의 온도와 동일한 것이 좋다.

3) 전기전도도

(1) 개요

용액의 전기전도도란 용액이 전류를 통과시키는 정도를 말한다. 이는 이온의 존재, 이온들의 총 농도와 온도의 영향을 받는다. 전류는 수중에 존재하는 이온성 물질에 의하여 흐르므로 전기전도도는 이온의 농도 증가에 따라 증가한다. 이온화된 물질에 의해 흐르는 전류를 측정하기 때문에 시료 중의 용존 고형물(TDS)은 전기전도도와 관련된다.

전기전도도는 저항의 역수이다. 전기저항은 ohms으로 측정하기 때문에 전기전도도는 이의 역수이고 mhos 또는 Simens로 표현한다. 이온의 전기전도도의 단위는 “mho, ℧”로 표시하며 이는 저항의 단위인 “ohm, Ω”를 역으로 표시한 것이다. 환경시료 내의 전기전도도를 표현하기 위해서 가장 편리한 단위는 mmhos/cm, μmhos/cm이며, SI 단위에서는 mS/cm, μS/cm를 사용한다. 비전도도(Specific Conductance)에서 보통 나타내는 cm는 1cm^2 넓이의 두 개 전극에서 1cm 떨어진 표준거리를 말한다. 전기전도도는 이온의 개수×이온의 전하×이온의 유동성으로 표현되며, 일반적으로 농도에 비례해 증가한다. 또한 온도가 증가하면 이온의 이동이 활발해지므로 전기전도도도 증가한다. 전도도 값은 수역에 따라 비교적 넓은 범위를 보인다. 지하수에서 200～600μS/cm, 호수와 강에서 300～350μS/

cm, 음료수에서는 1000~1700 μS/cm를 보인다.

(2) 측정원리

전기전도도는 용액이 전류를 운반할 수 있는 정도를 말하며, 용액 중 이온의 세기를 신속하게 평가할 수 있는 항이다. 전기전도도는 전기저항의 역수 ohm^{-1} 또는 mho로 나타내나 현재는 국제적으로 S(Siemens)단위가 통용되어 있다.

측정원리는 용액에 담겨있는 2개의 전극에 일정한 전압을 가해주면 가한 전압이 전류를 흐르게 하며, 이때 흐르는 전류의 크기는 용액의 전기전도도에 의존한다는 사실을 이용한 것으로 어떤 전도체의 저항 R은 다음과 같은 식으로 나타낼 수 있다.

$$R(\Omega) = p \cdot \frac{l}{A}$$

여기에서 p : 저항도($\Omega \cdot$ cm)

l : 두 전극간의 거리(cm)

A : 단면적(cm^3)

이므로 전기전도도 L은 다음과 같이 나타낼 수 있다.

$$L = \frac{1}{R} = \frac{A}{l} \cdot K$$

여기에서 $K\left(=\frac{1}{\rho}\right)$는 비전도도(mho/cm)이며, 동일 측정계를 사용할 경우 셀의 규격은 일정하므로 두 전극간의 거리와 단면적은 무시할 수 있다. 따라서 측정결과는 측정된 시료의 전기전도도 값(mho)에 셀정수(cm^{-1})를 곱하여 시료의 전기전도도값(μmhos/cm)으로 표시한다. 그러나 현재는 국제단위계인 mS/m(milli-siemens/meter)나 μS/cm(microsiemens/centimeter)단위로 측정결과를 표기하고 있으며 여기에서 mS/m = 10 μS/cm(또는 10 μmhos/cm)이다. 또한 전기전도도는 온도차에 의한 영향(약 2%/℃)이 크므로 측정결과치의 통일을 기하기 위하여 25℃에서의 값으로 환산하여 기록한다.

(3) 기구 및 기기

① 전기전도도 측정계

지시부와 검출부로 구성되어 있다. 지시부는 교류 휘트스톤 전교(Wheatstone bridge)회로나 연산증폭기회로 등으로 구성된 것을 사용하며, 검출부는 한쌍의 고정된 전극(보통 백금 전극표면에 백금흑도금 한 것)으로 된 전도도셀 등을 사용한다. 전도도셀은 그 형태, 위치, 전극의 크기에 따라 각각 자체의 셀상수를 가지고 있으며, 이 셀상수는 전기전도도 표준액(염화칼륨 용액)을 사용하여 정하거나 셀상수가 알려진 다른 전도도셀과 비교하여 정할 수 있으나 일반적으로 기기제작사의 지침서 또는 설명서에 명시되어 있다. 또한 전기전도도 측정계는 25℃에서의 자체온도 보상회로가 장치되어 있는 것이 사용하기에 편리하다. 그렇지 않은 경우에는 온도에 따른 환산식을 사용하여 25℃에서의 전도도 값으로 환산해야 한다. 전기전도도셀은 항상 수중에 잠긴 상태에서 보존하여야 하며 정기적으로 점검한 후 사용한다.

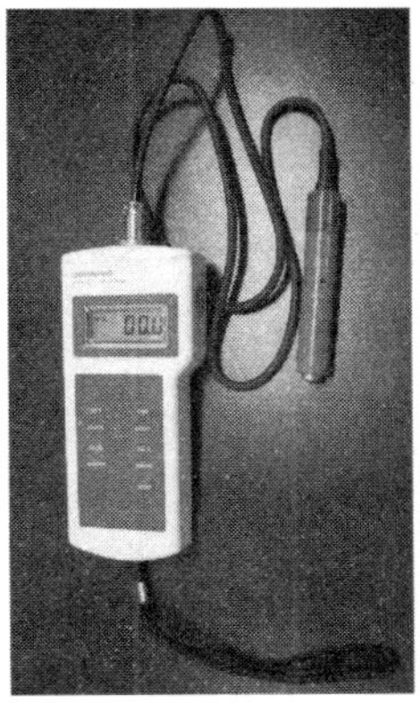

그림 2.IV.3
전기전도도 측정계

② 온도계

0.1℃까지 측정 가능한 것(다만 전기전도도 측정계 자체로 온도측정이 가능할 경우에는 필요없다.)

(4) 전도도셀의 보정 및 셀상수 측정방법

① 전도도표준액의 조제

가. 염화칼륨

분말로 된 염화칼륨(KCl)을 105℃에서 2시간 건조한 다음 데시케이터에서 식힌다.

나. 0.01M-염화칼륨 용액

염화칼륨 0.7456g을 25℃의 물(2 μS/cm 이하)에 녹여 1,000㎖로 한다. 이 액의 25℃에서의 전기전도도값은 1,409 μS/cm이다. 이 용액은 폴리에틸렌병 또는 경질유리병에 밀봉하여 보존한다.

다. 0.001M-염화칼륨 용액

0.01M-염화칼륨 용액 100㎖를 정확히 취하여 1,000㎖ 메스플라스크에 넣고 25℃의 물(2 μS/cm 이하)을 넣어 눈금까지 채운다. 이 액의 25℃에서의 전기전도도값은 147 μS/cm이다. 이 용액은 폴리에틸렌병 또는 경질유리병에 밀봉하여 보존한다.

② 셀상수의 측정 및 셀의 보정

셀을 물에 2~3회 씻은 다음 사용하고자 하는 염화칼륨 용액(시료의 전도도가 낮을 경우 0.001M, 높을 경우 0.01M)으로 2~3회 씻어주고 염화칼륨 용액에 셀을 잠기게 하여 온도를 25±0.5℃로 맞춘 상태에서 전기전도도를 측정한다. 계속하여 염화칼륨 용액을 교환해가면서 동일 온도에서 측정치 상호간의 편차가 ±3% 이하가 될 때까지 반복측정을 하고 그 평균값을 취하여 다음 식의 셀상수를 산출한다.

$$C = \frac{L_{KCl} + L_{H2O}}{L_X}$$

여기에서 C : 셀상수(cm^{-1})

L_X : 측정한 전도도값(μS)

L_{KCl} : 사용한 염화칼륨 표준액의 전도도값(μS/cm)

L_{H2O} : 염화칼륨 용액을 조제할 때 사용한 물의 전도도값(μS/cm)

보통 셀은 셀상수 1~2의 것을 사용하면 대부분의 시료측정에 적합하나 특정 시료의 경우에는 표 2.Ⅳ.3을 참조한다.

표 2.Ⅳ.3 셀상수와 측정범위

셀상수 (cm^{-1})	측정범위 (μS/cm)
0.01	20 이하
0.10	1~20
1	10~2,000
10	100~20,000
50	1,000~200,000

또한 0.01M과 0.001M-염화칼륨 용액을 각각 사용하여 같은 방법으로 셀상수를 산출한 결과 그 값이 ±1% 이내로 들지 않을 경우에는 백금전극을 재도금하여 사용한다.

참고 - 백금전극의 재도금 방법

가. 염산(1+11) 용액 중에서 백금흑전극을 양극으로 하고 전해하여 백금흑을 벗겨낸다.

나. 염화백금산(3W/V%)과 초산납(0.002W/V%)의 혼합 전해액 중에 백금전극을 담그고 직류에서 전류밀도 1~4mA/cm^2로 하여 적당한 방법으로 전해액을 교반하면서 1.5~3.0C/cm^2으로 통전한다.

다. 황산(1+360) 용액 중에서 약 30분간 가끔 전류의 방향을 바꾸면서 통전하여 부착된 염화백금산이나 염소를 제거하고 증류수로 세척한다.

(5) 시료의 전기전도도 측정

전기전도도 측정계에 전원을 넣고 시료를 사용하여 셀을 2~3회 씻어준다. 시료 중에 셀을 잠기게 하여 25±0.5℃를 유지한 상태에서 셀상수의 측정 및 셀보정과 같은 방법으로 반복측정하고 그 평균값을 취하여 다음 식에 따라 시료의 전기전도도 값을 산출한다.

$$L = C \times L_X$$

여기에서 L : 25℃에서의 시료의 전기전도도값(μS/cm)

C : 셀상수(cm^{-1})

L_X : 측정한 전기전도도값(μS)

다만, 전기전도도 측정계에 자체온도 보상회로와 셀상수 자동설정회로가 내장된 경우에는 제작사의 지침에 따라 온도계수(25℃)와 셀정수를 설정해준 다음 시료의 전기전도도 값을 측정하고 측정계의 지시부에 나타난 값을 직접 측정결과로 기록한다.

또한 현장 측정시 온도보상회로가 내장되어 있지 않은 측정계의 경우에는 일정조건에서의 시료의 전기전도도와 온도를 측정하고 다음 계산식에 의하여 온도보정을 한 값을 측정결과로 한다.

$$L = \frac{C \times L_X}{1 + 0.0191(25 - t)}$$

여기에서 t : 측정시 시료의 온도(℃)

만일 측정계의 지시값이 전기저항(Ω)으로 나타날 경우에는 다음 식에 따라 전기전도율을 계산한다.

$$L = \frac{C}{R_X} \times 10$$

여기에서 R_X : 측정된 전기저항(Ω)

* 질소

질소는 무색, 무취, 무미의 기체로 대기의 78%(v/v)를 차지한다. 끓는점이 낮고(25℃) 화학적으로 비 반응성이어서 질소를 액화시켜 이상적이고 값싼 냉각제로 사용한다. 질소는 단백질을 구성하는 아미노산, 유전에 관여하는 RNA와 DNA 등 많은 근본적인 유기물질을 형성한다. 식물과 동물은 대기 중의 질소(N_2) 형태를 질소로 사용할 수 없다. 식물과 동물이 대기 중의 질소를 사용하기 위해서는 암모니아(NH_3) 또는 질산염(NO_3^-)으로 바꿔야 한다. 대기 중의 질소가 사용가능한 질소로 전환되는 것을 "질소고정(Fixation)"이라 한다. 질소고정은 박테리아의 활동으로 가능하다. 질소고정 박테리아의 하나인 Rhizobium은 콩과식물(peas, beans, alfalfa, clover 등)의 뿌리에 침투한다. 뿌리는 작은 혹들이 발달되어 있으며 이곳에서 질소고정이 일어난다. 세균인 Azotobacter는 토양 내에서 직접 대기 중의 질소를 고정할 수 있다. 고정된 질소는 식물에 의해 흡수되고, 이어서 아미노산, 단백질, DNA와 RNA로 합성된다. 이어서 동물은 식물과 다른 동물을 먹음으로써 필요한 질소를 얻는다. 식물과 동물로부터 나온 질소가 풍부한 폐기물은 여러 종의 세균에 의해 분리되어 암모니아(NH_3)로 바뀐다. 이를 "암모니아화(Ammonification)"라 한다. 암모니아는 Nitrosomonas 세균 종에 의해 아질산(NO_2)으로 산화되고 다시 질산 박테리아인 Nitrobacteria에 의해 질산(NO_3)으로 산화된다. 이 과정은 "질산화(Nitrification)"라 한다. 질산염은 식물 뿌리에서 흡수되어 다시 이용된다. 질산염은 세균 pseudomonas에 의해 아질산으로 분해되어 가스 형태인 N_2O로 전환되기도 한다. 이는 다시 대기로 방출된다. 이 공정을 "탈질산화(Denitrification)"라 한다. 여러 형태의 질소는 대기에서 토양, 식물, 동물로 순환하고 이어서 다시 토양으로 그리고 대기로 끝없는 순환을 한다.

질소 화합물은 무기영양소의 하나이며 환경시료에서는 광범위한 형태의 질소로 큰 관심이 된다. 영양소(질소와 인)의 주요 오염원은 지표수와 지하수의 농경지, 도시배수, 동물 폐기물 유출수 뿐 아니라 도시 하수와 산업 폐수 처리수를 포함한다.

상수나 폐수 내에서 큰 관심이 되고 있는 질소는 산화상태가 감소되는 상태에 따라, 질산염, 아질산염, 암모니아 및 유기질소로 구분한다. 이 같은 형태의 질소와 질소가스는 생화학적으로 상호 변환 관계에 있고 질소 순환의 한 구성요소가 되기도 한다. 이들은 여러 가지 이유에서 관심의 대상이 되고 있다.

유기질소(Organic nitrogen)는 기능상 3가의 음이온이 산화상태로 질소와 유기물이 결합된 것으로 정의하기 때문에 모든 유기질소 화합물을 포함하지는 않는다. 분석상 유기질소와 암모니아가 함께 분석되며 이를 총 킬달질소(TKN : Total Kjeldahl Nitrogen)라고 한다. 유기질소는 단백질, 펩타이드, 핵산, 그리고 요소(urea) 같은 자연 물질과 수많은 합성 유기물질을 포함한다. 대표적인 유기질소 농도는 호수에서의 수백만 ㎎/L에서 시작하여 하수 등에서는 20㎎/L까지 매우 폭넓은 범위의 농도를 보인다. 유기질소 값은 암모니아 질소와 TKN 값으로부터 계산한다.

$$\text{유기질소} = (\text{TKN}) - (NH_3\text{-N})$$

완전히 산화된 질소는 질산염과 아질산염의 합으로 표현한다. 질산염(Nitrate)은 대체로 지표수에서 미량 발생되나, 어떤 지하수에서는 상당한 양을 보이고 있다. 과다한 양이 존재하면 유아들에게 청색증(methemoglobin)을 유발한다. 질산염이 10㎎/L(NO_3-N) 이상 음용수에 존재하면 이 같은 질병을 발생시킨다.

아질산염(Nitrite)은 질소의 중간 산화 상태 물질로 암모니아가 질산염으로 산화될 때와 질산염이 환원될 때 생성된다. 암모니아는 지표수와 폐수 내에서 자연상태로 존재한다. 암모니아는 토양입자와 점토(clay)에 흡수되고, 토양에서 서서히 침출되지 않기 때문에, 지하수에서의 농도는 대체로 낮다.

4) 암모니아성 질소

* 암모니아성 질소

암모니아는 무색의 자극성이 있는 물과 결합하는 분자형태(NH_3)와 이온화된 형태(NH_4^+)로 존재하며 물에 잘 녹는다. 결합 정도 또는 이온화도는 온도와 pH에 의해 좌우된다. 암모니아는 동물의 배설물 중 유기성 화합물의 분해과정과 오줌 속의 요소에서 제일 먼저 생성되므로 물에서 발생할 수 있으며, 분변성 오염의 지표가 된다.

이러한 암모니아의 양을 결정하는 여러 측정방법을 선택할 때에는 암모니아의 농도와 물 속에 존재하는 간섭물질 등 2가지 사항을 고려해야 한다. 간섭물질이 존재하고 정밀한 결과가 요구되는 경우에는 예비증류단계(preliminary distillation step)가 요구된다. 현재 우리나라의 수질오염 공정시험방법에서는 암모니아 분석방법으로 (1) 인도페놀법 (2) 이온전극법 (3) 중화적정법을 택하고 있다.

중화적정법은 예비증류단계를 반드시 거쳐야 되지만 인도페놀법과 이온전극법은 예비증류단계 없이 사용이 가능하다. 사용하고자 하는 방법은 시료 내의 농도에 따라 달리한다. 중화적정법은 특별히 암모니아 농도가 5㎎/L 이상에서 사용되며, 이온전극법은 0.03~1,400㎎ NH_3-N/L 범위에서, 인도페놀법은 담수와 해수에 모두 적용되며 0.6㎎ NH_3-N/L 근처에서 적합하다. 인도페놀법을 사용할 때 시료의 알칼리도가 500㎎/L 이상이거나 탁도가 있을 때는 시료를 증류시킨다.

(1) 흡광광도법(인도페놀법)

* 인도페놀법(방법1)

① 측정원리

암모늄이온이 차아염소산의 공존아래에서 페놀과 반응하여 생성하는 인도 페놀의 청색을 630㎚에서 측정하는 방법이다. 정량범위는 0.002~0.04㎎ NH_3-N이고, 표준편차율은 10±2%이다.

② 실험기구

가. 광전광도계 또는 광전분광광도계, 630㎚

나. 증류장치(그림 2.Ⅳ.4)

다. 흡수셀, 층장 10mm 이상

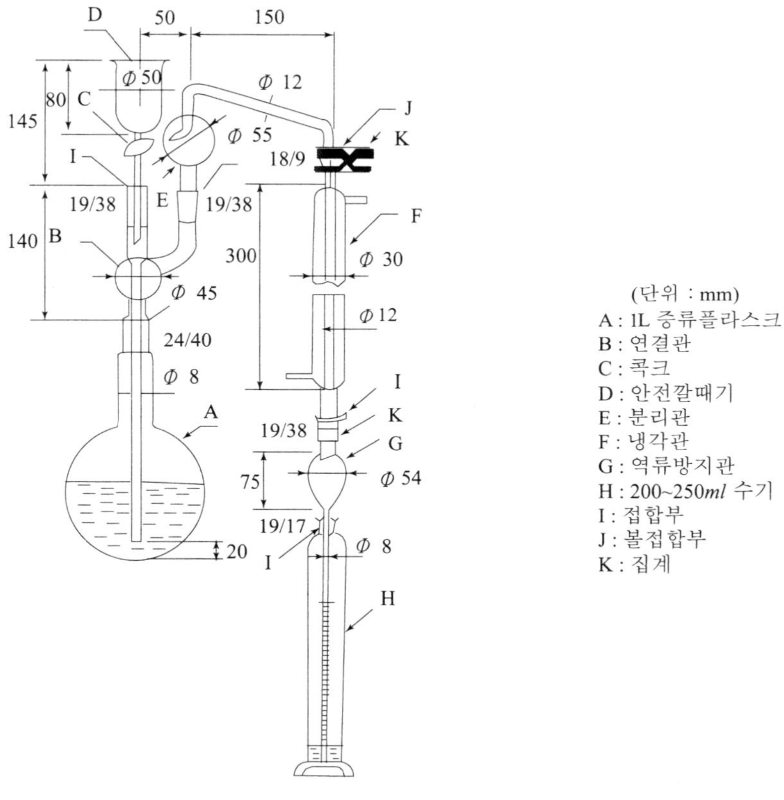

그림 2.Ⅳ.4 암모니아성 질소 증류장치

③ 실험시약

가. 시료의 전처리

가) 수산화나트륨 용액(4W/V%) 또는 황산(1+35)

나) 산화마그네슘

다) 0.05N 황산 용액

1N 황산 용액을 증류수로 20배 희석하여 사용한다.

* 1N 황산 용액 : 황산 30㎖를 물 1L중에 섞으면서 천천

히 넣어 식힌다.

나. 시험방법

가) 나트륨페놀라이트 용액

페놀 25g을 20% 수산화나트륨 55㎖에 녹이고 식힌 다음 아세톤 6㎖와 물을 넣어 200㎖로 한다. 사용할 때 조제한다.

나) 나이트로프루시드나트륨 용액

나이트로프루시드나트륨·이수화물 0.15g을 물에 녹여 100㎖로 한다. 암소에 보관하면 1개월간은 안전하다.

다) 차아염소산나트륨 용액(유효염소 512%)

차아염소산나트륨 용액의 유효염소 농도를 측정하여, 유효염소 1g에 해당하는 부피(㎖)를 취하여 물을 넣어 100㎖로 한다. 사용할 때마다 조제한다.

<유효염소 농도의 측정> 차아염소산나트륨 용액 10㎖를 200㎖ 용량플라스크에 넣는다. 여기에 물을 넣어 표선까지 채운 다음 이 용액 10㎖를 취하여 삼각플라스크에 넣고 물을 넣어 약 100㎖로 한다. 요오드화칼륨 1~2g 및 초산(1+1) 6㎖를 넣어 밀봉하고 흔들어 섞은 다음 암소에 약 5분간 방치하고 전분용액을 지시약으로 하여 0.05N 티오황산나트륨 용액으로 적정한다. 따로 물 10㎖를 취하여 바탕시험을 하고 보정한다.

$$\text{유효염소량 (W/V\%)} = a \times f \times \frac{200}{10} \times \frac{1}{V} \times 0.001773 \times 100$$

a : 0.05N 티오황산나트륨 용액의 소비량(㎖)

f : 0.05N 티오황산나트륨 용액의 역가

v : 차아염소산나트륨 용액을 취한 양(㎖)

다. 검량선 작성

가) 암모니아성 질소 표준액(0.005㎎ NH_3-N/㎖)

암모니아성 질소 표준원액 25㎖를 정확히 취하여 물을 넣어 정확히 500㎖로 한다.

* 암모니아성 질소 표준원액(0.1㎎ NH_3-N/㎖)

염화암모늄(표준시약) 0.3819g을 물에 녹여 정확히 1,000㎖

로 한다.

라. 기타

가) 아황산나트륨 용액

아황산나트륨 0.9g을 증류수에 녹여 1L로 한 것

④ **시료의 전처리**

시료가 탁하거나 착색물질 등의 방해물질이 함유되어 있는 경우에는 다음과 같이 증류하여 그 유출액으로 시험한다. 시료 적당량(암모니아성 질소를 0.03㎎ 이상 함유한 양)을 취하여 수산화나트륨용액(4 W/V%; 수산화나트륨 4g에 증류수를 넣어 100㎖가 되게 한다.) 또는 황산(1+35; 황산 5㎖에 증류수 175㎖를 넣는다.)으로 중화하고 증류플라스크에 옮긴다.

산화마그네슘 0.3g과 비등석 여러 개를 넣고, 증류수를 넣어 액량을 약 350㎖로 만든다. 수기는 200㎖ 용량의 메스실린더에 0.05N 황산용액 50㎖을 넣고 그림 2.Ⅳ.3과 같이 증류장치를 조립한 다음 가열하여 5~7㎖/min 유출속도로 증류한다. 수기의 액량이 약 150㎖가 되면 증류를 중지하고 냉각관을 증류플라스크와 분리하여 냉각관의 내부를 소량의 물로 씻어 수기에 합하고 물을 넣어 200㎖로 한다.

⑤ **시험방법**

전처리 또는 여과한 시료 적당량(암모니아성 질소로서 0.04㎎ 이하 함유)을 취하여 50㎖ 용량 플라스크에 넣고 증류수를 넣어 약 30㎖로 만든다. 여기에 나트륨페놀라이트 용액 10㎖와 나이트로프루시드나트륨 용액 1㎖를 넣고 조용히 섞은 다음, 차아염소산나트륨 용액(암모니아성 질소시험용) 5㎖를 넣어 조용히 섞는다. 증류수를 넣어 표선까지 채운 다음 20~25℃에서 약 30분간 방치한다. 이 용액의 일부를 층장 10mm 흡수셀에 옮겨 검액으로 한다. 따로 증류수 30㎖를 취하여 시료의 시험방법에 따라 시험하여 바탕시험액으로 한다. 바탕시험액을 대조액으로 하여 630㎚에서 검액의 흡광도를 측정하고 미리 작성한 검량선으로부터 암모니아성 질소의 양을 구하여 농도(㎎/L)를 산출한다.

⑥ **검량선의 작성**

암모니아성 질소 표준액(0.005㎎ NH_3-N/㎖) 0.5~10㎖를 단계적으로 취하여 증류수를 넣어 약 30㎖로 하고 시료의 시험방법에 따라 시험하여 암모니아성 질소의 양과 흡광도와의 관계선을 작성한다.

⑦ **주의 사항**

가. 시험에 사용하는 물, 용액 및 표준액의 조제에 사용하는 물은 증류수 또는 탈염수(이온교환수지로서 탈염정제한 물)를 사용하여야 한다. 다만, 증류수 또는 탈염수일지라도 24시간을 초과하여 사용할 수 없다.

나. 시료 중에 잔류염소가 존재하면 정량을 방해하므로 시료를 증류 전에 아황산나트륨 용액(아황산나트륨 0.9g을 물에 녹여 1L로 할 것) 1㎖를 넣어 잔류염소를 제거한다. 이 양은 시료 500㎖ 중에 있는 잔류염소 1㎎을 제거할 수 있다.

다. 시료를 전처리 하지 않는 경우 Ca^{2+}, Mg^{2+} 등에 의하여 발색 시 침전물이 생성될 수도 있다. 이러한 경우에는 발색시료를 원심분리한 다음 상등액을 취하여 흡광도를 측정하거나 또는 시료의 전처리를 행한 다음 다시 시험하여야 한다.

* 인도페놀법(방법2)

① **측정원리**

대부분의 민물에 존재하는 암모니아(NH_3)는 매우 알칼리성인 환경(pH>9.0)일 때를 제외하고는 이온(NH_4^+)상태로 존재한다. 암모니아는 호수와 하천에서 박테리아, 조류, 고등식물에게 중요한 질소원이다. 농도는 일반적으로 낮고, 시료 중의 함량은 매우 빠르게 변한다.

암모늄, 페놀, hypochlorite 사이에 일어나는 인도 페놀 청 반응은 촉매로서 potassium nitroferricyanide를 사용한다. 총 암모늄은 분광광도계로 측정한다. 최종 농도는 μg NH_4-N/L로 나타내진다. 칼슘과 마그네슘의 간섭은 sodium citrate와 복합체를 이루게 하면 제거할 수 있다. 이 방법의 또 다른 장점은 증류과정이나 solvent extraction과정을 생략해도 된다는 것이다. 또한, 빠르고 안정적으로 청색이 나온다. 또한 질소의 다른 형태와는 반응을 하지 않는다. 간섭은 높은 농도의 칼슘이온, 마그네슘이온, 탁도, 분광광도계에서 사용하는 범위의 빛을 흡수하는 시료의 색과 관련된다.

이 방법은 50 μg/L보다 적게 포함된 시료에서 결과가 가장 잘 나오지만 0~500 μgNH_4-N/L의 범위에 적용된다. 최소 분석한계는 ±3 μg/L이다. 10㎖를 분석했을 때(95%의 신뢰도 구간에서) precision은 ±2 μg/L이다.

② **기구**

광전광도계 또는 광전분광광도계

③ **실험시약**

가. 시험 방법

가) 페놀-에탄올 용액

페놀(C_6H_5OH) 10g에 에탄올(95%)을 넣어 100㎖가 되게 만든다. 페놀은 독성이 강하므로 흡입하거나 피부에 닿지 않도록 하기위해 fumehood에서 장갑을 끼고 준비해야 한다. 이 용액은 냉장 보관해야 한다.

나) Alkaline Citrate Solution

Sodium Citrate($Na_3C_6H_5O_7 \cdot 2H_2O$) 100g과 수산화나트륨(NaOH, pellets) 5g에 Distilled Deionized Water(DDW)을 넣어 500㎖가 되게 만든다. 이 용액은 실온에 보관해야 한다.

다) Oxidizing Solution

Alkaline Citrate Solution 40㎖에 Sodium Hypochlorite(표백제, NaOCl) 10㎖를 첨가하여 만든다. Sodium Hypochlorite(저장기간은 한달 이내, 냉장보관)는 항상 fresh 한 것을 사용한다. 이것은 강한 산화제이므로 주의한다. 이 용액은 매 분석 시마다 만든다.

라) 촉매

Potassium Ferrocyanide($K_4Fe(CN)_6$ $3H_2O$(Mallinckrodt)

0.5g에 DDW를 넣어 100㎖가 되게 만든다. 이 시약은 매 분석 시마다 준비한다.

마) 질산 표준 용액(50㎎ N/L)

질산암모늄(NH_4NO_3)(110℃에서 건조한다.) 0.2858g에 DDW를 넣어 1000㎖가 되게 만든다. 이 용액은 냉장보관해야 한다.

바) Working Standards-매 분석 시마다 새롭게 만든다.

Working standards는 50㎎/L stock으로부터 준비한다. 일반적으로 시료의 예상되는 농도범위에서 3~4개정도의 농도와 blank를 만든다. 항상 standard의 농도범위는 0~200 ㎍/L이다.

④ **시료의 전처리**

분석을 하려면 먼저 시료를 여과해야 한다. 시료는 채취한 당일에 여과한다. 여과된 시료는 뚜껑 있는 병에 넣어 뚜껑을 꼭 닫고 4℃에 보관한다. 분석은 시료 채취 후 일주일 이내에 해야 한다. 암모니아 분석은 제일 먼저 해야 한다.

⑤ **시험 방법**

가. 시료 10.0㎖를 취해서 깨끗한 시험관(직경 2.0cm×길이 12.5cm, 돌려 막는 뚜껑이 있는)에 넣는다. 시험관은 항상 청결해서 오염으로 인한 오차가 발생하지 않도록 해야 한다.
나. 페놀-에탄올 용액을 0.4㎖(400㎕) 넣고 잘 섞는다. 이때 빠른 속도로 Vortex 한다.
다. Potassium Ferrocyanide 촉매 0.4㎖(400㎕)를 넣고 빠른 속도로 Vortex 한다.
라. Oxidizing Solution 1.0㎖를 넣고 빠른 속도로 Vortex 한다.
마. 시험관을 자외선 하에 약 45분 동안 놓아둔다.
바. 4cm 셀에 넣고 640㎚에서 흡광도를 읽는다.

(2) 이온전극법

① **측정원리**

시료에 수산화나트륨을 넣어 pH 11~13으로 하여 암모늄이온을 암모니아로 변화시킨 다음 암모니아 이온전극을 이용하여 암모니아성 질소를 정량하는 방법이다. 정량범위는 0.08~80㎎ NH_3-N이며 표준편차는 20±5%이다.

② **기구 및 기기**

가. 전위차계 : -700~+700mV 범위에서 0.1mV까지 읽을 수 있는 고압력 저항 전위차계로서 pH-mV미터, 이온전극용 전위차계 등

나. 암모니아 전극

다. 비교전극

라. 자석교반기 : 회전에 의하여 열이 발생하지 않는 것

마. 증류장치-흡광광도법의 경우와 동일 한 것

③ **실험시약**

가. 시료의 전처리

가) 인도페놀법과 동일

나. 시험방법

가) 수산화나트륨 용액(10W/V%)

다. 검량선 작성

가) 암모니아성 질소 표준원액(0.1㎎ NH_3-N/㎖)
염화암모늄(표준시약) 0.3819g을 물에 녹여 정확히 1,000㎖로 한다.

④ **시료의 전처리**

흡광광도법의 경우와 동일하게 한다.

⑤ **시험방법**

전처리 한 시료 또는 시료 적당량(암모니아성 질소 16㎎ 이하 함유한 양)을 취하여 200㎖ 비이커에 넣고 수산화나트륨 용액(10W/V% 10g의 수산화나트륨을 넣고 증류수를 넣어 100㎖가 되게 한다.)을 넣어 pH 약 8로 조절하고 증류수를 넣어 200㎖로 한다. 이 액 100㎖를 취하여 150㎖ 비이커에 옮기고 전극을 담근 다음 자석 교반기로 기포가 발생하지 않을 정도로 일정하게 교반한다. 빠르게 수산화나트륨 용액(10W/V%) 1㎖를

넣고 전위차계로부터 전위가 안정될 때의 값을 측정하여 미리 작성한 검량선으로부터 암모니아성 질소의 양을 구하고 농도(mg/L)를 산출한다. 표준액과 시료의 측정시 온도차는 ±1℃ 이하이어야 하며, 교반속도는 기포가 일어나지 않는 범위 내에서 세게 그리고 일정하게 유지되어야 한다.

⑥ **검량선의 작성**

암모니아성 질소 표준원액(0.1mg NH_3-N/mℓ ; 염화암모늄 0.3819g을 증류수에 녹여 정확히 1000mℓ가 되게 한다.)을 단계적으로 취하여 물을 넣어 정확히 0.1, 1, 10, 100mg/L로 조제한 표준액 100mℓ씩을 150mℓ 비이커에 각각 옮기고 낮은 농도로부터 시료의 시험방법에 따라 시험하여 각 표준액의 전위를 측정한다.

편대수 그래프지(Semilog graph paper)를 이용하여 대수축에 농도를, 균등축에 측정전위값을 기재하여 암모니아성 질소의 농도와 전위값과의 관계선을 작성한다.

(3) 중화적정법

① **측정원리**

시료를 증류하여 유출되는 암모니아를 황산 용액에 흡수시키고 수산화나트륨 용액으로 잔류하는 황산을 적정하여 암모니아성 질소를 정량하는 방법이다. 정량범위는 0.2~30mg NH_3-N이며 표준편차는 10±3%이다.

② **실험기구**

증류장치-흡광광도법의 것과 동일 한 것

③ **실험시약**

가. 시료의 전처리

가) 인도페놀법과 동일

나. 시험방법

가) 메틸레드-브롬크레솔 그린 혼합지시액

메틸레드 0.02g과 브롬크레졸그린 0.1g을 에틸알코올(95 W/V%)에 녹여 100mℓ로 한다.

나) 0.05N 수산화나트륨 용액

1N 수산화나트륨 용액을 물로 20배 희석한다.

* 1N 수산화나트륨 용액

수산화나트륨 42g을 물 950㎖를 넣어 녹이고 새로 만든 수산화바륨 용액(포화)을 침전에 생기지 않을 때까지 한 방울씩 떨어뜨려 잘 섞고 마개를 하여 24시간 방치한 다음 여과하여 사용한다.

다) 0.05N 황산

인도페놀법과 동일

④ **시료의 전처리**

흡광광도법의 경우와 동일하게 시험한다.

⑤ **시험방법**

전처리한 시료 전량을 500 ㎖ 삼각플라스크에 옮기고 메틸레드-브롬크레졸 그린 혼합지시액 5~7 방울을 넣은 다음 0.05N-수산화나트륨 용액으로 액의 색이 자회색(pH 4.8)을 나타낼 때까지 적정한다. 따로 0.05N-황산 50㎖를 정확히 취하여 500 ㎖ 삼각플라스크에 넣고 메틸레드-브롬크레졸그린 혼합지시액 5~7방울을 넣은 다음 0.05N-수산화나트륨 용액으로 액의 색이 자회색(pH 4.8)을 나타낼 때까지 적정하여 0.05N-황산 50 ㎖에서 대응하는 0.05N-수산화나트륨 용액의 ㎖수를 구하고 다음 식에 따라 암모니아성 질소의 농도를 산출한다.

$$\text{암모니아성 질소(mg NH}_3\text{-N/L)} = (b - a) \times f \times \frac{1,000}{V} \times 0.7$$

b : 0.05N 황산 50㎖의 적정에 소비된 0.05N 수산화나트륨 용액의 양(㎖)

a : 시료의 적정에 소비된 0.05N-수산화나트륨 용액의 양(㎖)

f : 0.05N-수산화나트륨 용액의 역가

V : 시료량(㎖)

참고 - 이온전극법

(1) 원리 및 적용범위

시료 중의 분석대상 이온의 농도(이온활량)에 의하여 비교전극과 이온전극간에 나타나는 전위차를 이용하여 목적이온의 농도를 정량하는 방법이다. 시료 중에 들어있는 음이온(Cl^-, F^-, NO_2^-, NO_3^-, CN^-) 및 양이온(NH_4^+, 중금속 이온 등)의 분석에 이용된다.

(2) 개요

이온전극은 〔 이온전극 | 측정용액 | 비교전극 〕의 측정계에서 측정대상 이온에 감응하여 Nernst식에 따라 이온활량에 비례하는 전위차를 나타낸다.

$$E = E_0 + \left[\frac{2.303\,RT}{zF}\right] \log a \quad \cdots\cdots\cdots (1)$$

E : 측정용액에서 이온전극과 비교전극간에 생기는 전위차(mV)

E_0 : 표준전위(mV)

R : 기체상수(8.314 J/°K · mol)

zF : 이온전극에 대하여 전위의 발생에 관계하는 전자수(이온가)

F : 패러데이(Faraday) 상수(96480 C)

a : 이온활량(mol/L)

$\frac{2.303\,RT}{zF}$ 는 이온 전위 구배라 하며 이온활량의 역수의 상용대수를 px라 할 때 1px당 전위차를 나타내는 값으로서 25℃에서 1가 이온은 59.16mV, 2가 이온은 29.58mV의 값이다. 또한 이온활량은 활량계수(γ)와 이온농도(C) 간에 다음과 같은 관계가 있다.

$$a = \gamma C$$

그러므로 Nernst식은 다음과 같은 식으로 표시할 수 있다.

$$E = E_0 + \left[\frac{2.303\,RT}{zF}\right] \log \gamma C$$

$$E = E_0 + \left[\frac{2.303\,RT}{zF}\right] \log \gamma + \left[\frac{2.303\,RT}{zF}\right] \log C \;\; \log C$$

따라서 활량계수(γ)를 알고 있으면 전위측정에 의하여 직접 이온

농도의 측정이 가능하다.

여기에서,

$$E = E_0 + \left[\frac{2.303\,RT}{zF}\right]\log \gamma$$ 를 일정한 값이라고 하면

$$E = E_0 + \left[\frac{2.303\,RT}{zF}\right]\log C$$ 가 된다.

측정용액 중의 총이온 강도가 일정할 때는 활량계수도 일정하게 된다. 그러므로 표준액을 사용하여 이온농도의 전위차와의 관계를 구하고 미지시료 용액의 전위차를 측정하여 대상이온의 농도를 구할 수 있다.

(3) 장치

이온전극법에 사용하는 장치의 기본구성은 그림 2.Ⅳ.5와 같이 전위차계, 이온전극, 비교전극, 시료용기 및 자석교반기로 되어 있다.

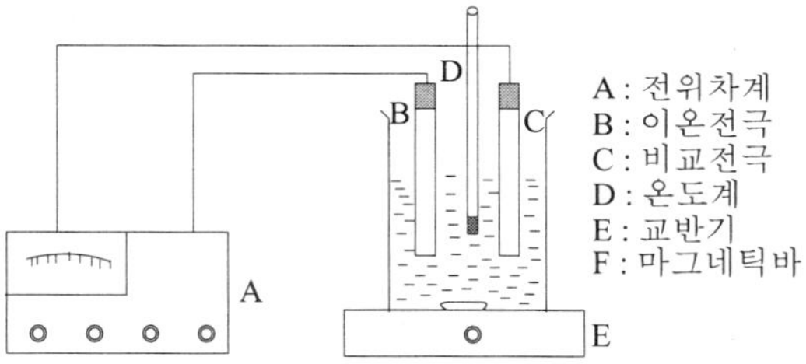

그림 2.Ⅳ.5 이온전극법의 장치구성

① 전위차계

이온전극과 비교전극간에 발생하는 전위차를 mV 단위까지 읽을 수 있고 고입력저항(1012 Ω 이상)의 전위차계로서 pH-mV계, 이온전극용 전위차계 또는 이온농도계 등을 사용한다.

② 이온전극

이온전극은 분석대상 이온에 대한 고도의 선택성이 있고 이온농도에 비례하여 전위를 발생할 수 있는 전극으로서 그 감응막의 구성에 따라 표 2.Ⅳ.4와 같이 분류된다. 각 이온전극의 구조는 그림 2.Ⅳ.6과 같다.

표 2.IV.4 이온전극의 종류와 감응막 조성의 예

전극의 종류	측정이온	감응막의 조성
유리막 전극	Na^+ K^+ NH_4^+	산화알루미늄 첨가 유리
고체막 전극	F^-	LaF_3
	Cl^-	$AgCl + Ag_2S$, $AgCl$
	CN^-	$AgI + Ag_2S$, Ag_2S, AgI
	Pb^{2+}	$PbS + Ag_2S$
	Cd^{2+}	$Cds + Ag_2S$
	Cu^{2+}	$CuS + Ag_2S$
	NO_3^-	Ni-베소페난트로닌 / NO_3^-
	Cl^-	디메틸디스테아릴 암도늄 / Cl^-
	NH_4^+	노낙틴 / 모낙틴 / NH_4^+
격막형 전극	NH_4^+	pH 감응유리
	NO_2^-	pH 감응유리
	CN^-	Ag_2S

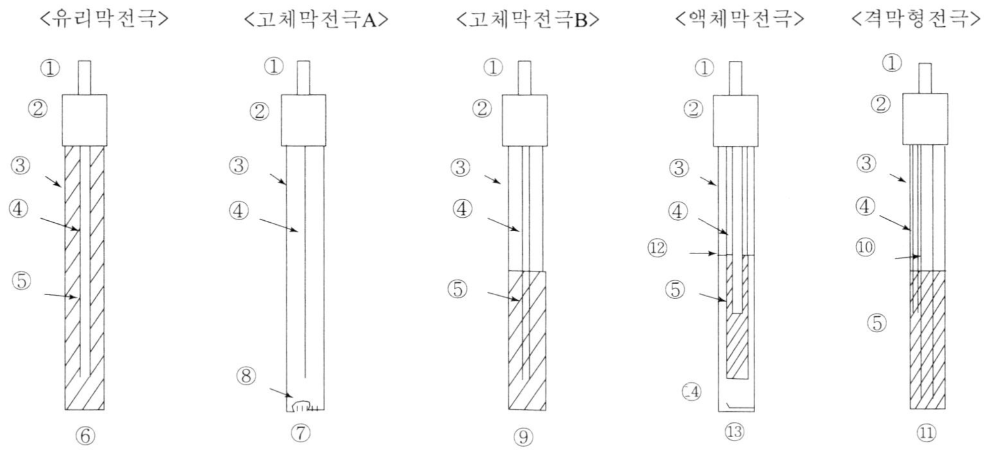

1. 도선
2. 캡
3. 지지관(유리 또는 에폭시수지)
4. 내부전극
5. 내부액
6. 유리막
7. 도전성 접착제
8. 고체막
9. 단결정막
10. 검지전극
11. 가스 투과성막
12. 내부전극 지지관
13. 다공성막
14. 액상 이온교환체

그림 2.IV.6 이온전극의 종류와 구조

③ 비교전극

이온전극과 조합하여 이온농도에 대응하는 전위차를 나타낼 수 있는 것으로서 표준전위가 안정된 전극이 필요하다. 일반적으로 염화제일수은전극(칼로멜전극)이나 은-염화은전극이 내부전극으로 많이 사용된다.

④ 자석교반기

회전에 의하여 열이 발생하여 액온에 변화가 일어나서는 안 되며, 회전속도가 일정하게 유지될 수 있는 것이어야 한다.

(4) 이온전극법의 특성

① 측정범위

이온농도의 측정범위는 일반적으로 10^{-1}mol/L~10^{-4}mol/L(또는 10^{-7}mol/L)이다.

② 이온강도

이온의 활량계수는 이온강도의 영향을 받아 변동되기 때문에 용액 중의 이온강도를 일정하게 유지해야 할 필요가 있다. 따라서 분석대상 이온과 반응하지 않고 전극전위에 영향을 일으키지 않는 염류를 이온강도 조절용 완충액으로 첨가하여 시험한다.

③ pH

이온전극의 종류나 구조에 따라서 사용가능한 pH의 범위가 있기 때문에 주의하여야 한다.

④ 온도

측정용액의 온도가 10℃ 상승하면 전위구배는 1가 이온이 약 2mV, 2가 이온이 약 1mV 변화한다. 그러므로 검량선 작성 시의 표준액의 온도와 시료용액의 온도는 항상 같아야 한다.

⑤ 교반

시료용액의 교반은 이온전극의 전극범위, 응답속도, 정량하한값에 영향을 미친다. 그러므로 측정에 방해되지 않는 범위 내에서 세게 일정한 속도로 교반해야 한다.

(5) 측정방법

시료 중에 방해이온이 존재할 경우에는 적당한 방법으로 제거하거나 pH 및 이온강도를 조절하여 시료용액으로 한다. 먼저 각각 농도가 다른 표준액을 단계적으로 조제하여 이온강도조절용액을 첨가하고 적당량의 비이커에 옮긴다. 이온전극과 비교전극을 물로 깨끗이 씻은 후 수분을 제거하고 전위차계에 연결한다. 이온전극과 비교전극을 표준액이 담긴 비이커에 침적시키고 교반하면서 전위를 측정하여 안정될 때의 값을 읽는다. 같은 방법으로 낮은 농도부터 높은 농도의 순서로 표준액의 전위차를 측정하고 편대수 그래프지(semilog 그래프지)의 대수축에 표준액의 농도를, 균등축에 전위차를 플로트하여 검량선을 작성한다. 다음에 준비된 시료에 대하여 같은 방법으로 전위차를 측정하고 작성된 검량선으로부터 이온농도(mg/L)를 산출한다.

5) 아질산성 질소

(1) 흡광광도법(디아조화법)

① 측정원리

아질산 이온을 설파닐아마이드와 반응시켜 디아조화하고 α-나프틸 에틸렌디아민이염산염과 반응시켜 생성된 아조화합물의 홍색의 흡광도를 540nm에서 측정하는 방법이다. 정량범위는 0.0002~0.002mg NO_2-N이고 표준편차율은 10±3%이다.

② 기기

광전광도계 또는 광전분광광도계

③ 실험 시약

가. 시료의 전처리

가) 칼륨 명반 용액

황산알루미늄칼륨(24 수화물) 10g을 물에 녹여 100mℓ로 한다.

나) 수산화나트륨 용액(4W/V%)

나. 시험방법

가) 설파닐아마이드 용액(0.5W/V%)

설파닐아마이드 0.5g을 염산(1+1) 100mℓ에 가온하면서 녹인다.

나) α-나프틸에틸렌디아민이염산염 용액(0.1W/V%)

α-나프틸에틸렌디아민이염산염 0.1g을 물에 녹여 100mℓ로 한다. 사용할 때 조제한다.

다. 검량선 작성

가) 아질산성 질소 표준액(0.001mg NO_2-N/mℓ)

아질산성 질소 표준원액 (12.5/A)mℓ를 정확히 취하여 물을 넣어 정확히 250mℓ로 한 다음 이 액 10mℓ를 정확히 취하여 물을 넣어 500mℓ로 한다.

* 아질산성 질소 표준원액(약 0.25mg NO_2-N/mℓ)

데시케이터에서 24시간 건조시킨 아질산나트륨(표준시약) 1.232g을 물에 녹이고 클로로포름 1mℓ와 물을 넣어 1,000 mℓ로 한다. 이 액은 사용할 때 다음과 같이 표정하여 정확한 농도를 구한다.

[표정] 250mℓ 삼각 플라스크에 0.05N 과망간산칼륨 용액 50mℓ를 정확히 넣고 황산(1+1) 10mℓ를 넣은 다음 아질산성 질소 표준원액 50mℓ를 피펫에 취하여 피펫의 끝이 과망간산칼륨용액 속에 잠기게 하여 넣는다. 마개를 닫고 흔들어 섞은 다음 수욕상 또는 열판상에서 70~80℃로 가온한다. 여기에 0.05N 수산나트륨 용액 20mℓ를 정확히 넣고 0.05N 과망간산칼륨 용액으로 엷은 홍색이 나타날 때까지 적정한다.

$$A = \frac{(a \cdot f - b) \times 0.35}{50}$$

A : 아질산성 질소 농도(mg NO_2-N/mℓ)
a : 0.05N 과망간산칼륨 용액의 총량(mℓ)
b : 0.05N 수산화나트륨 용액의 총량(mℓ)
f : 0.05N 과망간산칼륨 용액의 역가

라. 기타

가) 0.1N 아황산나트륨 용액

무수 아황산나트륨 6.3g을 물에 녹여 1,000mℓ로 한다.

④ 시료의 전처리

시료를 여과하여도 탁하거나 착색되어 있을 경우에는 시료 100 mℓ에 대하여 칼륨명반 용액(황산알루미늄칼륨 12수화물 5g을 물에 녹여 100mℓ로 한 액) 2mℓ를 넣고 수산화나트륨 용액(4W/V%)을 넣어 수산화알루미늄의 플록을 형성시킨 다음 수분간 방치하고 여과하여 여액을 시료로 한다. 다만 이때는 표준액에 대해서도 같은 조작을 하여 검량선을 작성한다.

⑤ **시험방법**

여과한 시료 적당량(아질산성 질소로서 약 0.01mg 이하 함유)을 취하고 50mℓ 비색관에 넣고 증류수를 넣어 표선까지 채운 다음 설파닐아마이드 용액(0.5W/V%) 1mℓ를 넣어 섞고 5분간 방치한 다음 α-나프틸에틸렌디아민이염산염 용액(0.1W/V%) 1mℓ를 넣어 섞고 10~30분간 방치한다. 이 용액의 일부를 층장 10mm 흡수셀에 옮겨 검액으로 한다. 따로 물 50mℓ를 취하여 시료의 시험방법에 따라 시험하여 바탕시험액으로 한다. 바탕시험액을 대조액으로 하여 540nm에서 검액의 흡광도를 측정하고 미리 작성한 검량선으로부터 아질산성 질소의 양을 구하여 농도(mg/L)를 산출한다.

⑥ **검량선의 작성**

아질산성질소 표준액(0.001mg NO_2-N/mℓ) 1~10mℓ를 단계적으로 취하여 물을 넣어 50mℓ로 하고 이하 시료의 시험방법에 따라 시험하여 아질산성 질소의 양과 흡광도와의 관계선을 작성한다.

⑦ **주의 사항**

시료 중 잔류염소와 같은 산화성 물질이 함유된 경우에는 아황산나트륨 용액(0.1N)을 대응량 만큼 정량적으로 넣어 환원시킨 다음 사용한다.

시험에 사용하는 물, 용액 및 표준액의 조제에 사용하는 물은 증류수 또는 탈염수(이온교환수지로서 탈염정제한 물)를 사용하여야 한다. 다만 증류수 또는 탈염수일지라도 24시간을 초과하여 사용할 수 없다.

(2) 이온크로마토그래피법

① 측정원리

이온크로마토그래프를 이용하여 아질산성 질소를 정량하는 방법이다. 이 방법은 소량의 시료로 정량이 가능하며, 시험조작이 간편하고 재현성도 우수하다. 정량범위는 0.1mg NO_2-N 이상이다.

② 기구 및 기기

가. 이온크로마토그래프

나. 5mℓ 실린지

③ 시험방법

이온크로마토그래피법에 따라 시험한다.

참고 - 이온크로마토그래피법

(1) 원리 및 적용범위

이 방법은 액체시료를 이온교환컬럼에 고압으로 전개시켜 분리되는 각 성분의 크로마토그램을 작성하여 분석하는 고속액체 크로마토그래피의 일종으로서 물 시료 중 음이온(F^-, Cl^-, NO_2^-, NO_3^-, PO_4^-, Br^- 및 SO_4^{2-})의 정성 및 정량분석에 이용된다.

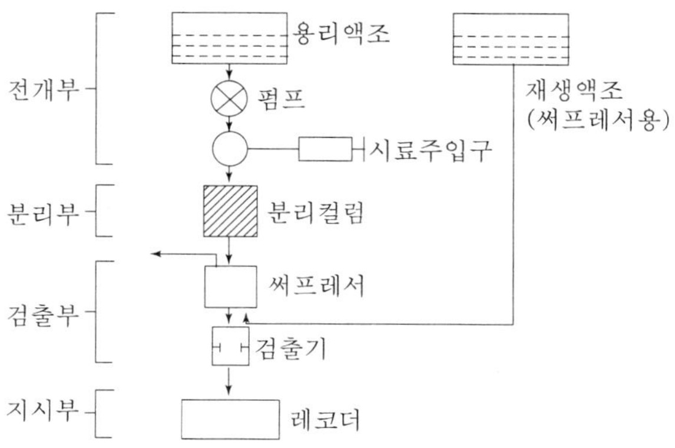

그림 2.IV.7 이온크로마토그래피의 기본구성

(2) 장치

일반적으로 이온크로마토그래피의 기본구성은 그림 2.Ⅳ.7과 같이 용리액조, 시료주입부, 액송펌프, 분리컬럼, 검출기 및 기록계로 되어 있으며 장치의 제조회사에 따라 분리컬럼의 보호 및 분석감도를 높이기 위하여 분리컬럼 전후에 보호컬럼 및 제거장치(써프레서)를 부착한 것도 있다.

① 액송펌프

분리컬럼 중의 이온교환체의 입자는 약 10㎛의 매우 작은 입자로서 용리액 및 시료를 고압 하에서 전개시키지 않으면 요구되는 유속을 얻기가 어렵다. 따라서 펌프는 150~350kg/cm^2 압력에서 사용될 수 있어야 하며 작동 중 맥동(脈動)이 일어나서는 안된다.

② 시료의 주입부

일반적으로 미량의 시료를 사용하기 때문에 루우프-밸브에 의한 주입방식이 많이 이용되며 시료주입량은 보통 50~100㎕이다.

③ 분리컬럼

유리 또는 에폭시 수지로 만든 관에 이온교환체를 충전시킨 것으로 다음과 같은 것이 있다.

가. 써프레서형

폴리스틸렌계 페리큐라형 음이온 교환수지(10~15 ㎛)를 컬럼에 충전시킨 것으로서 안지름 3~5mm, 길이 5~30mm이다.

나. 비써프레서형

폴리스틸렌계 페리큐라형 음이온 교환수지(10~15 ㎛), 폴리아크릴계 표면다공성 음이온 교환수지(10~12.5 ㎛) 또는 실리카겔 전다공성형 음이온 교환수지(6 ㎛)를 컬럼에 충전시킨 것으로서 안지름 4~6mm, 길이 5~10cm이다.

④ 제거장치(써프레서)

분리컬럼으로부터 용리된 각 성분이 검출기에 들어가기 전에 용리액 자체의 전도도를 감소시키고 목적성분의 전도도를 증가시켜 높은 감도로 음이온을 분석하기 위한 장치이다. 고용량의 양이온 교환수지를 충전시킨 컬럼형과 양이온 교환막으로 된 격막형이 있다.

⑤ 검출기

분석목적 및 성분에 따라 전기전도도 검출기, 전기화학적 검출기 및 광학적 검출기 등이 있으나 일반적으로 음이온 분석에는 전기전도도 검출기를 사용한다.

(3) 시료의 분석

① 시료의 전처리

시료 중에 입자상 물질 등이 존재하면 분리컬럼의 수명을 단축시키기 때문에 0.45㎛ 이하의 멤브레인 여과지 또는 유리섬유여지(GF/C)를 사용하여 여과한 다음 시료를 주입하여야 한다. 또한 특정 이온이 고농도로 존재할 경우 이온의 정량분석을 방해할 수 있다. 이 때에는 특수 제작된 제거 컬럼을 이용하거나 기타 적당한 방법을 이용하여 특정이온을 제거한 다음 시험한다.

② 시약의 준비

가. 음이온 표준 원액(1mg/mℓ)

각 이온의 염을 105℃에서 항량이 되도록 건조한 다음, 다음 표 2.Ⅳ.5에 기록된 양을 정확히 달아 각각 물에 녹이고 정확히 1L로 한다. 이 액은 플라스틱병에 넣어 냉장고에 보관할 경우 1개월간 안정하다.

표 2.Ⅳ.5 음이온 표준 원액(1㎎/mℓ)의 제조

음 이 온	표 준 시 약	대 용 량
Cl^-	NaCl	1.6485
Br^-	NaBr	1.2876
NO_3^-	$NaNO_3$	1.3707
NO_2^-	$NaNO_2$	*1.4998
PO_4^-	KH_2PO_4	1.4330
SO_4^{2-}	K_2SO_4	1.8141
F^-	NaF	2.2100

* 건조기 대신 데시케이터에서 건조

나. 검량선 작성용 혼합표준액

각 이온의 표준원액을 물로 희석하여 사용 기기의 분석감도에 따라 적당한 농도로 혼합 조제한다.

다. 용리액

용리액의 조성 및 농도는 기기제조 회사 또는 분리컬럼의 종류 등에 따라 달라질 수 있으므로 사용기기에 대한 설명서를 참조한다.

가) 써프레서형(0.003M $NaHCO_3$ - 0.0024M Na_2CO_3)
 탄산수소나트륨 1.008g과 탄산나트륨 1.0176g을 물에 녹여 4L로 한다.

나) 비써프레서형(0.0013M 글루콘산 - 0.0013M $Na_2B_4O_7$)
 글루콘산 1.02g과 붕산나트륨 1.0466g을 물에 녹여 4L로 한다.

다) 써프레서용 재생액(0.025N H_2SO_4)
 황산 2.8㎖를 물에 넣어 4L로 한다.

③ 기기의 안정화 및 검량선 작성

이온크로마토그래프의 전체 시스템을 작동시켜 유속을 1~3㎖/min으로 고정시킨 다음 용리액 및 재생액을 흘려보내면서 펌프의 압력 및 검출기의 전도도가 일정하게 유지될 때까지 기다린다. 펌프의 압력이 일정하게 유지되고 용리액의 전도도 및 기록계의 기준선이 안정화되면 적당히 희석된 음이온의 표준액을 각각 주입하여 크로마토그램을 작성하고 각 음이온의 유지시간을 확인한다. 다음에 혼합표준액을 적어도 3 종류의 각기 다른 농도로 준비하여 각각의 크로마토그램을 작성하고 그 결과로부터 각 농도에 대한 피이크 높이 또는 면적을 그래프용지에 플로트하여 직선성을 확인한다. 직선성이 확인되면 미리 준비된 검량선 작성용 혼합표준액을 주입하여 크로마토그램을 작성하고 각 음이온의 농도와 크로마토그램상의 피이크 높이 또는 면적에 대한 검량선을 작성한다.

④ 시료의 측정

여과한 시료를 이온크로마토그래프에 주입하여 검량선 작성시와 같은 기기조건 하에서 크로마토그램을 측정하고 미리 작성한 검량선으로부터 시료의 농도(mg/L)를 산출한다. 써프레서형의 경우 시료 중에 저급 유기산이 존재하면 불소이온의 정량분석에 방해가 된다.

6) 질산성 질소

* 질산성 질소

질산염(NO_3^-)의 결정은 실험과정이 상대적으로 복잡하며, 간섭물질이 존재할 확률이 높고, 검출 농도 범위가 제한되기 때문에 측정하기가 어렵다. 우리나라 공정시험법에서는 질산염 분석을 위하여 (1) 이온크로마토그래피법 (2) 자외선흡광광도법 (3) 부루신법 (4) 데발다합금 환원증류법을 택하고 있다. 미국의 Standard Methods에서는 카드뮴 환원법, 이온크로마토그래피법, 이온전극법, 염화티타늄법과 Hydrazine 환원법 등을 제시하고 있다.

농도범위가 0.14～1400㎎ NO_3-N/L에서는 질산염 이온전극법을, 0.01～1.0㎎ NO_3-N/L에서는 카드뮴 환원법을, 0.01～10㎎ NO_3-N/L에서는 염화티타늄법과 Hydrazine 환원법을 사용하는 것이 바람직하다. 보다 높은 질산염 농도에 대해서는 상기 방법의 적용 농도 범위로 희석하여 측정한다. 비색법은 시료가 육안으로 보아 깨끗할 때 사용하며, 탁한 시료는 0.45㎛ 여과지로 여과하여 사용한다.

시료 채취 후 신속히 질산염을 결정하여야 한다. 보관이 필요할 때는 4℃에서 24시간 동안 보관한다. 보다 긴 시간 저장하려면 용액 1L당 진한 황산 2㎖를 첨가하고 4℃에서 보존한다. 단, 산을 첨가하면 질산염, 아질산염을 별개로 분석할 수 없다.

(1) 이온크로마토그래피법

① 측정원리

이온크로마토그래프를 이용하여 질산성 질소를 정량하는 방법이다. 이 방법은 소량의 시료로 정량이 가능하며 시험조작이 간편하고 재현성도 우수하다. 정량범위는 0.1㎎ NO_3-N 이상이다.

② 기구 및 기기

가. 이온크로마토그래프

나. 5㎖ 실린지

③ 시험방법

이온크로마토그래피법에 따라 시험한다.

(2) 흡광광도법

＊ 부루신법

① 측정원리

황산산성에서 질산이온이 부루신과 반응하여 생성된 황색화합물의 흡광도를 측정하여 질산성 질소를 정량하는 방법이다. 정량범위는 0.001～0.1㎎ NO_3-N이며, 표준편차는 10±3%이다.

② 기구 및 기기

가. 광전광도계 또는 광전분광광도계

나. 수욕조 : 100℃에서 시료와 표준액을 같이 넣을 수 있을 만큼 충분한 용적을 갖춘 것

③ **실험시약**

가. 시험방법

가) 염화나트륨 용액(30W/V%)

나) 황산(4+1)

다) 부루신 · 설파닐산 용액

부루신(2 수화물) 1g과 설파닐산 0.1g을 염산 3㎖에 녹이고 물을 넣어 100㎖로 한다.

나. 검량선 작성

가) 질산성 질소 표준액(0.001㎎ NO_3-N/㎖)

질산성 질소 표준액(0.01㎎ NO_3-N/㎖) 10㎖를 정확히 취하여 물을 넣어 정확히 100㎖로 한다.

* 질산성 질소 표준액(0.01㎎ NO_3-N/㎖)

질산성 질소 표준원액 10㎖를 정확히 취하여 물을 넣어 정확히 100㎖로 한다.

*질산성 질소 표준원액(0.1㎎ NO_3-N/㎖)

미리 105~110℃에서 약 4시간 건조한 질산칼륨(표준시약) 0.7218g을 정밀히 달아 물에 녹여 정확히 1,000㎖로 한다.

④ **시험방법**

여과한 시료 적당량(질산성 질소로서 0.01㎎ 이하 함유)을 취하여 25㎖ 비색관에 넣고 물을 넣어 10㎖로 한 액에 염화나트륨 용액(30W/V%) 2㎖를 넣어 섞은 다음 황산(4+1; 황산 8㎖에 증류수 2㎖를 넣고 식힌다.) 10㎖를 넣어 세게 흔들어 섞고 식힌다. 여기에 부루신 · 설파닐산 용액 0.5㎖를 넣어 흔들어 섞고 끓는 수욕 중에서 정확히 20분간 가열반응(이 방법은 가열온도와 시간의 영향을 많이 받으므로 시료와 표준액에 대하여 같은 조건하에서 시험하여야 하며, 수욕조 중의 물의 온도분

포가 일정하게 유지되어야 한다.) 시킨 다음 실온까지 물 속에서 식히고 물을 넣어 표선까지 채운다. 이 용액의 일부를 층장 10mm 흡수셀에 옮겨 검액으로 한다. 따로 물 10㎖(시료자체의 색깔이나 유기성 용해물질이 가열시 발색되어 보정이 필요할 경우에는 시료 한 조를 더 취하여 부루신-설파닐산 용액을 제외한 모든 시약을 넣어서 같은 방법으로 시험하고 보정한다.)를 취하여 시료의 시험방법에 따라 시험하여 바탕시험액으로 한다. 바탕시험액을 대조액으로 하여 410㎚에서 검액의 흡광도를 측정하고 미리 작성한 검량선으로부터 질산성 질소의 양을 구하고 농도(mg/L)를 산출한다.

⑤ **검량선의 작성**

질산성 질소 표준액(0.001㎎ NO_3-N/㎖) 1～10㎖를 단계적으로 취하여 25㎖ 비색관에 넣고 물을 넣어 10㎖로 만든 다음 시료의 시험방법에 따라 시험하여 질산성 질소의 양과 흡광도와의 관계선을 작성한다.

* 자외선 흡광광도법

① 측정원리

pH 12 이상의 알칼리성에서 유기물질을 활성탄으로 흡착한 다음 혼합 산성액을 이용, 산성화하여 아질산염을 은폐시키고 질산성 질소의 흡광도를 215㎚에서 측정하는 방법이다. 정량범위는 0.0005～0.1㎎ NO_3-N이고, 표준편차율은 10～3%이다.

② 기구 및 기기

광전광도계 또는 광전분광광도계

③ 실험시약

가. 시험방법

가) 3.5% 수산화나트륨 용액

나) 혼합산성 용액

황산 17㎖를 물 400㎖에 천천히 넣어 식히고 설파민산 30g을 넣어 녹이고 물을 넣어 500㎖로 한다. 갈색 유리병에 넣어 2개월 안에 사용하여야 한다.

나. 검량선

가) 질산성 질소 표준액(0.01mg NO_3-N/mℓ)

질산성 질소 표준원액 10mℓ를 정확히 취하여 물을 넣어 정확히 100mℓ로 한다.

* 질산성 질소 표준원액(0.1mg NO_3-N/mℓ)

미리 105~110℃에서 약 4시간 건조한 질산칼륨(표준시약) 0.7218g을 정밀히 달아 물에 녹여 정확히 1,000mℓ로 한다.

④ 시험방법

여과한 시료 20mℓ(질산성 질소로서 0.1mg 이하 함유)를 정확히 취하여 25mℓ짜리 (마개가 있는)시험관에 옮긴다. 여기에 3.5% 수산화나트륨 용액 1mℓ, 활성탄 20mg을 넣은 다음 마개로 막고 20분간 흔들어 섞은 다음 5분간 정치한다. 이 액을 미리 3.5% 수산화나트륨 용액 50mℓ로 씻고 다음에 물 100mℓ로 씻어 준 유리섬유여지(GF/C) 또는 이와 동등한 규격의 섬유여지를 장치한 밀리포아 흡인여과기로 여과한다. 여액 10mℓ를 정확히 취하여 25mℓ 마개있는 시험관에 옮기고 혼합산성 용액 1mℓ를 넣어 흔들어 섞고 이 용액의 일부를 층장 10mm 흡수셀에 옮겨 검액으로 한다. 따로 물 20mℓ를 취하여 시료의 시험방법에 따라 시험하여 바탕시험액으로 한다. 바탕시험액을 대조액으로 하여 층장 10mm 흡수셀에 옮겨 215nm에서 검액의 흡광도를 측정하고 미리 작성한 검량선으로부터 질산성 질소의 양을 구하고 농도(mg/L)를 산출한다.

⑤ 검량선의 작성

질산성 질소 표준액(0.01mg NO_3-N/mℓ) 10mℓ를 정확히 취하여 50mℓ 용량플라스크에 넣고 물을 넣어 표선까지 채운 다음, 흔들어 섞고 이 액 5mℓ, 10mℓ, 15mℓ를 단계적으로 취하여 물을 넣어 전량을 20mℓ로 한다. 시료를 시험방법에 따라 시험하여 질산성 질소의 양과 흡광도와의 관계선을 작성한다.

⑥ 주의 사항

시료에 보존제를 넣어 둔 경우에는 중화한 다음 시험하여야 하며, 이때 첨가한 중화제(알칼리성 용액)의 양을 보정하여 농도(mg/L)를 계산하여야 한다. 일반적으로 시료를 보존할 경우에는 중화조작을 하지 않고 처음 넣어주는 3.5% 수산화나트륨 용액의 사용량을 4㎖로 하여 시험하여도 무방하다.
시험에서 사용하는 물, 용액 및 표준액의 조제에 사용하는 물은 증류수 또는 탈염수(이온교환수지로서 탈염 정제한 물)를 사용하여야 한다. 다만 증류수 또는 탈염수 일지라도 24시간을 초과하여 사용할 수 없다.

(3) 데발다합금 환원증류법

① 측정원리

아질산성 질소는 설파민산으로 분해 제거하고 암모니아성 질소 및 일부 분해되기 쉬운 유기질소를 알칼리성에서 증류제거 한 다음 데발다합금으로 질산성 질소를 암모니아성 질소로 환원하여 이를 암모니아성 질소 시험방법에 따라 시험하고 질산성 질소의 농도로 환산하는 방법이다. 이 방법은 시료가 심하게 착색되어 있거나 방해물질을 많이 함유한 폐하수 등의 시료에 적용할 수 있다. 정량범위는 중화적정법에서 0.2～30㎎ NO_3-N, 흡광광도법에서 0.004～0.8㎎ NO_3-N이며, 표준편차는 10±3%이다.

② 기구 및 기기

증류장치 : 암모니아성 질소 분석 시 사용한 것과 동일한 것

③ 실험시약

가. 시험방법

가) 설파민산 용액
설파민산 1g을 물에 녹여 100㎖로 한다.

나) 염산(1+1)

다) 수산화나트륨 용액(4W/V%)

라) 0.05N 황산

방법 1. 1N 황산 용액을 증류수로 20배 희석하여 사용한다.

* 1N 황산 용액 : 황산 30㎖를 물 1L 중에 섞으면서 천천히 넣어 식힌다.

방법 2. 0.1N 황산 250㎖를 정확히 취하여 증류수를 넣어 정확히 500㎖가 되게 한다.

* 0.1N 황산은 1L 중(H_2SO_4; 98.07) 4.907g을 함유한다.

조제-황산 3mℓ를 물 1L 중에 저어 섞으면서 천천히 넣어 다음과 같이 표정한다.

표정-무수 탄산나트륨을 500~650℃에서 40~50분간 가열한 다음 데시케이터에서 식혀 약 0.15g을 정밀히 달아 물 50mℓ를 넣어 녹여 메틸레드 알코올 용액(0.1W/V%) 3방울을 넣어 조제된 황산으로 적정하여 규정도 계수를 계산한다. 다만 적정의 종말점은 액을 조심하여 끓여서 가볍게 마개를 하고 식힐 때 지속적인 등색~등적색을 나타낼 때로 한다.

마) 데발다합금 분말

구리 50%, 알루미늄 45%, 아연 5%로 된 합금분말

④ 시험방법

시료 적당량(흡광광도법의 경우 2.5㎎ 이하, 중화적정법의 경우 0.7~10㎎ NO_3-N/L 함유량)을 1L 증류플라스크에 넣고 물을 넣어 약 350mℓ로 한다. 설파민산 용액 1%(W/V) 2mℓ와 비등석 수 개를 넣고 염산(1+1; 염산 50mℓ에 증류수 50mℓ를 넣어 만든다.)을 넣어 pH 3 이하로 조절하여 약 10분간 끓인다. 여기에 수산화나트륨 용액(4W/V%; 4g의 수산화나트륨에 증류수를 넣어 100mℓ가 되게 만든다.) 10mℓ를 넣고 증류장치를 조립하여 매분 5~7mℓ의 유출속도로 증류하여 유출액이 약 200mℓ가 되면 증류를 끝내고 냉각관의 안쪽을 물로 씻어낸 다음 유출액은 버리고 증류플라스크의 내용물은 식힌다. 별도의 200mℓ 메스실린더 수기에 0.05N-황산 50mℓ를 미리 넣고, 증류플라스크에는 데발다합금 분말 3g을 넣고 물을 넣어 액량을 약 350mℓ로 하여 즉시 증류장치를 조립한다. 증류플라스크를 가열하여 매분 5~7mℓ의 유출속도로 증류하고 유출액량이 약 180mℓ가 되면 증류를 끝내고 냉각관의 안쪽을 소량의 물로 씻어 유출액에 합하여 물을 넣어 200mℓ로 한다.

이 유출액의 일부 또는 전량을 취하여 암모니아성 질소 정량방법 중 흡광광도법(인도페놀법) 또는 중화적정법에 따라 시험하여 암모니아성 질소의 양을 구하고 다음 식으로부터 질산성 질소의 농도를 산출한다.

가. 흡광광도법(인도페놀법)으로 시험하였을 경우

$$질산성\ 질소(mg\ NO_3\text{-}N/L) = a \times \frac{1,000}{V_3} \times \frac{V_2}{V_1}$$

a : 시험에 사용한 유출액 중의 암모니아성 질소량(mg NH_3-N)
V_1 : 증류에 사용한 시료량(mℓ)
V_2 : 유출액량(mℓ)
V_3 : 시험에 사용한 유출액의 분취량(mℓ)

나. 중화적정법으로 시험하였을 경우

$$질산성\ 질소(mg\ NO_3\text{-}N/L) = a \times \frac{1,000}{V_1}$$

a : 시료중의 암모니아성 질소량(mg NH_3-N)
V_1 : 증류에 사용한 시료량(mℓ)

(4) Hydrazine Method

① 측정원리

이 방법은 diazotization-coupling 반응을 사용하는 발색법(color development)에 의해 질산을 아질산으로 환원시키는데 hydrazine-copper 환원용액을 사용하며 stoichiometric reduction을 1:1로 한다. 총 질산의 양은 광전분광광도계로 측정한다. 최종농도는 μgNO_3+NO_2-N/L가 된다. 질산만의 농도를 측정하기 위해서는 환원과정을 생략한 같은 시료로부터 아질산의 농도를 따로 분석한 후, [NO_3]+[NO_2]에서 아질산의 농도를 빼면 된다. 이 방법은 0~500 μg/L 범위에서 적용된다. 분석 최소 한계는 2 μg/L이다. 10mℓ에 대한 precision(99%의 신뢰도 수준에서)은 ±0.3 μg/L이다.

② 기기

광전광도계 또는 광전분광광도계

③ 실험시약

가. 시험방법

가) Stock Hydrazine

Hydrazine Sulfate($NH_2H_2H_2SO_4$) 1.20g에 증류수(DDW)를 넣어 250㎖가 되게 만든다. Hydrazine은 건강에 해로우므로 장갑을 끼고 피부에 닿지 않게 한다. 이 시약은 유리병에 보관해야 한다.

나) Copper Solution

Cupric Sulfate($CuSO_4$ $5H_2O$) 0.040g에 증류수를 넣어 100㎖가 되게 만든다.

다) 환원용액(Reducing Solution)

Stock Hydrazine 25㎖, Copper Solution 5㎖에 증류수를 넣어 50㎖가 되게 만든다. 이 용액은 분석 시마다 매일 새롭게 준비해야 한다.

라) 1N 수산화나트륨 용액

수산화나트륨(NaOH, pellets) 40g에 증류수를 넣어 1000㎖가 되게 만든다.

마) 설파닐아마이드(Sulfanilamide)

설파닐아마이드($4\text{-}NH_2C_6H_4SO_2NH_2$) 5g, HCl(12N) 50㎖에 증류수를 넣어 500㎖가 되게 만든다.

바) N-1-Naphthylethylenediamine Dihydrochloride(NED)

NED 0.5g에 증류수를 넣어 500㎖가 되게 만든다. 이 시약은 매달 새로 만들어야하며 어두운 병에 냉장보관해야 한다.

사) Phenate Buffer-매 분석 시마다 새로 만들어야 한다.

페놀(C_6H_5OH) 1.8g, 1N 수산화나트륨 용액 15㎖에 증류수를 넣어 100㎖가 되게 만든다. 페놀은 흡입하거나 피부에 닿으면 위험하므로 장갑을 끼고 fumehood에서 다루어야한다.

아) 질산 표준 용액(50㎎ N/L)-냉장보관한다.

110℃에서 건조시킨 질산암모늄(NH_4NO_3) 0.2858g에 증류수를 넣어 1,000㎎가 되게 만든다.

자) Working Standards-매일 새롭게 만든다.

Working Standards는 50㎎/L stock으로부터 준비한다. 시료

의 예상되는 농도범위 내에서 3~4개의 농도와 blank를 만들어 놓는다. Standards의 농도 범위는 0~200 ㎍/L이다.

④ **시료의 전처리**

분석을 위해서는 여과해야 한다. 시료는 WhatmanTM GF/C 여과를 채취해 온 당일에 해야 하며 뚜껑을 꼭 닫아 4℃에 보관해야 한다. 분석은 시료 채취 후 일주일 이내에 시행한다.

⑤ **시험방법**

(가) 깨끗한 시험관(직경 2.0cm×길이 12.5cm, 돌려 막는 마개 있는)에 시료 10.0㎖를 넣는다. 시험관은 깨끗하여 오염되지 않도록 한다.

(나) 시료를 38.5℃ 항온수조에 넣고 45분 동안 기다려 온도가 평형이 되게 한다. 파라필름으로 시험관입구를 막는다.

(다) 항온수조에서 시료에 0.4㎖(400㎕)의 phenate buffer를 넣고, 0.2㎖(200㎕)의 환원용액(reducing solution)을 넣는다. 빠른 속도로 Vortex한다.

(라) 시료를 약 30분 동안 incubate한다.

(마) 시료를 항온수조에서 꺼내 실온에서 식힌다(약 40분 동안). 그리고 각 시험관에 설파닐아마이드(sulfanilamide)와 NED를 1:1로 석은 혼합액 0.4㎖(400㎕)를 넣는다. 빠른 속도로 Vortex한다.

(바) 최소 30분 동안(최대 2시간) 발색하게 놓아둔다.

(사) 4cm 셀에 담아 파장 543㎚에서 흡광도를 측정한다.

7) 총질소

* 총질소

수중에 존재하는 질소의 총량은 수중의 생산력을 좌우한다. 영양염류가 다량 수계로 유입되어 수중의 생산력이 증가하면 막대한 조류의 성장이 발생하여, 우점종에 따라 물이 청색, 녹색, 갈색 또는 적색으로 변하며, 불쾌한 맛과 냄새를 유발한다. 또한 이들 조류가 죽은 후 분해되면 용존산소의 결핍과 같은 악영향이 나타난다.

환경적 측면에서 주된 관심의 대상이 되는 형태의 질소는 유기질소, 암모니아성 질소, 아질산성 질소, 질산성 질소이다. 최근 수질관리에 있어서 가장 관심의 대상이 되는 부영양화 현상의 예측과 제어는 수중에 존재하는 질소의 총량을 기준으로 하고 있다. 따라서 총질소를 간편하고 정확하게 신속히 분석하는 방법이 요구된다.

총질소는 유기성 질소(단백질, 펩타이드 단백질, 분뇨 및 공장 폐수)와 무기성 질소(암모니아성 질소, 아질산성 질소와 질산성 질소)의 합이다. 총질소는 통상 암모니아와 아질산성 질소 그리고 질산성 질소의 한 가지 형태로 분해시키는 분해단계와 분해된 질소 형태를 정량분석하는 단계로 구분하여 실험을 수행한다.

분해단계로서 총질소와 유기질소를 분해하기 위해서는 킬달질소를 정량하기 위해 사용되는 킬달법(일명 증류법이라고도 함)과 고압멸균기를 이용하여 분해하는 과황산법이 사용된다. 알칼리성 과황산법은 모든 질소 화합물을 질산염으로 산화시켜서 총질소를 결정한다. 암모니아, 질산염과 아질산염은 별도로 결정하여야 하며 유기질소는 각각의 차이에서 구할 수 있다. 여기서 킬달질소(Kjeldahl Nitrogen)는 암모니아와 다른 유기질소 화합물(황산암모늄[$(NH_4)_2SO_4$]으로 전환되는 질소 화합물)의 합이다.

수중의 질소를 정량하는 방법은 여러 가지가 있다. 각 나라별로 표준분석방법을 가지고 있으며, 우리나라에서는 수질오염 공정시험방법 외에 미국의 Standard Methods, 일본의 JIS 등이 통용되고 있다. 이들 시험방법들은 공통적으로 질소의 형태별로 농도를 측정하는 방법을 수록하고 있다.

현재 우리나라의 수질오염 공정시험방법에는 암모니아성 질소, 아질산성 질소, 질산성 질소, 그리고 총질소 분석법이 규정되어 있으며, 총질소 분석방법으로는 (1) 자외선 흡광광도법, (2) 카드뮴 환원법, (3) 환원증류-킬달법, (4) 합산법을 택하고 있다.

자외선 흡광광도법은 시료 중의 질소 화합물을 질산성 질소로 산화시킨 후 220㎚에서 직접 질산성 질소를 측정하여 총질소를 정량하는 방법으로 간편하고 신속한 방법이다. 질산성 질소를 카드뮴-구리 환원칼럼을 통과시킨 후 아질산성 질소로 환원시켜 총질소를 정량하는 카드뮴 환원법은 미량의 질산성 질소를 정량할 수 있으나 실험절차가 복잡하다. 환원증류-킬달법은 시료 중의 질소를 암모니아로 전환시켜 이를 측정하여 총질소를 정량하는 방법으로 앞의 두 방법보다 절차가 더 복잡하다. 또한 형태별 질소를 측정하고 이들을 합산하여 총질소를 정량하는 합산법이 있으나, 이 방법은 많은 시간과 인력이 필요하며, 실험오차가 증폭될 가능성이 큰 단점을 가지고 있다.

(1) 흡광광도법

① 측정원리

시료 중 질소 화합물을 알칼리성 과황산칼륨의 존재 하에 120℃에서 유기물과 함께 분해하여 질산이온으로 산화시킨 다음 산성에서 자외부 흡광도를 측정하여 질소를 정량하는 방법이다. 이 방법은 비교적 분해되기 쉬운 유기물을 함유하고 있거나 자외부에서 흡광도를 나타내는 브롬이온이나 크롬을 함유하지 않는 시료에 적용된다. 이 방법은 브롬이온 10㎎/L, 크롬 0.1㎎/L 정도에서 영향을 받으며 해수와 같은 시료에는 적용할 수 없다. 정량범위는 0.005～0.05㎎ N이며 표준편차는 10±3%이다.

② 기구 및 기기

가. 광전광도계 또는 광전분광광도계 : 220㎚에서 측정 가능한 것

나. 고압증기멸균기 : 약 120℃에서 가열이 가능한 것

다. 분해병 : 용량 약 100㎖의 내압・내열의 마개 있는 유리병 또는 테프론병

③ 실험시약

가. 전처리

가) 알칼리성 과황산칼륨 용액

물 500㎖에 수산화나트륨(질소, 인 시험용 또는 질소함량이 0.0005% 이하인 것) 20g을 녹인 다음 과황산칼륨(질소, 인 시험용 또는 질소함량이 0.0005% 이하인 것) 15g을 넣어 녹인다. 이 용액은 사용할 때 조제한다.

나. 시험방법

가) 염산(1+16)

다. 검량선

가) 질산성 질소 표준액(0.02mg NO_3-N/mℓ)

질산성 질소 표준원액 20mℓ를 정확히 취하여 물을 넣어 정확히 100mℓ로 한다.

* 질산성 질소 표준원액(0.1mg NO_3-N/mℓ)

미리 105~110℃에서 약 4시간 건조한 질산칼륨(표준시약) 0.7218g을 정밀히 달아 물에 녹여 정확히 1,000mℓ로 한다.

나) 염산(1+500)

④ **시료의 전처리**

시료 50mℓ(질소함량이 0.1mg 이상일 경우에는 희석)를 분해병에 넣고 알칼리성 과황산칼륨 용액 10mℓ를 넣어 마개를 닫고 흔들어 섞은 다음 고압증기멸균기에 넣고 가열한다. 약 120℃가 될 때부터 30분간 가열 분해하고 분해병을 꺼내어 식힌다.

⑤ **시험방법**

전처리 한 시료의 상등액을 취하여 유리섬유 여지(GF/C)로 여과하고 처음 여액 5~10mℓ는 버린 다음 여액 25mℓ를 정확히 취하여 50mℓ 비이커 또는 비색관으로 옮긴다. 여기에 염산(1+16) 5mℓ를 넣어 pH 2~3으로 하고 이 용액의 일부를 층장 10 mm 흡수셀에 옮겨 검액으로 한다. 따로 물 50mℓ를 취하여 시료의 전처리 시험방법에 따라 시험하고 바탕시험액으로 한다. 바탕시험액을 대조액으로 하여 220nm에서 검액의 흡광도를 측정하고 미리 작성한 검량선으로부터 질소의 양을 구하여 다음 식으로 시료 중의 총질소 농도(mg/ℓ)를 산출한다.

$$\text{총질소(mg N/L)} = a \times \frac{60}{25} \times \frac{1,000}{V}$$

a : 검량선으로부터 구한 질소의 양(mg)

V : 전처리에 사용한 시료량(mℓ)

⑥ **검량선의 작성**

질산성 질소 표준액 0~10mℓ를 단계적으로 취하여 100mℓ 용량 플라스크에 넣고 물을 넣어 표선까지 채운다. 이 액 25mℓ씩을 정확히 취하여 각각 50mℓ 비이커 또는 비색관에 넣고 염산(1+

500) 5mℓ를 넣은 다음 시료의 시험방법에 따라 시험하고 질소의 양과 흡광도와의 관계선을 작성한다.

(2) 카드뮴 환원법

① 측정원리

시료 중 질소화합물을 알카리성 과황산칼륨 존재 하에 120℃에서 유기물과 함께 분해하여 질산이온으로 산화시킨 다음 이것을 다시 카드뮴-구리 환원칼럼을 통과시켜 아질산이온으로 환원시키고 아질산성 질소의 양을 구하여 질소로 환산하는 방법이다. 이 방법은 비교적 분해되기 쉬운 유기물을 함유한 시료나 시료량이 소량일 경우로, 총질소 농도가 낮은 시료에 적용된다. 정량범위는 0.0002～0.002mg N이며 표준편차는 10±3%이다.

② 기구 및 기기

가. 광전광도계 또는 광전분광광도계

나. 고압증기멸균기 : 약 120℃에서 가열이 가능한 것

다. 분해병 : 용량 약 100mℓ의 내압·내열의 마개 있는 유리병 또는 테프론병

라. 카드뮴-구리 환원칼럼(이하 환원칼럼이라 한다)

* 준비물

가. 카드뮴-구리 환원칼럼 충전액

염화암모늄 10g을 물 약 700mℓ에 녹인 다음 암모니아수 5mℓ를 넣고 물을 넣어 1,000mℓ로 한다.

나. 카드뮴-구리 환원칼럼 충전제

입상 카드뮴(입경 0.5～2mm) 약 40g을 삼각플라스크에 넣고 염산(1+5) 약 50mℓ를 넣어 씻어주고 다시 물 약 100mℓ씩으로 5회 정도 씻어준다. 다음에 질산(1+39) 약 50mℓ씩으로 2회 씻어주고 다시 물 약 100mℓ씩으로 5회 정도 씻어준다. 씻은 액은 버리고 카드뮴-구리 환원칼럼 활성화액 200mℓ를 넣어 24시간 방치하여 카드뮴의 표면에 구리의 피막을 형성하도록 한다. 이 충전제는 그대로 밀봉하여 보존하여야 한다.

다. 카드뮴-구리 환원칼럼 활성화액

물 약 700mℓ에 8% 수산화나트륨 용액 70mℓ를 넣어 에틸렌디아민테트라초산이나트륨(2 수화물) 38g 및 황산구리(5 수화물) 12.5g을 넣어 녹인 다음 8% 수산화나트륨 용액을 넣어 pH 7로 조절하고 물을 넣어 1,000mℓ로 한다.

* 방법

그림 2.IV.8과 같이 칼럼의 바닥에 유리섬유를 끼우고 칼럼충전액을 채운다. 여기에 카드뮴-구리 칼럼충전제를 액과 함께 흘려보내 공간이 없도록 채운다. 그 위에 다시 유리섬유를 끼우고 상부로부터 칼럼충전액 100mℓ, 질산성 질소 표준원액(0.1mg NO_3-N/mℓ)을 칼럼충전액으로 100배 희석한 액 200mℓ, 칼럼충전액 100mℓ순으로 매분 약 10mℓ의 유속으로 흘려보낸다. 칼럼을 사용하지 않을 때는 항상 상부에 칼럼충전액을 채워둠으로서(약 1cm) 공기와의 접촉을 방지한다. 또한 환원칼럼은 시료에 따라서 15~20회 정도 사용하면 질산이온의 환원율이 저하되므로 이때는 칼럼 활성화액 약 20mℓ를 칼럼에 주입하여 카드뮴-구리 칼럼충전제와 충분히 접촉된 상태에서 2~3시간 방치하고 흘려보낸 다음 칼럼충전액 약 100mℓ로 씻어주면 환원칼럼이 활성화 된다.

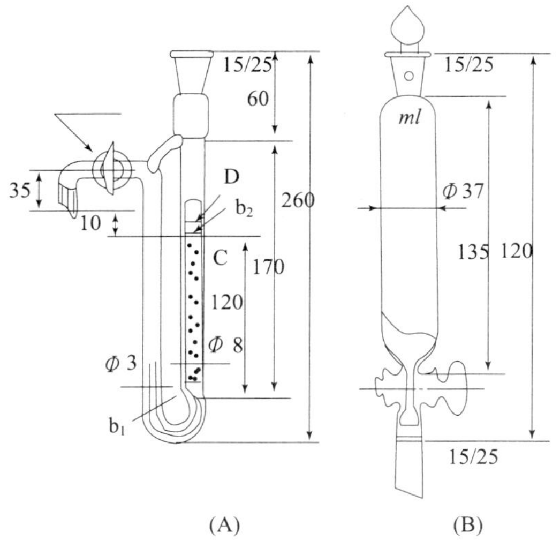

(단위 :mm)
(A) 환원칼럼
b_1, b_2 : 유리섬유
C : Cd-Cu 컬럼충전제
D : 컬럼충전액
(B) 분액깔때기

그림 2.IV.8 카드뮴-구리 환원칼럼

③ 시료의 전처리

총질소의 흡광광도법(자외선)에 따라 처리한다.

④ 실험시약

가. 시험방법

가) 염산(1+11)

나) 염화암모늄-암모니아 용액

염화암모늄 100g을 물 약 700mℓ에 녹인 다음 암모니아수 50mℓ를 넣고 물을 넣어 1,000mℓ로 한다.

나. 검량선

가) 질산성 질소 표준액(0.002mg NO_3-N/mℓ)

질산성 질소 표준액(0.02mg NO_3-N/mℓ) 10mℓ를 정확히 취하여 물을 넣어 정확히 100mℓ로 한다.

* 질산성 질소 표준액(0.02mg NO_3-N/mℓ)

질산성 질소 표준원액 20mℓ를 정확히 취하여 물을 넣어 정확히 100mℓ로 한다.

* 질산성 질소 표준원액(0.1mg NO_3-N/mℓ)

미리 105～110℃에서 약 4시간 건조한 질산칼륨(표준시약) 0.7218g을 정밀히 달아 물에 녹여 정확히 1,000mℓ로 한다.

나) 염화암모늄-암모니아 용액

염화암모늄 100g을 물 약 700mℓ에 녹인 다음 암모니아수 50mℓ를 넣고 물을 넣어 1,000mℓ로 한다.

⑤ 시험방법

전처리한 시료가 들어있는 분해병에 염산(1+11) 10mℓ를 넣고 흔들어 섞은 다음 100mℓ 용량플라스크에 옮긴다. 분해병의 안쪽을 소량의 물로 수회 씻어서 용량플라스크에 합한다. 여기에 염화암모늄-암모니아 용액 10mℓ를 넣어 물로 표선까지 채워서 환원용 시료액으로 한다(환원용 시료 100mℓ 중 총질소의 양이 0.02mℓ 이상일 경우에는 200～500mℓ 용량플라스크를 사용하여 100mℓ당 염화암모늄・암모니아 용액 10mℓ씩을 더 넣어주고 물로 표선까지 채운 다음 환원용 시료로 한다. 이때는 총질소 농도계산식에 C/100(C : 사용한 플라스크용량mℓ)를 곱해 준다).

이 액 5mℓ를 환원칼럼의 상부로부터 매분당 약 10mℓ의 속도로 흘려보내 유출액은 버리고 이 조작을 한번 더 반복한다. 다음에 환원용 시료액 약 80mℓ를 위와 같은 속도로 흘려보내 처음의 유출액 20mℓ는 버리고 다음 유출액 50mℓ를 수기에 받아 측정용 시료로 사용한다.

측정용 시료 적당량을 취하여 아질산성 질소를 정량하는 흡광광도법(디아조화법)에 따라 시험한다. 따로 물 50mℓ를 취하여 시료의 시험방법에 따라 시험하여 검액의 흡광도를 보정한다. 미리 작성한 검량선으로부터 환원용 시료 100mℓ 중의 총질소양을 구하고 다음 식에서 농도(mg/L)를 산출한다.

$$\text{총질소(mg N/L)} = a \times \frac{1,000}{V}$$

a : 환원용시료 100mℓ 중의 총질소(mg)

V : 전처리에서 취한 시료량(mℓ)

⑥ **검량선의 작성**

질산성 질소 표준액(0.002mg NO_3-N/mℓ) 0～10mℓ를 단계적으로 취하여 100mℓ 용량플라스크에 넣는다. 여기에 염화암모늄·암모니아 용액 10mℓ와 물을 넣어 표선까지 채운 액을 환원용 표준액으로 하여 시료의 시험방법에 따라 시험하고 총질소의 양과 흡광도와의 관계선을 작성한다.

3. 환원 증류-킬달법(합산법)

① **측정원리**

시료에 데발다합금을 넣고 알칼리성에서 증류하여 시료 중의 무기질소를 암모니아로 환원 유출시키고, 다시 잔류시료 중의 유기질소를 킬달분해 한 다음 증류하여 암모니아로 유출시켜 각각의 암모니아성 질소의 양을 구하고 이들을 합하여 총질소를 정량하는 방법이다. 정량범위는 0.008～0.16mg N이며 표준편차는 10±3%이다.

② 기구 및 기기

가. 광전광도계 또는 광전분광광도계

나. 증류장치 : 암모니아성 질소의 정량에서 사용한 것과 동일한 것

다. 킬달분해장치

③ 실험 시약

가. 전처리

* 무기질소의 환원

가) 데발다합금 분말

구리 50%, 알루미늄 45%, 아연 5%로 된 합금분말

나) 수산화나트륨 용액(30W/V%)

다) 0.05N 황산

1N 황산 용액을 증류수로 20배 희석하여 사용한다.

* 1N 황산 용액 : 황산 30㎖를 물 1L 중에 섞으면서 천천히 넣어 식힌다.

* 유기질소의 분해

가) 총질소 시험용 분해 촉진제

황산구리(5 수화물)와 황산칼륨을 1 : 4의 비율로 혼화하여 균등한 분말로 한다.

나) 황산

다) 과산화수소

라) 0.05N 황산

1N 황산 용액을 증류수로 20배 희석하여 사용한다.

* 1N 황산 용액 : 황산 30㎖를 물 1L 중에 섞으면서 천천히 넣어 식힌다.

마) 수산화나트륨 용액(50W/V%)

④ 시료의 전처리

가. 무기질소의 환원

시료 적당량(0.7～10㎎ N 함유)을 취하여 1L 증류플라스크에 넣고 물을 넣어 약 350㎖로 한다. 비등석 여러 개, 데발다합금 분말 3g과 수산화나트륨 용액(30W/V%) 10㎖를 넣어 증류장

치를 조립하고 냉각관의 끝을 미리 0.05N 황산 50㎖를 넣어 둔 200㎖ 메스실린더 수기에 연결하여 매분 5~7㎖의 유출속도로 증류한다. 수기의 유출액량이 약 180㎖가 되면 증류를 끝내고 냉각관의 안쪽을 소량의 물로 수회 씻어서 수기에 합하여 물을 넣어 표선까지 채운다(A액).

나. 유기질소의 분해

가.에서 증류하고 남은 증류플라스크의 내용물과 증류플라스크를 물로 씻은 액 전량을 조심하여 적당한 용량의 킬달 플라스크에 옮기고 총질소 시험용 분해촉진제 2g을 넣고 플라스크의 목 부분에 남아있는 잔류물을 소량의 물로 씻어 넣은 플라스크의 내벽을 따라 황산 5~10㎖를 넣는다. 다음에 과산화수소수 1㎖를 주의하여 넣고 석면 상에서 가열하여 백연이 발생하여 내용물이 투명해질 때까지 분해를 계속한다. 식힌 다음 물 약 100㎖를 넣어 석출된 결정성 물질을 가열 용해하여 분해한 액을 1L 증류플라스크에 옮기고 소량의 물로 킬달 플라스크를 수회 씻어서 합한다. 물을 넣어 액량을 약 350㎖로 하고 증류장치를 조립하여 냉각관의 끝을 미리 0.05N-황산 50㎖를 넣어둔 200㎖ 매스실린더 수기에 연결한다. 증류플라스크의 상부로부터 수산화나트륨 용액(50W/V%) 40㎖를 넣고 증류플라스크를 가열하여 매 분 5~7㎖의 유출속도로 증류한다. 수기의 유출액량이 약 180㎖가 되면 증류를 끝내고 냉각관의 안쪽을 소량의 물로 수회 씻어서 수기에 합하고 물을 넣어 표선까지 채운다(B액).

⑤ 시험방법

④의 가.와 나.에서 얻어진 A, B액의 일부 또는 전량을 취하여 암모니아성 질소의 흡광광도법(인도페놀법) 또는 중화적정법에 따라 시험하고, 따로 시료와 같은 양의 증류수를 취하여 1L 증류플라스크에 넣고 시료의 전처리와 같은 조작을 하여 바탕시험액으로 한다. 바탕시험을 대조액으로 하여 각각 A, B액 중의 총질소 농도를 구하고 두 값을 합하여 시료의 총질소 농도(mg/L)로 한다.

8) 인산염 인

* 인(Phosphorus)

① 개요

인 화합물은 자연계에 흔하게 존재한다. 동물, 식물 그리고 광물계에서 발생하며 거의 항상 인산염의 여러 형태로 존재한다. 인은 자연수와 폐수 내에 대부분 인산염(PO_4^{3-})의 형태로 존재하며 세포 내에서 중요한 역할을 한다. 인산염은 RNA와 DNA의 주성분이며, 세포막에서 인지질의 형태로 존재한다. 또한 에너지를 저장하고 전달하는 ATP를 이루는 구성성분이다.
인은 생명체의 성장에 필수적이며 생명체의 1차 생산력을 제한하는 영양소이다. 인은 대부분의 물에 들어있는 가장 중요한 성장 인자로 알려져 왔다. 인산염은 강우로 인하여 암석으로부터 서서히 용해되어 하천 및 수로로 운반된다. 용해된 인산염은 식물에 흡수되고 먹이사슬에 의해 동물체내로 들어온다. 인은 동물배설물과 사체의 형태로 직접 환경으로 방출된다. 매년 상당량의 인산염이 해양으로 유출되어 많은 양의 인산염이 바닥에 침전되고 해양저질을 형성한다. 침전물은 수중 미생물에 의해 약간의 인산염으로 방출되며 나머지는 묻히게 된다. 인산염은 비료의 주요 성분으로 과다한 비료를 사용하면 인 순환이 촉진된다. 자연 상태의 물과 폐수에서 인은 인산염으로 발생한다.

② 인의 형태

인은 정인산염(orthophosphates), 축합(condensed)인산염, 유기결합(organically bound)인산염과 총인산염으로 구분된다. 이 같은 인은 용액상태, 입자상태 그리고 생체조직으로 존재한다.

가. 정인산염(orthophosphates)
무기형태 인산염은 수용성이며 농업, 경작지에 비료로 사용되며 강우시 유출되어 지표수로 운반된다.

나. 축합인산염(condensed phosphates)
축합인산염은 상업적인 세척준비제와 세제의 주성분이며 pyro-, meta- 형태로 존재한다. 축합인산염(용해성 형태와 입자형태)은 모두 끓는 물 온도에서 산 가수분해(Acid hydrolysis) 될 때 용해성 정인산염으로 전환된다. 이러한 "산 가수분해성 인(Acid-hydrolyzable phosphorus)"을 축합인산염이라 한다.

다. 유기인산염(organic phosphates)

유기인산염은 주로 생물학적 공정으로 형성된다. 이는 폐기물과 음식찌꺼기로 인해 하수로 유입되고, 생물학적 폐수처리 과정이나 하천 등지에서 정인산염으로부터 만들어진다.

라. 총인산염(Total phosphates)

상기의 모든 인 형태를 총인이라 한다. 이러한 인의 형태는 인산염(PO_4)으로 또는 인산염 인(PO_4-P)으로 표현한다. 환산지수는 3.08이다. 즉, 인산염(PO_4)으로 표현할 때 총인의 농도가 5.20㎎/L이면, 인(PO_4-P)으로 표현할 때 총인의 농도는 1.69 ㎎/L이다.

③ 인의 분석방법

인의 분석은 크게 다음과 같이 2가지 단계를 거치며, 각 단계별로 여러 가지의 분석방법이 있다.

가. 인의 모든 형태를 용해성 정인산염으로 변환시키는 분해단계 (Oxidative digestion or hydrolysis)

수중에 존재하는 축합인산염과 유기결합인산염 같은 총인을 결정할 때 이러한 분해단계를 거친다. 또한 유기물을 산화할 때 정인산염으로 전환된 "유기인" 또는 "유기적으로 결합된 인"과 축합인산염과 유기인 화합물은 가수분해 시켜 정인산염으로 전환시켜 측정한다. 이같이 변환된 총인은 용해성 인과 부유성 인 부분으로 나눌 수 있다.

다음의 3가지 분해방법이 제시되고 있다.

가) 과황산 산화(Persulfate oxidation)방법

가장 간단한 방법이나 다른 분해방법과 비교해 비슷한 결과가 나올 때에 사용되는 방법으로 재현성이 좋을 때만 적용된다.

나) 질산-황산(Nitric acid-Sulfuric acid)방법

대부분의 시료에 일반적으로 적용된다.

다) 과염소산(Perchloric acid)방법

가장 힘들고 시간이 많이 걸리는 방법으로, 퇴적물과 같은 특별히 곤란한(어려운) 시료에 대해서만 사용된다. 분해 후에는 유리된 정인산염을 결정한다.

나. 용해성 정인산염을 색도로 정량하는 단계(Colorimetric determination)

수중에 존재하는 인산염(또는 "반응성 인(Reactive Phosphorus)"이라고도 함)을 정량할 때 사용한다. 이는 상기 단계와 같이 가수분해 또는 산화분해를 필요로 하지 않는다. 주로 정인산염을 결정하며, 용해상태나 부유 상태로 존재하는데 용해성인과 부유형태의 인은 0.45㎛의 멤브레인 필터로 여과시켜 구분한다.

본 단계는 정인산염과 반응하여 발색하는 단계로서 정인산염 사용을 위한 색도방법은 분해방법에 비해 간섭물질과 검출한계 농도 물질에 의해 크게 좌우된다. 우리나라 수질오염 공정시험방법에서는 정인산염의 농도 결정을 위해 흡광광도법으로서 (1) 염화제일주석 환원법 (2) 아스코르빈산 환원법을 택하고 있다.

(1) 염화제일주석 환원법

① 측정원리

인산이온이 몰리브덴산 암모늄과 반응하여 생성된 몰리브덴산인 암모늄을 염화제일주석으로 환원하여 생성된 몰리브덴 청의 흡광도를 690㎚에서 측정하여 인산염 인을 정량하는 방법이다. 정량범위는 0.002～0.05㎎ PO_4-P이며, 표준편차는 10±2%이다.

② 기구 및 기기

광전광도계 또는 광전분광광도계

③ 실험 시약

가. 시험방법

가) 몰리브덴산 암모늄 용액

몰리브덴산 암모늄(4 수화물) 15g을 물 약 150㎖에 녹이고 여기에 황산 182㎖를 물 약 600㎖에 섞은 액을 천천히 넣고 식혀서 흔들어 섞고 설파민산 암모늄 10g을 넣어 녹인 다음 물을 넣어 1,000㎖로 한다.

나) 염화제일주석 용액(인산염 시험용)

염화제일주석(2 수화물) 2g을 염산 10㎖에 열을 가하여 녹이고 물을 넣어 100㎖로 한 다음 금속주석의 작은 입자를 넣어 보관한다.

나. 검량선의 작성

가) 인산염 인 표준액(0.005㎎ PO_4-P/㎖)

인산염 인 표준원액 25㎖를 정확히 취하여 물을 넣어 정확히 500㎖로 한다.

* 인산염 인 표준원액(0.1㎎ PO_4-P/㎖)

미리 105~110℃에서 건조한 인산이수소칼륨(표준시약) 0.439g을 정밀히 달아 물에 녹여 정확히 1,000㎖로 한다.

다. 기타

가) p-나이트로페놀 용액

p-니트로페놀 0.1g을 물에 녹여 100㎖로 한다.

나) 수산화나트륨 용액(4W/V%) 또는 암모니아수(1+10)

다) 황산(1+50)

라) 부틸알콜

④ 시험방법

여과한 시료 적당량(인산염 인으로써 0.05㎎ 이하 함유)을 정확히 취하여 50㎖ 용량플라스크에 넣고 물을 넣어 약 40㎖로 한다(시료가 산성일 경우에는 p-니트로페놀 용액(0.1W/V%)을 지시액으로 수산화나트륨 용액(4W/V%) 또는 암모니아수(1+10)를 넣어 액이 황색을 나타낼 때까지 중화한다). 여기에 몰리브덴산 암모늄 용액 5㎖를 넣어 흔들어 섞고 염화제일주석 용액(인산염 시험용) 약 0.25㎖를 넣고 물을 넣어 표선까지 채운 다음 다시 흔들어 섞는다. 20~30℃에서 10분간 방치한 다음 이 용액의 일부를 층장 10mm 흡수셀에 옮겨 검액으로 한다. 따로 물 40㎖를 취하여 시료의 시험방법에 따라 시험하여 바탕시험액으로 한다. 바탕시험액을 대조액으로 하여 690nm에서 검액의 흡광도를 측정하고 미리 작성한 검량선으로부터 인산염 인의 양을 구하여 농도(mg/ℓ)를 산출한다.

⑤ 검량선의 작성

인산염 인 표준액(0.005mg PO_4-P/mℓ) 1~10mℓ를 단계적으로 취하여 50mℓ 용량플라스크에 넣고 물을 넣어 전량을 40mℓ로 한 다음 시료의 시험방법에 따라 시험하여 인산염 인의 양과 흡광도와의 관계선을 작성한다.

⑥ 주의 사항

가. 발색제를 넣은 다음 흡광도 측정까지의 소요시간은 10~12분으로 한다.

나. 인산염 인의 농도가 미량일 경우 또는 시료에 착색물질이 공존할 경우에는 다음과 같은 용매추출법을 이용하여 측정감도를 높일 수 있다. 시료 적당량(0.01mg PO_4-P 이하 함유)을 125mℓ 분액깔때기에 취하고 물을 넣어 약 50mℓ로 한 다음 황산(1+50) 1mℓ와 부틸알콜 15mℓ를 넣어 흔들어 섞고 정치하여 액을 분리한다. 수층을 다른 분액깔때기에 옮기고 몰리브덴산 암모늄 용액 6.5mℓ를 넣어 섞은 다음 염화제일주석 용액 0.25mℓ를 넣어 다시 흔들어 섞고 약 10 분간 방치한다. 부틸알콜 10mℓ를 넣어 흔들어 섞어서 몰리브덴산 청을 추출하고 정치하여 액을 분리한다. 부틸알콜 층의 일부를 층장 10mm 흡수셀에 옮겨 검액으로 하고 따로 물 50mℓ를 취하여 시료의 시험방법에 따라 시험하여 바탕시험액으로 한다. 바탕시험액을 대조액으로 하여 730nm 부근에서 흡광도를 측정하고 인산염 인의 농도를 구한다. 검량선은 인산염 인 표준액(0.005mg PO_4-P/mℓ)을 정확히 5배 희석하여 1~10mℓ를 단계적으로 취하고 시료의 시험방법과 같이 추출조작을 하여 흡광도를 측정한다.

(2) 아스코르빈산 환원법

① 측정원리

인산이온이 몰리브덴산 암모늄과 반응하여 생성된 몰리브덴산

인암모늄을 아스코르빈산으로 환원하여 생성된 몰리브덴산 청의 흡광도를 880nm에서 측정하여 인산염 인을 정량하는 방법이다. 이 방법은 염화물, 황산염 등 다량의 염류를 함유하고 있는 시료에 적용할 수 있다. 정량범위는 0.002～0.05mg PO_4-P이며, 표준편차는 10±2%이다.

② 기구 및 기기

광전광도계 또는 광전분광광도계

③ 실험 시약

가. 시험방법

가) 몰리브덴산 암모늄-아스코르빈산 혼액

몰리브덴산암모늄(4 수화물) 6g과 주석산안티몬칼륨 0.24g을 물 약 300mℓ에 녹이고 황산(2+1) 120mℓ와 설파민산암모늄 5g을 넣어 녹인 다음 물을 넣어 500mℓ로 하고 여기에 7.2% L-아스코르빈산 용액 100mℓ를 넣어 섞는다. 사용 시 조제한다.

나. 검량선의 작성

가) 인산염 인 표준액(0.005mg PO_4-P/mℓ)

염화제일주석 환원법과 동일

다. 기타

가) 다이아이소뷰틸케톤(DIBK)

④ 시험방법

여과한 시료 적당량(인산염 인으로서 0.05mg 함유)을 취하여 50mℓ 용량플라스크에 넣고 물을 넣어 약 40mℓ로 한다(시료가 산성일 경우에는 p-니트로페놀 용액(0.1W/V%)을 지시액으로 수산화나트륨 용액(4W/V%) 또는 암모니아수(1+10)를 넣어 액이 황색을 나타낼 때까지 중화한다).

몰리브덴산암모늄-아스코르빈산 혼액 4mℓ를 넣고 물을 넣어 표선까지 채운 다음, 흔들어 섞고 20～40℃에서 약 15분간 방치한다. 이 액 일부를 층장 10nm 흡수셀에 옮겨 검액으로 하고 따로 물 40mℓ를 취하여 시료의 시험방법에 따라 시험하여 바탕시험액으로 한다. 바탕시험액을 대조액으로 하여 880nm(880nm에서 흡광도 측정이 불가능할 경우에는 710nm에서 측정한다.)

에서 흡광도를 측정하고 미리 작성한 검량선으로부터 인산염 인의 양을 구하고 농도(mg/ℓ)를 산출한다.

⑤ 검량선의 작성

인산염 인 표준액(0.005mg PO_4-P/mℓ) 1~10mℓ를 단계적으로 취하여 50mℓ 용량플라스크에 넣고 물을 넣어 약 40mℓ로 한 다음 시료의 시험방법에 따라 시험하여 인산염 인의 양과 흡광도와의 관계선을 작성한다.

⑥ 주의 사항

가. 인산염 인의 농도가 미량일 경우에는 발색 후 15분간 방치한 시료액을 125mℓ 분액깔때기에 옮기고 다이아이소부틸케톤(DIBK) 10mℓ를 넣어 약 5분간 흔들어 섞고 정치하여 액을 분리한 다음 수층은 버리고 DIBK층을 흡수셀에 옮겨 640nm에서 흡광도를 측정한다. 단, 검량선은 인산염 인 표준액(0.005mg PO_4-P/mℓ)을 물로 정확히 5배 희석한 액 1~10mℓ를 단계적으로 취하여 시료의 시험방법에 따라 시험하여 작성한다.

(3) 비색법

① 측정 원리

Orthophosphorus는 산화된 ammonium molybdate와 복합체를 이뤄서 phosphomolybdate가 된다. phosphomolybdate complex는 antimony가 있으면 아스코르빈산에 의해 환원된다. 이때, 강한 청색의 complex가 생긴다. 색의 강도는 Orthphosphorus의 농도에 비례하며, 분광광도계로 측정한다. 농도는 μg PO_4-P/L로 표현된다. arsenates(100μg As/L 이상)를 포함하게 되면 molybdate와 반응해서 phosphate로 인해 형성된 청색과 비슷하게 보이게 된다. Hexavalent chromium과 아질산도 간섭을 일으킨다.

② 기구

광전광도계 또는 광전분광광도계

③ 실험 시약

가. 시험 과정

가) Molybdenum-antimony solution

Sulfuric Acid(H_2SO_4 36N) 244㎖, Ammonium Molybdate $(NH_4)_6Mo_7O_{24}$ $4H_2O$ 21g, Antimony Potassium Tartrate ($C_8H_4K_2O_{12}Sb_2$ $3H_2O$) 0.6g에 증류수를 넣어 2,000㎖가 되게 만든다. 이때, 진한 황산(H_2SO_4) 244㎖를 약 1,500㎖ 증류수에 조금씩 나누어 넣고 섞은 후 식힌다. ammonium molybdate와 antimony potassium tartrate를 넣고 용해시킨다. 증류수를 넣어 2,000㎖가 되게 하고 유리병에 보관한다.

나) Ascorbic Acid

Ascorbic Acid($C_6H_8O_6$) 3g에 에탄올(95%)을 넣어 100㎖가 되게 만든다. 냉장보관하면 한 달은 안정하다. Ascorbic acid를 증류수에 용해시켜도 된다. 이 수용액은 매 분석 시에 새로 준비해야 한다.

다) 인산염 인 표준액(50㎎ PO_4-P/L)

Sodium Dihydrogen Phosphate(NaH_2PO_4)(110℃에서 건조한다.) 0.1935g에 증류수를 넣어 1000㎖가 되게 만든다. 이 용액은 유리병에 넣어 냉장 보관한다.

라) Working Standards

Working standards는 50㎎/L stock으로부터 준비한다. 이 용액도 유리병에 넣어 냉장 보관한다.

④ 시료의 전처리

시료를 분석하기 전에 여과해야 한다. 시료는 채취해 온 당일에 여과해야 한다. 여과된 시료를 뚜껑을 꼭 닫아 4℃에 보관해야 한다. 분석은 시료 채취 후 10일 이내에 한다.

⑤ 시험 방법

예상되는 phosphorus의 농도가 100㎍/L 정도까지라면, 시료 20㎖를 10cm 셀에 넣고 흡광도를 읽는다. 농도가 더 높다면 4 또는 1cm 셀을 사용한다.

가. 시료 20.0㎖를 깨끗한 시험관(25×175mm, 돌려 막는 뚜껑이 있는)에 넣는다. 이 시험관은 깨끗하게 유지되어야 한다.

나. molybdenum-antimony를 2.0mℓ 넣고 Vortex한다.

다. ascorbic acid 용액 0.2mℓ(200μℓ)를 넣고 Vortex한다.

라. 시료가 청색이 될 때까지 20~30분간 반응시킨다.

마. 675nm나 880nm에서 흡광도를 잰다.

⑥ 주의 사항

가. orthophosphorus의 농도가 가장 높은 농도의 standard보다 높다면 시료를 희석하여 재분석해야 한다.

나. 실험복을 입고 실험한다. molybdenum-antimony 용액은 옷에 묻으면 망가지게 된다.

9) 총인

* 총인

총인은 대체로 축합인산염(Condensed Phosphate : pyro-, tri-, poly-와 이보다 분자량이 큰 종류의 인산염)과 또한 일부 자연 상태의 물에서 가수분해 되어 정인산염으로 변할 수 있는 형태의 유기인산염 화합물과 다중 인산염을 포함하고 있다. 일반적으로 다중인산염(Polyphosphate)은 반응성 인과 대응되지 않지만 산과 함께 가열하여 가수분해 되면 정인산염으로 변할 수 있다. 가수분해 후 반응성 인은 색도법에 의한 인산염 분석방법으로 결정한다.

총인을 분석하기 위하여 모든 시료는 0.45μm 멤브레인 필터를 통해 예비여과를 한다. 예비여과를 거친 시료는 다음에 소개한 3가지 분해법 중 1가지를 선택하여 분해한 다음에 인산염을 분석함으로써 총인을 결정한다. 통상 아스코르빈산 환원법이 사용된다.

㉠ 과황산 분해법(Persulfate Digestion Method)

㉡ 황산-질산 분해(Sulfuric Acid-Nitric Acid Digestion)

㉢ 과염소산 분해(Perchloric Acid Digestion)

(1) 흡광광도법(아스코르빈산 환원법)

① 측정원리

시료 중의 유기물을 산화 분해하여 모든 인 화합물을 인산염(PO_4) 형태로 변화시킨 다음 인산염을 아스코르빈산 환원 흡광광도법으로 정량하여 총인의 농도를 구하는 방법이다. 정량범위는 0.001~0.025mg PO_4-P/mℓ이며, 표준편차는 10±2%이다.

② 기구 및 기기

가. 광전광도계 또는 광전분광광도계

나. 고압증기멸균기 : 약 120℃에서 가열이 가능한 것

다. 분해병 : 용량 약 100mℓ의 내압·내열의 마개 있는 유리병 또는 테프론 병

라. 킬달분해장치

③ 실험 시약

가. 시료의 전처리

* 과황산칼륨 분해

가) 과황산칼륨 용액(4W/V%)

* 질산-황산 분해

가) 질산

나) 황산

다) p-나이트로페놀(0.1W/V%)
p-니트로페놀 0.1g을 물에 녹여 100mℓ로 한다.

라) 수산화나트륨 용액(20W/V%) 또는 수산화나트륨 용액(4W/V%)

나. 시험방법

가) 몰리브덴산암모늄·아스코르빈산 혼액
몰리브덴산암모늄(4 수화물) 6g과 주석산안티몬칼륨 0.24g을 물 약 300mℓ에 녹이고 황산(2+1) 120mℓ와 설파민산암모늄 5g을 넣어 녹인 다음 물을 넣어 500mℓ로 하고 여기에 7.2% L-아스코르빈산 용액 100mℓ를 넣어 섞는다.

다. 검량선

가) 인산염 인 표준액(0.005mg PO_4-P/mℓ)
인산염 인 표준원액 25mℓ를 정확히 취하여 물을 넣어 정확히 500mℓ로 한다.

* 인산염 인 표준원액(0.1mg PO_4-P/mℓ)

미리 105~110℃에서 건조한 인산이수소칼륨(표준시약) 0.439g

을 정밀히 달아 물에 녹여 정확히 1,000㎖로 한다.

④ **시료의 전처리**

가. 과황산칼륨 분해(분해되기 쉬운 유기물을 함유한 시료)

시료 50㎖(인으로서 0.06㎎ 이하 함유)를 분해병에 넣고 과황산칼륨 용액(4W/V%) 10㎖를 넣어 마개를 닫고 섞은 다음 고압증기멸균기에 넣어 가열한다. 약 120℃가 될 때부터 30분간 가열분해를 계속하고 분해병을 꺼내 식힌다.

나. 질산-황산 분해(다량의 유기물을 함유한 시료)

시료 50㎖(인으로서 0.06㎎ 이하 함유)를 킬달플라스크에 넣고 질산 2㎖를 넣어 액량이 약 10㎖가 될 때까지 서서히 가열 농축하고 식힌다. 여기에 질산 2~5㎖와 황산 2㎖를 넣고 가열을 계속하여 황산의 백연이 격렬하게 발생할 때까지 가열한다. 만일 액의 색이 투명하지 않을 경우에는 식힌 다음 질산 2~5㎖를 더 넣고 가열 분해를 반복한다. 분해가 끝나면 물 약 30㎖를 넣고 약 10분간 조용히 가열하여 가용성 염을 녹이고 식힌다. 이 용액을 p-니트로페놀(0.1W/V%)을 지시액으로 하여 수산화나트륨 용액(20W/V%) 및 수산화나트륨 용액(4W/V%)을 넣어 액의 색이 황색을 나타낼 때까지 중화한 다음 50㎖ 용량플라스크에 옮기고 물을 넣어 표선까지 채운다.

⑤ **시험방법**

전처리한 시료의 상등액(전처리한 시료의 상등액이 탁할 경우에는 유리섬유여지로 여과하여 여액을 사용한다.) 25㎖를 취하여 마개 있는 시험관에 넣고 몰리브덴산암모늄·아스코르빈산 혼액 2㎖를 넣어 흔들어 섞은 다음 20~40℃에서 15분간 방치한다. 이 용액의 일부를 층장 10mm 흡수셀에 옮겨 검액으로 하고 따로 물 50㎖를 취하여 시료의 시험방법에 따라 시험하여 바탕시험액으로 한다. 바탕시험액을 대조액으로 하여 880㎚(880㎚에서 흡광도 측정이 불가능할 경우에는 710㎚에서 측정한다.)에서 검액의 흡광도를 측정하고 미리 작성한 검량선으로부터 총인의 양을 구하여 다음 식에서 농도(mg/L)를 산출한다.

가. 과황산칼륨 분해한 경우

$$총인(mg\ PO_4\text{-}P/L) = a \times \frac{60}{25} \times \frac{1,000}{50}$$

a : 검량선으로 부터 구한 인의 양(mg)

나. 질산-황산 분해한 경우

$$총인(mg\ PO_4\text{-}P/L) = a \times \frac{1,000}{25}$$

a : 검량선으로 부터 구한 인의 양(mg)

⑥ 검량선의 작성

인산염 인 표준액(0.005mg PO_4-P/mℓ) 1～20mℓ를 단계적으로 취하여 100mℓ 용량플라스크에 넣고 물을 넣어 표선까지 채운 다음 이 액 25mℓ씩을 마개 있는 시험관에 넣고 시료의 시험방법에 따라 시험하여 인의 양과 흡광도와의 관계선을 작성한다.

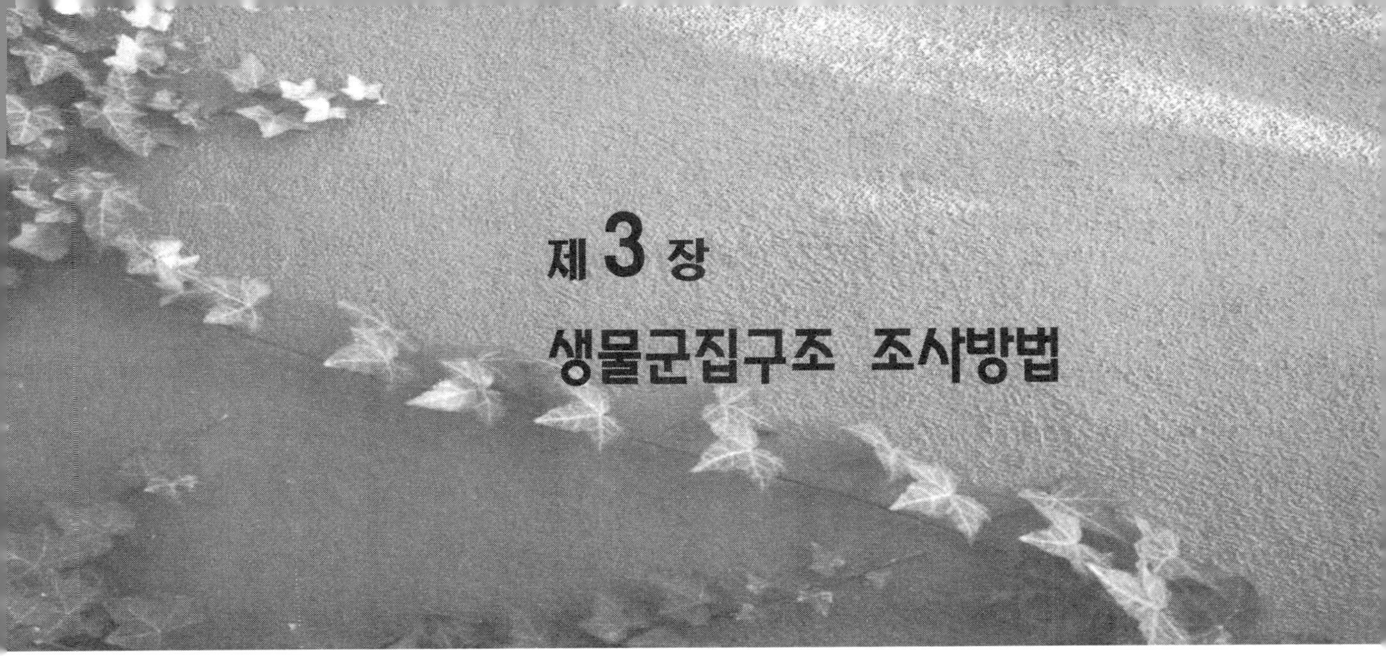

제 3 장 생물군집구조 조사방법

동・식물의 밀도를 조사함으로써, 조사지역 내의 동식물 분포와 그 지역의 생태계가 건강한지를 평가할 수 있다. 또한, 향후 생태계 복원사업을 시행하는데 필요한 대상종을 선정하기 위한 기초자료로 활용할 수 있다. 현장 조사를 실시하기 전에 조사항목과 조사 대상종을 결정하여야 하며, 동물의 경우 각 분류군에 따른 산란기와 이동기, 동면기 등을 이용하여 동물에 대한 피해를 최소화하면서 최상의 결과를 가져올 수 있는 정확한 조사시기를 설정하는 것이 중요하다. 조사의 결과에 영향을 미치지 않는 범위 내에서는 조사 대상종의 생존에 영향을 미치는 조사는 수행하여서는 안 될 것이다. 나지, 하천이나 습지, 해양 등의 특정한 생태계의 경우 조사 분류군의 숫자를 조정하는 것은 조사의 기간과 경비면에서 효과적이다.

I. 일반적인 조사방법

1. 식물군집 조사방법

1) Braun-Blanquet 방법

(1) 개요

식생연구에서 장시간 광범위한 토론의 중심이 된 것은 식생을 묘사하고 분류할 때 채택하는 최상의 접근 방법에 관한 것이다. Braun-Blanquet는 식물상적 접근방법을 통해 분류에서 객관성을 더하였다. Braun-Blanquet는 하나의 식생군락을 두 가지의 보완적 의미로 보았다. 우선 실질적인 식생은 야외의 동등한 위치에서 표본채취한 것으로 보았고, 군락단위(nodum)는 종 구성을 기반으로 하여 유사한 위치를 계속 비교함으로써 알 수 있는 실제 식생의 축약으로 보았다.

이 접근 방법에서 야외관찰은 식생 내 동일한 지점에서 나타나는 모든 종을 기록하고 각 종의 피복정도를 평가하는데 집중된다. 식생의 초본층(field layer)의 우점종은 군락의 구조를 결정하는데 이용되며 이러한 구조 내의 군락단위는 종구성을 기반으로 파악할 수 있다. 식생의 전반적인 변화는 거의 연속되어 있지만, 이 방법은 군탁단위(nodum)가 매우 불연속이라는 것을 전제로 한다

① 상대적으로 한계 지어진 특정 식물 군집을 기술하는데 있어서 과학자들은 그 군집의 전체를 조사할 수 없고 전체 군집의 일부분을 조사한다. 샘플이 잘 추출되면 조사자들은 그 샘플에서 얻은 자료(data)로부터 참값을 유추할 수 있고 전체 군집의 모수(parameters)로 삼을 수 있다.

② 이번 절에서는 대표성을 나타내는 샘플을 정하는 방법 중 한가지인 releve method(Braun-Blanquet method)를 알아보고자 한다.

③ releve method는 Josias Braun-Blanquet라는 스위스 생태학자에 의해 체계화되었다. 그는 SIGMA라 불리는 군집생태학 단체를 이끌었다. 그래서 그의 sampling 방법과 classification 방법을 때때로, releve, SIGMA, Braun-Blanquet, 또는 Zurich-Montpellier(Z-M)school이라 부르기도 한다.

(2) 야외조사

① 식생조사

군집분류과정은 야외조사와 실내조사를 포함한다. 여기서 식생과 입지에 관한 기초 자료는 모두 야외에서만 수행할 수 있다. 정확한 현지조사가 이루어져야 식생연구도 정확하게 이룰 수

있다. 현지에서 불완전한 자료들을 수집해 오면 그것을 연구실 안에서 보충하지 못한다. 만약 불완전한 자료가 유입된다면 최종적으로 종합된 결과가 바른 식생상을 보여주기 힘들 것이다. 부정확, 불완전한 식생자료가 섞여져 있는 것은 완전한 자료를 갖고 있으면서 그 후의 자료처리를 잘못한 경우보다도, 현지에서 잘못된 연구의 가치가 낮게 평가된다. 왜냐하면 자료처리가 잘못된 경우 숙달된 연구자에 의해 자료의 재처리가 가능하지만 부정확, 불완전한 자료는 조사한 본인이 실내에서 보충할 수 없을 뿐 아니라 현지에서 재조사하지 않는 한 그것을 보충할 수 없다.

Braun-Blanquet 방법(ZM방식)에 의한 식물사회학적인 연구에서 야외조사는 자료처리와 같이 일정한 순서를 거쳐서 이루어진다. Braun-Blanquet 방법이 식생연구의 첫 걸음이 된다. 야외조사의 중요성과 정확성을 알고 야외조사의 방법을 습득한 뒤, 기억해야 할 것은, 야외조사에서 입수된 것은 식생의 표본식생 자료(vegetation sample 또는 releve)이다. 한 개의 식생자료를 측정하는 것은 식생분류학자가 연구 자료로서 식물표본을 채집할 때에, 잎이나 꽃이나 과실, 종자가 붙어 있는 풀이나 가지를 채집하는 행위에 해당하는 것이다. 따라서 야외조사가 이루어진 후 자료의 종합과 분석이 이루어져야 한다.

② 식생조사의 기구

식생의 야외조사는 군락입지 관계의 자료를 얻을 수 있기 때문에 약간의 기구가 필요하다. 다음은 측정을 위한 도구와 군락 또는 식물측정을 위한 기구이다.

가. 기본적인 기구

가) 줄자(50m 이상) 또는 노끈 : 방형구 측정 시에 이용한다.

나) 줄자(2m~5m) : steal제가 좋다. 식물의 높이나 토양의 깊이의 측정, 기타 용도가 많다. 1m 꺾는 자도 좋다.

다) 카메라 : 입지조건이나 군락의 기록에 필요하다. 한 장의 사진은 때로는 1페이지의 문장보다 많은 식생정보를 바르게 전달할 수도 있다.

나. 입지 지형 측정 기구

가) 고도계 : 식생조사지점의 해발높이를 아는데 필요하다.

나) 경사계 : 지질조사용을 사용한다. 조사지의 방위의 측정에 필요하다. 또한 산지에서의 조사 시에 길을 잃지 않기 위해서도 좋다.

다) 조도계 : 수림식생의 경우 군락의 소멸이나 조성은 임관의 무성한 정도에 크게 영향을 받기 때문에 임관의 개폐 정도를 알기위해 측정하는 경우가 있다.

다. 군락 또는 식물 측정을 위한 기구

가) 쌍안경 : 6~7배 정도의 것이 좋다. 교목군락 조사에서 아래에 달린 가지가 없고, 잎을 직접 손으로 따서 식별할 수 없는 경우에 용이하다.

나) 측고기 : 나무의 높이를 재는 기구

다) DBH meter : 나무의 직경을 측정하는 기구. 줄자로 측정하여도 좋다.

라) 식물 채집용 기구 한 벌 : 비닐주머니, 뿌리삽, 전정가위, 종이테이프 또는 소형 꼬리표, 견출지, 수일 이상의 조사여행에 있어서는 야책도 필요하다.

라. 조사용지와 필기도구

③ 조사목적과 조사지, 표본구의 선정

식생조사의 목적은 크게 두 가지로 나뉜다. 그 하나는 추정군락의 체계화, 예를 들면 상록 활엽수 자연군락이라든가 초본군락, 혹은 목초지군락 등과 같은 입지에서 살고 있는 군락을 전국 혹은 서해안, 동해안 등의 지역을 대상으로 한 체계화이다. 이 경우의 조사는 같은 군락을 주 대상으로 하여 진행하게 된다. 두 번째는 지역식생조사를 목적으로 한다. 여기에서는 어떤 도, 시, 군, 면, 촌락이든가 혹은 어떤 지방의 식생 전체가 대상이 되며 조사는 산림, 초원으로부터 하천군락이나 노상의 잡초군락 등 모든 군락을 총망라하게 된다. 대상지역을 적게 하여 어떤 산에 한정하여도 10종류 정도의 군락을 취급하게 된다. 이상 어느 경우이든 다음에 기술한 표본구의 선정이나 야외조사법은 서로 다르지 않다. 그러나 조사목적은 스스로 명백하게 하여 둘 필요가 있다.

조사목적이 정립되면 그 목적에 알맞은 조사지를 선정한다. 지역생지를 목적으로 하는 경우에는 사전에 지도, 항공사진으로 대상지역 내의 산등성이나 골짜기의 달리는 방향, 농작지와 수림지의 분포상태를 일단 관찰하여 두면 그에 알맞은 조사계획도 생각하게 된다. 특히 항공사진을 이용하면, 입지조건(특히 지형적 차이)이나 식생의 상관에 의한 지역구분도 되고 야외조사가 보다 능률적이다. 그 다음에 현지에서 조사를 한다. 이때 대상조사지가 국유림, 자연공원, 천연기념물의 장소인 경우에는 사전에 소속관할 관리사무소에 허가 신청을 한 후에 실시한다. 임지이든 초지이든 일단 지도상에 구분된 장소에서 구체적인 표본구를 설정한다. 이 경우에 입지조건이나 상관이 균질하다고 간주되는 장소-이것을 식분 또는 stand라고 한다-가 조사대상이 된다.

stand의 균질부분이 광대하게 넓을 때에는 2개 또는 수 개의 표본구를 설정하는 것이 바람직하다. 또한 입지 조건이나 군락형태, 조성에 차이가 있어 보이는 stand에는 별개의 표본구를 설치할 필요가 있고 또 거리가 떨어진 곳에 같은 종류로 보이는 군락이 있을 때에도 반복하여 표본구를 설치한다. 이리하여 현지의 상황에 따라서 여러 가지 군락에서 적어도 수 개씩(5개 이상)의 식생자료를 얻을 수 있도록 표본구를 설치하여 자료를 모아야 한다. 특정군락의 체계화를 목적으로 하는 조사에 있어서도, 직접 대상으로 하는 군락이 한정되어 있으므로, 표본구 설정의 기준은 상기와 다른바가 없다. 어느 경우이든 조사의 초기에 설정하는 표본구의 크기를 다음과 같은 방법에 따라 검토해야 한다.

④ 표본구의 크기

앞서 언급한 대로 식생자료에는 stand에서 출현하는 모든 종의 식물을 완전하게 기록하여 두어야 한다. 여기서 표본구의 크기 설정은 중요하다. 만약 표본구의 면적이 적게 되면 출현종을 모두 기록하지 못하게 되는 경우가 있다. 반대로 표본구가 너무 크게 되면 때로는 인접 군락에 침범하게 되어 이질적인 군락의 요소가 섞이게 되어 혼잡해질 수 있다.

표본구의 크기는 면적과 종수의 관계를 종수-면적 곡선으로 묘사함으로써 파악할 수 있다. 종-면적 곡선은 좁은 면적에서 곡선이 급히 상승하고 면적이 넓어짐에 따라 완만하게 굽고 더 넓어지면 수평으로 된다. 종-면적 곡선에서 최소면적을 얻는 방법은 학파에 따라 두 가지로 나누어진다. 유럽학파는 곡선이 다소 수평에 가까운 점, 그림 3. I .1에서 점 a_1에 대응하는 면적인 A_1을 최소면적으로 하지만, 영미학파는 종수의 평균증가율을 나타내는 점 a_2에 대응하는 면적인 A_2를 최소면적으로 하고 있다. 보통 유럽학파의 최소면적이 흔히 사용된다. 다시 말해서, 조사면적을 증가시키면 종수는 처음에는 급속하게 증가하나, 곧 완만하게 되어 거의 증가하지 않게 된다. 또 면적을 크게 하면 종수는 또다시 증가하여, 재차 증가하게 된다. 두 번째의 종수 증가는 이질적인 군락에까지 조사가 미쳤을 때에 그 요소가 포함되었기 때문에 일어난다. 식물사회학적인 식생조사에서는, 두 번째의 종수증가가 일어날 정도까지 표본구 면적을 크게 하여서는 안 된다. 그것은 이질적인 군락의 요소가 포함됨을 뜻하기 때문이다. 그러나 최초의 종수 증가가 완만하게 되기 이전의 작은 면적이어서도 안 된다. 그것은 그 stand의 구성종의 전부가 포함되는 면적보다도 표본구가 적은 것을 뜻하고 있다. 그러나 군락이 성립하여 유지하기에 필요한 최소면적은 식물사회학적인 의미로서의 최소면적이고, 표본구의 크기는 그것이 일차 목표가 된다. 이상적으로는 각 stand에 있어서 이 최소면적이 결정되어져야 하지만 어느 stand에서 결정된 최소면적이 같은 군락의 다른 stand의 표본구 면적으로서 적용되는 것이 일반적이다. 조사구의 모양은 최소면적이 일정하면 정사각형이든 장방형이든 종-면적곡선에는 영향이 없다.

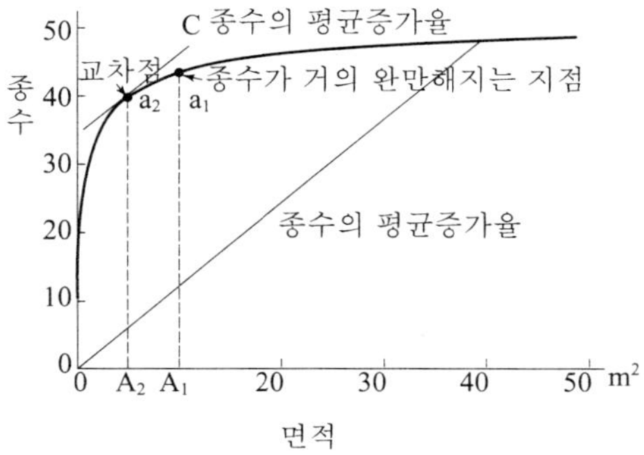

조사면적에 따른 종수를 나타낸 그래프인 종-면적곡선은 가로축은 조사면적, 세로축은 발견종수를 기록한다.

면적이 넓어짐에 따라 종수변화는 완만해진다.

* 이때 종수의 변화가 거의 정지한 지점(a_1)지점에서의 면적을 조사면적으로 하는 것은 유럽학파이다.(A_1)
* 종수의 평균증가율을 나타내는 지점(a_1)의 면적을(A_2) 조사면적으로 하는 것은 영미학파

그림 3.I.1 종-면적 곡선

⑤ 입지조건의 측정과 기록

다음에 기록하여야 할 입지조건의 측정법을 열거한다. 작업 순서는 반드시 아래의 순서가 아니더라도 좋다. 측정자와 기록자가 2인 1조가 되어 조사하면 능률적이다.

가. 해발고도

고도계를 읽고 기록한다. 만약 불확실한 점이 예상되더라도 그대로 기록하여 두었다가 나중에 정확한 해발고도를 안 다음에 지침을 바르게 하고 동시에 기록을 수정한다.

나. 경사의 방위와 각도

stand의 경사에 대한 방향과 각도는 그 곳 군락의 일광조건이나 풍향, 나아가 토양의 건조 등과 관계되기 때문에 경사의 방위와 각도는 반드시 기록해야 한다. 경사계를 사용하여 측정한다.

다. 지형과 토양

표본구의 지형상의 위치나 특징, 이를테면 사면의 상부(US), 중부(MS), 하부(LS)인가, 혹은 산등성이의 상(R)등을 기호로

기록한다. 토양의 본격적인 조사에서는 깊이 1m 이상의 도랑(시구)을 파는 것이 일반적으로 행해지고 있으나, 식생조사에서는 수 10cm정도 파고서 표층이나 그 하층의 토성이 군락에 따라 다른 것을 파악하는 것이 좋다. 확실하게 토양형이 식별되면 그것을 기록하여 둔다. 적어도 토양 표면에 자갈이 산재하고 있다든지, 점토질, 사질, 과습 상태 등 현저한 특징을 기록해야 한다. 군락에 따라 이와 같은 입지조건이 다를 수 있기 때문이다. 지형 및 토양의 기록과 전후하여, 표본구의 주변 상황의 기록을 위하여 입지단면도와 표본구의 위치와 약도를 여백에 기록하여 둔다. 자료의 수집이 이루어지면 동일한 군락의 성립된 조건을 이 약도에서 읽을 수 있는 경우가 많기 때문이다.

라. 양지와 바람맞이

양지와 바람맞이는 다같이 stand의 지형상의 위치관계에 좌우되는 요인으로 지형의 기록이 바르게 이루어졌을 경우 그것으로 충분한 경우도 있다.

⑥ 군락의 계층구조 기록

식생군락은 대소의 식물이 모양을 이루며 생활하고 있는 집단이다. 교목군락을 예로 들면, 그것은 교목층(tree layer), 아교목층(subtree layer), 관목층(shrub layer), 초본층(herb layer), 이끼층(moss layer or ground layer)으로 이루어진다. 군락에 따라서 이러한 구분이 다르다. 각 계층에 따라 종류와 그에 따른 양적 관계를 조사 기록한다. 순서는 다음과 같다.

구성종을 기록하기 전에 각 계층의 평균적인 높이와 식피율(그 계층의 수관이 표본구 면적을 덮은 비율)을 측정하고 기록한다. 고목군락의 경우, 최상층의 교목층이나 그 아래 아교목층의 높이 측정은 측고기에 의한 측정이 가장 정확하다. 경험이 쌓이면 눈으로 측정해도 좋다. 그러나 처음에는 측고기를 사용하여 측정하고 목측에 의한 오차를 없애기 위한 훈련을 하는 것이 좋다. 측고기가 없는 경우에는 손을 머리 위에 올려서 2m 높이의 위치를 알고, 그의 몇 배의 높이에 해당하는가를 측정하면 목측 오차가 적어진다. 식물사회학적인 식생조사에서는 측고기에 의한

표 3.1.1 여러 종류의 군집에 대한 최소면적의 예

식물군집	최소면적
온대림의 경우	
교목림	200~500
관목림	50~200
건생초지	50~100
습생초지	5~10
선태류, 지의류	0.1~4

표 3.1.2 여러 종의 군락에 대한 조사면적의 예

<鈴木, 1954>	조사면적
고층습원, 고산식물군락	1m
눈잣나무, 싸리가 산재하는 초원	25
자연림	100~400
열대림	900
<Ellenberg, 1956>	
경지 잡초군락	25~100
방목지 초원	5~10
벌초지 초원	10~25
Heide	10~25
건생초원	50~100
삼림군락	200~500
<Westhoff & van der Maarel, 1973>	
착생군락	0.1~0.4
지상선태군락	1~4
수생선구군락	1~4
사구군락	1~10
염소지군락	2~10
방목초지	5~10
불안정사지군락	10~20
벌채초지	10~25
Heath	10~50
고산초원 및 외생관목군락	10~50
석회지 초원	10~50
Chaparral, 온대성 경엽관목림	10~100
잡초군락	25~100
망토 관목군락	25~100
Steppe	50~100
온대성하록수림	100~500
침엽, 광엽혼교림	200~800
열대2차강우림	200~1000
열대습지림	200~4000

측정보다도 이 방법이 일반적이다.

각 계층의 식피율은 눈으로 측정하여 기록한다. 또 교목층이나 아교목층의 수목의 DBH도 측정, 기록한다. 정확하게는 DBH 자 또는 줄자를 이용한다.

⑦ 군락의 종조성 조사

식생자료 중 종조성의 기록이 핵심이 된다. 다음의 순서에 따라 이루어지며 측정자와 기록자가 2인 1조로 되면 능률적이다.

가. 종조성의 목록 작성

대상군락의 최소면적이 구해진 후에는 그것을 기준으로 하여 줄자 또는 노끈을 이용하여 방형구를 설정한다. 먼저 기록자가 표본구의 거의 중앙에 서고 측정자는 그곳에서 달팽이 집모양으로 걸으면서 계층별로 종명을 부르고, 기록자는 그것을 기록한다. 같은 종이라도 다른 계층에 출현하게 되면 각각의 계층에 종명을 반복하여 기입한다. 초본 층에 출현한 고목종이나 관목종의 싹튼 것은 종명 다음에 Ki의 기호를 붙여 구분한다. 측정자는 달팽이집 모양으로 걸으면서 면적을 넓혀가며 새로 출현한 종에 대한 계층과 종명을 부르고 기록자는 기입하여 새로운 종의 출현이 없으면 목록작성을 끝낸다.

이 목록 작성단계에서 하지를 갖지 않는 고목종류의 동정에는 쌍안경이 크게 도움이 된다. 또한 종명이 불분명하거나 의문 나는 식물은 모두 채집하고 기호 또는 임시명칭을 붙여 그것을 조사표에 기입하고 소형 표찰 또는 종이테이프에도 기입하여 채집품에 붙여서 가지고 온다. 희귀종이나 식별종으로 보이는 식물은 채집하여 두는 것이 좋다.

이 단계의 조사에서 전 종류에 대해 바르게 목록 작성을 하는 것이 가장 중요한 일이다. 이 일에 신뢰성이 낮은 식생자료는 입지조건이 상세하게 측정되어 있더라도 식물사회학적인 가치가 있는 자료라고는 할 수 없다. 그러므로 stand에 따른 식물 표본의 채집을 충분히 해야 한다. 표본구 외에 꽃, 과실, 종자를 갖는 좋은 식물이 있으면 그것을 채집하여 두면 잎만의 채집품과 같이 대조하여서 동정하는데 도움이 된다.

나. 구성종의 우점도와 군도의 기록

구성종에 대한 계층별 목록작성이 끝나면 다음은 그들 각 종의 양과 생육 상태를 측정한다. 피도(coverage)와 개체수를 조합한 우점도(dominance) 계급을 표시한다. 표 3.I.3에 따라서 측정하여 기록한다. 각 종의 피도를 측정할 때 막연하게 바라보는 것으로는 바르게 측정할 수가 없다. 표본구를 4등분하는 것 같이 십자를 생각하고, 초심자는 실재로 줄자를 십자형태로 놓고 그의 종에 의하여 덮여 있는 면적을 한 곳으로 모았다고 가정하여서 1/4을 초과하는지 또는 1/2를 초과하는지를 목측하면 피도를 바르게 파악할 수 있고 우점도 계급을 개인차 없이 기록할 수 있다. 초심자 혹은 전문가외에는 6 또는 7단계의 우점도 계급으로 식물의 양적관계를 눈으로 확인하여 정확한 자료를 얻을 수 있는 것이 가능한지를 생각하게 된다. 그러나 아주 초보자를 제외하고 우점도 계급의 결정에는 개인차가 거의 생기지 않는다. 또 표 3. I .3의 우점도 계급으로도 식물사회학적으로 필요한 충분한 정보가 된다. 식물, 특히 초본류의 경우, 계절의 진행에 따라서 피도는 수시로 변하기 때문에 정밀한 피도 백분율을 기구를 이용하여 측정하였다고 하더라도 식물사회학적으로는 별로 의미가 없다(목적이 다른 경우에는 이와 같은 조사도 실제로는 이루어진다).

식물생육의 상태는 계급별로 종에 따른 군도(sociability)나 활력도(vitality), 착화결실의 유무에 대하여 기록한다. 군도란 그 종의 개체(지엽의 넓이를 포함)의 집합 혹은 이산의 정도를 말한다. 그림 3.I.2에 따라 군도를 판정한다.

다. 활성도란 군락 내에 있어서 종의 생활사의 완결능력을 말한다.

● : 잘 번성하고 생활사를 규칙적으로 완결하는 식물

◉ : 생육은 별로 좋지 않으나 번식하는 식물, 혹은 번성하거나 생활환을 규칙적으로 완결시킬 수 없는 식물

○ : 생활환을 완결시킬 수도 없고 생육도 나쁜 식물

: : 우연히 발아하여 번성할 수 없는 식물

또 꽃을 피운 경우는 fl. 결실의 경우에는 fr.을 기재한다. 식생 조사에서는 우점도와 군도는 각 계층의 종마다 반드시 측정하고 기록하지만 활력도나 착화결실의 상태는 현저하게 나타나는 것만 기록하는 것이 보통이다. 이상의 기록이 끝나면 조사면적을 기입한다(예를 들면 10m×10m의 형태로). 줄자나 노끈을 이용하지 않고 조사가 이루어졌을 때에는 조사범위를 목측하여 동시에 기입한다.

표 3.I.3 우점도의 계급(Braun-Blanquet 1964)

우점도 계급	판 정 기 준
5	표본구 면적의 3/4 이상을 덮고, 개체수는 임의
4	표본구 면적의 1/2~3/4을 덮고, 개체수는 임의
3	표본구 면적의 1/4~1/2을 덮고, 개체수는 암의
2	표본구 면적의 1/10~1/4을 덮거나, 개체수가 많다.
1	개체수가 많지만 피도 낮다. 혹은 산재하지만 피도는 높다(단 1/10 이하).
+	피도는 낮고 산재
r	고립하여 출현, 피도는 극히 낮다.

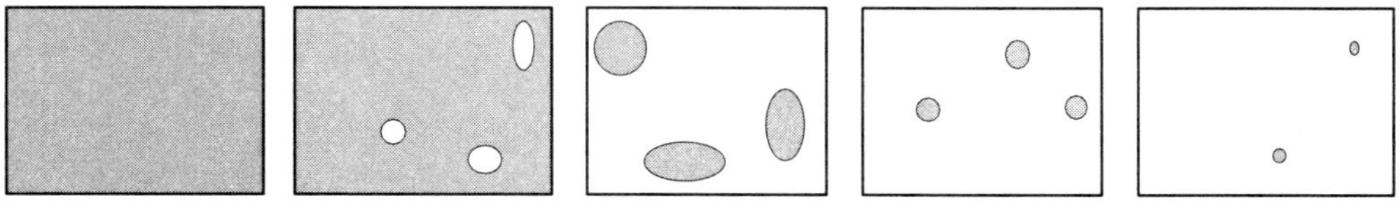

군도 5 : 카페트상 또는 멍석 넓이 / 군도 4 : 카페트에 구멍이 뚫려 있거나 좁은 카페트 넓이 / 군도 5 : 방석 넓이 / 군도 2 : 포기 또는 직경 5cm 이하 / 군도 5 : 고립하여 생육

군도 5 : 방형구 내에서(혹은 조사면적에서) 전체적으로 퍼져있어 카페트처럼 말려있는 형태(거의 피도 80~100% 정도로 차있다).

군도 4 : 조사면적 내에 조사하고 있는 한 종이 가득 차있는 형태가 아니다. 드문드문 비어있는 형태 마치 카페트에 구멍이 난 것처럼. 한 종이 없는 면적이 있다.

군도 3 : 조사면적 내에서, 한 종이 몇 군데에서 나타남. 그 면적이 군도 4보다 적으나, 피도 30~40% 정도는 차지함.

군도 2 : 조사면적 내에서 드문드문 나타남. 전체적 피도가 군도 3보다는 적으나, 고립하여 생육하는 것은 아니다.

군도 1 : 우연히 출현하거나, 조사면적 내에서 고립해서 존재.

그림 3.I.2 군도계급을 판정하는 기준

⑧ **군락 단면도**

조사표의 기입이 끝나면 뒷면에 군락 단면도를 그린다. 토양표면의 낙엽의 퇴적 상태나 자갈의 산재한 상태, 또한 토양의 깊이에 특징이 보이면 그것들도 단면도에 묘사하여 둔다.

⑨ **식물 사회학적인 식생조사의 요약**

1. 측정자와 기록자가 2인 1조로 한다.
2. 입지의 측정
3. 기록자는 주변 지형과 표본구의 위치에 대한 관계 묘사
4. 측정자는 기록자의 신장 또는 머리 위 손의 높이 등을 기준삼아 교목층(T1), 아교목층(T2), 관목층(S)의 높이를 측정한다. 초본층(H)은 자신의 무릎 위의 허리 높이를 기준으로 하여 측정한다. 각각의 계층의 전체적인 식피율을 눈으로 측정한다.
5. 측정자는 줄자로 방형구를 만들지 않은 때는 소라집 모양으로 돌아다니면서 교목층-초본층의 순으로 종의 목록을 부르고 기록자는 그것을 기입한다. 종의 추가가 없으면 끝낸다.
6. 도중, 종명이 불분명 혹은 의문이 난 식물이 있으면 채집하여 번호 또는 임시 명칭을 붙여 기록하고, 기록자는 그 번호 또는 임시 명칭을 기입한다.
7. 기록자가 기록된 종명을 부르고 측정자는 그 종의 우점도와 군도의 계급을 부른다. 기록자는 기록하고 활력도도 동시에 기록한다.
8. 도중에 발견되는 종이 있으면 추가하고 우점도와 군도의 계급을 기입한다.
9. 이상을 끝낸 후 조사면적을 기입한다.
10. 군락 단면도를 그린다.
11. 표본구 밖에서 같은 군락으로 보여진 곳에 발견되는 종이 있으면 추가 기입하고 우점도, 군도는 괄호로 묶는다.

이상의 기술은 도중에 설명이 많이 들어가서 여기에서는 순서만을 종합 정리하여 둔다. 이상으로서 한곳의 stand의 표본이 조사된 것으로 된다. 불분명 또는 의문난 종이 포함되어 있을

때에는 채집하였다가 바른 종명을 판명하여 조사표에 기입되어 있는 번호 또는 임시 명칭을 정정한다.

(2) 식생자료의 처리

① 식생단위 추출의 의의

식물사회학의 기본은 식생단위(또는 군락단위)를 추출하여 군락을 분류하고, 체계화하여 가는 데 있다. 식생단위의 추출은 식물사회학에 있어서 특히 중요한 의미를 가지고 있다. 이 경우, 단지 식생을 몇 개의 군락으로 구분하여서, 분류하면 된다고 생각하여서는 안 된다. 예를 들면, 군락의 구조, 기능, 천이 등의 연구는 식생단위의 추출을 시발점으로 하여서 발전되어 간다는 것이다. 그것은 혼합물 중에서 순수물질의 결정을 찾아내서 그것으로부터 그의 물질에 대한 구조와 기능을 조사하여 가는 순서와 같은 것이고, 식생단위의 추출은 결정화의 단계이다. 또 군락은 환경조건에 의해 여러 가지 요인의 종합으로 나타난다. 같은 종류의 군락은 거의 같은 구조와 기능을 갖는다. 즉, 군락의 차이는 환경의 차이를 의미하는 것이 된다. 그러나 식생자료를 처리하는 경우에 처음부터 군락과 환경과의 일치를 생각하면서 군락구분을 하게 되면 참된 관계가 있는 환경요인을 빠뜨리는 경우가 있게 된다. 식물사회학적인 군락구분은 종조성에 기본을 두어 이루어지지 결코 환경구분에 의해서 된 것은 아니다. 일정한 과정을 거쳐서 구분된 식생단위와 환경요인을 비교하여 보면 결과적으로 그곳에 일치한 점이 보이게 된다. 따라서 식생단위의 추출이 원만하게 이루어지지 않으면 환경에 대하여 기술하기도 어려워지고 군락구분을 기반으로 하는 연구의 발전도 곤란하게 된다. 식물사회학에 있어서 환경에 대하여 개개의 요인을 상세하게 측정하는 것이 아니고 입지의 조건으로서 측정, 기재한다. 식생단위의 추출이 합리적으로 이루어 졌으면 식생단위와 입지조건의 사이에 질서가 발견된다. 군락을 형성하는 주요 조건, 혹은 요인을 알 수 있게 된다. 이 방법을 일치법(coincidence)이라고 하며, 군락의 구조, 기능, 천이 등에 대하여서도 같은 방법이 적용된다.

② 분류, 식별, 동정

일반론으로서, 분류는 용어를 정의하고, 대상물을 체계적으로 정리하는 것이다. 정의의 방법이 다르면 별도의 분류체계가 성립된다. 개념의 정의를 자기 마음대로 해석하고 변경하면 의미 전달이 어려워진다. 좋은 뜻의 분류란 과학적 사고의 출발점 개념 그 자체를 정의하고 체계적으로 정리하는 것이다.

분류(classification)란 흔히 구별(discrimination), 혹은 구분(subdivision)이나 동정(identification)의 의미로도 쓰이는 용어이다. 그것은 분류하는 과정에 있어서 구별이나 동정하는 순서가 포함되어 있기 때문이다. 구별이란, 그것이 같은 개념을 갖는 것인지 다른 개념으로 된 것인가를 판단하는 것이고 동정이란, 구별된 것이 기존의 분류체계의 어느 것에 해당되는가를 판단하는 것이다. 따라서 구별과 동정에서는 새로운 판단을 유도할 수는 있어도 새로운 개념이나 체계를 제안할 수는 없다. 분류는 구별의 작업을 마쳐서 합리적인 체계를 만들어 낼 수 있다.

식물사회학에서 말하는 군락 분류는 먼저 많은 식분(stand)에 대하여 식생자료를 모아서 그들의 자료를 종조성(floristic composition)에 착안하여 몇 개의 식생단위로 구분하고, 구분한 식생단위가 타당한지 여부를 일치법에 따라 검토하는 과정을 거친다. 그 다음, 기존의 분류체계에 따라 군락을 동정하고 체계화하여 가는 것이다. 여기에서 군락을 정의하는 것은 특이종(character species), 식별종(differential species) 등의 종조성이다.

이렇게 하여 구분 또는 동정된 식생단위는 그 속에 있는 보다 하위 기준에 의해 다시 하위 구분되기도 하고 유사점을 찾아서 결합할 수 있다. 이와 같은 식생단위에는 몇 가지의 계급(rank)이 있다. 이 계급사항을 hierarchy라고 부른다. 이를테면 생물종의 분류체계에 종, 속, 과, 목, 강, 문, 계 등의 계급이 있는 것과 같이 식물사회학에서도 군락을 종조성으로 분류하는 경우에 군집(association) · 군도(alliance) · 군목(order) · 군계(class) 등의 계급명이 붙여지고 전체로서 hierarchy 계를 이룬다. 이상과 같이 분류란 차이점을 찾아서 나누어가는 작업과 유사점을 찾아서 종합하여 가는 작업이 함께 이루어져 결국 체계화하는 과정이라 할 수 있다.

③ **표 비교법에 의한 식생단위의 추출**

식생조사표에 기록한 하나하나의 식생자료는 제각기 다른 식분일 뿐 식생단위가 아니다. 식생단위는 비슷한 출현양식을 가지는 종군과 비슷한 종조성을 나타내는 식분군을 모음으로써 알 수 있다. 식생단위는 동질의 식분(stand)을 모아서 추상화한 것이고 추상화의 정도에 따라 계급적으로 된다. Braun-Blanquet 방법에 따른 군락 분류에서는 유사한 식분들을 모아서 한 식생단위로, 유사하지 않은 식분들을 모아서 다른 식생단위로 분류한다.

야외조사에서 수집된 식생자료는 한 개의 표에 flora적 정보를 옮겨 적어 각 식분(stand)의 종조성을 볼 수 있게 조성표로 하여 검토한다. 자료처리의 방법을 표 비교법(tabulation method)이라고 부르며 Braun-Blanquet 방법에 의한 식물사회학의 기본적 작업이다.

표조작법의 원리는 종간의 상관과 식분(stand)간의 상관을 검토하는 기작의 조합에 따라 유사한 출현 양식을 표시한 종군과 유사한 종조성을 나타낸 식분(stand)군을 모아서 정리하는 것이다. 종간의 상관이란 어떤 종에 대하여 다른 종이 어느 정도의 결합으로 출현하는가를 조사하는 것이다. 유사한 출현양식을 갖는 종 사이에는 높은 상관을 나타내고 반대로 같은 식분(stand) 내에서 같이 출현하는 일이 적은 종 사이에서는 낮은 상관을 나타낸다. 전자는 동일 종군에 포함되고 후자는 대립 종군으로 된다. 식분(stand)간의 상관이란, 식생자료간에 있어서 종조성의 유사성이다. 종조성이 비슷한 식분(stand)군이 동일한 식생단위로 모아지고, 종조성이 다른 식분(stand)군을 다른 식생단위로 함에 따라 군락구분이 이루어진다. 여기에서 종의 결합을 찾아내는 조작을 「종조작」, 식분(stand)간 종조성의 유사성을 찾아내는 조작을 「stand 종조작」이라 부른다.

표비교법(tabulation method)에서는 종간 및 식분(stand)간의 상관은 일정한 순서를 거쳐서 파악된다. 그 순서를 표 조작법(tabulation technique)이라 부른다.

④ 표 조작법

표 조작법은 다음의 4가지 순서에 따라 이루어진다.

가. 원자료표의 작성
나. 상재도표로 옮겨 적는다.
다. 부분표를 이용하여 식별종을 발견한다.
라. 식별종의 유무에 따라서 종과 식분을 배열한 식별표(differentiated table)를 작성한다.

이러한 작업은 3가지 기능을 갖는다. 첫 번째는 고상재도종(constant species)의 결정이다. 이것은 전 자료를 통하여 출현횟수가 많은 종으로 대상이 되는 군락 전체를 특징짓는다. 두 번째 기능은 식별종(differential species)의 추출이다. 이것은 중간 상재도종 속에서 발견해내는 것으로 전 자료 속에서 대립적인 분포를 나타내는 군락이나 편중된 분포를 하는 군락에 착안하여서 선출된다. 이들 전 자료를 대상으로 한 식별표가 나온다.

⑤ 원자료표의 작성

원자료표(raw or primary table)는 조사된 식생자료를 모두 한 표에 기입하여서 종조성을 한눈에 볼 수 있게 일람표를 작성한 것이다. 모눈종이는 최소눈금 1mm, 중간눈금 5mm, 큰 눈금 10mm로 구획한 종이를 사용하면 편리하다. 왼쪽에 식물명을 기록하고 해당 조사지 번호에 피도와 군도를 기입하되 왼쪽에 피도계급을, 오른쪽에 군도계급을 적고, 그 사이에 점을 찍어 구분한다. 층구조가 발달한 삼림의 자료는 한 종이 2개 이상의 층에 출현하므로 10mm 눈금 하나를 4등분하여 왼쪽 위에 교목층, 오른쪽 위에 아교목층, 왼쪽 밑에 관목층, 오른쪽 밑에 초본층의 피도와 군도를 나누어 적어 어떤 종이 출현한 계층을 구분할 수 있다.

표 3.1.4 원자료표

원번호	1	2	3	4	5	6	7	8	9	10	출현 횟수	상재도 (%)
출현종수	21	10	13	12	14	20	18	19	8	12		
갈대	2, 2	2, 2	4, 4	4, 4	4, 4	2, 3	4, 4	4, 4	3, 4	3, 3	10	100
가시상치	1, 2		(+)	(+)	1, 1	2, 2	(+)	1, 2		1, 1	8	80
갈풀	(+)		(+)		(+)	2, 2	1, 1	1, 1			6	60
강아지풀	2, 2		(+)		2, 2	2, 2	2, 2	2, 2			6	60
개망초		(+)	(+)	(+)		(+)	(+)	(+)	(+)	(+)	8	80
개미자리	2, 2				2, 2	(+)	(+)	1, 1			5	50
개밀	1, 1				4, 4	4, 4	4, 4	2, 3			5	50
개피	1, 1				(+)	(+)	1, 1	2, 2			5	50
갯버들	2, 2										1	10
고마리	1, 1				(+)	1, 1	2, 2	2, 2			5	50
골풀	2, 2					(+)	(+)	(+)			4	40
금강아지풀						(+)	(+)				2	20
다닥냉이					2, 2	(+)					2	20
달맞이꽃	3, 3				4, 4	4, 4	2, 2	2, 2			5	50
달뿌리풀					(+)	(+)	(+)	(+)			4	40
닭의장풀	1, 1					2, 2					2	20
도루박이	2, 2				5, 5						2	20
돌콩	2, 2					2, 2	(+)	1, 2			4	40
돌피											1	10
동부		2, 3	4, 4	4, 4					2, 3	4, 4	5	50
돼지풀		2, 2	(+)	1, 2					2, 2	(+)	5	50
땅빈대	(+)						(+)	(+)			3	30
망초	(+)					(+)	(+)				3	30
매듭풀	(+)										1	10
명아주	(+)										1	10
미국가막사리						(+)					1	10
박주가리				1, 1					1, 1	2, 2	4	40
방가지똥	(+)										1	10
방울고랭이								(+)			1	10
벌깨덩굴						(+)					1	10
부들								(+)			1	10
비자루국화						(+)					1	10
사마귀풀							(+)	(+)			2	20
사철쑥				1, 2					(+)	1, 1	3	30
서양민들레					(+)					(+)	2	20
속털개밀				(+)							1	10
송이고랭이							(+)	(+)			2	20
쇠뜨기									(+)	(+)	2	20
쇠별꽃		1, 1	2, 2								2	20
실새삼		1, 2	2, 2								2	20
싸리			(+)								2	20
쑥			(+)	1, 2							2	20
애기부들					(+)						1	10

표 3.1.4 계 속

원번호	1	2	3	4	5	6	7	8	9	10	출현 횟수	상재도 (%)
여뀌					(+)						1	10
왕고들빼기	(+)										1	10
왕고랭이	(+)										1	10
익모초									2, 2		1	10
조개풀		1, 1									1	10
조뱅이	(+)										1	10
줄	(+)										1	10
차풀										1, 1	1	10
참새귀리										2, 2	1	10
큰비자루국화				1, 1							1	10
토끼풀				3, 4							1	10
환삼덩굴			(+)								1	10
황새냉이			(+)								1	10

⑥ **상재도표**

원자료표에서 출현횟수가 많은 종의 순서로 옮겨 적은 표가 상재도표(constancy table)이다. 상재도(constancy, C)는 총 자료(M_t)에 대한 종 i가 출현한 식분수(M_i)의 백분율로 나타낸다. 주요 종의 상재도를 계산하여 원자료표의 오른쪽에 기록한다.

$$C(\%) = \frac{M_i}{M_t} \times 100$$

C : 상재도

M_t : 총 자료수

M_i : 종 i의 출현 식분수

상재도표는 원자료표와 똑같은 넓이의 모눈종이에 옮겨 적되, 20mm폭으로 절단한 긴 모눈종이의 테이프를 출현횟수가 가장 많은 제 1번 종 밑에 대고 테이프에 기록을 한 다음, 그 기록을 넓은 모눈종이에 옮겨 적는다. 같은 요령으로 제 2번 종, 제 3번 종을 순서에 따라 옮겨 적으면서 왼쪽란의 종명과 오른쪽란의 출현횟수가 맞는지 확인한다.

상재도표에서 고상재도종(constant species, 상재도 60~100%), 중상재도종(상재도 10~60%) 및 저상재도종(상재도 1~

10%)을 구별한다. 고상재도종은 전체의 특징을 나타내는 종이지만 식별종으로서 적격성을 갖지는 않는다. 저상재도종은 우연히 군집에 침입한 종도 있어 식별종으로서 자격을 갖지 못한다. 중상재도종은 군집의 특징을 식별하는 식별종으로 이용할 수 있으므로 표조작단계에서 먼저 중상재도종을 착안한다. 경험적으로 중상재도를 상재도 60% 내지 출현횟수 3회의 범위로 정하기도 한다.

표 3.I.5 상재도표

종군의 구분	원번호	1	2	3	4	5	6	7	8	9	10	출현 횟수	상재도(%)
	출현종수	21	10	13	12	14	20	18	19	8	12		
	갈대	2, 2	2, 2	4, 4	4, 4	4, 4	2, 3	4, 4	4, 4	3, 4	3, 3	10	100
	가시상치	1, 2		(+)	(+)	1, 1	2, 2	(+)	1, 2		1, 1	8	80
	개망초		(+)	(+)	(+)		(+)	(+)	(+)	(+)	(+)	8	80
A	갈풀	(+)		(+)		(+)	2, 2	1, 1	1, 1			6	60
A	강아지풀	2, 2		(+)		2, 2	2, 2	2, 2	2, 2			6	60
B	동부		2, 3	4, 4	4, 4					2, 3	4, 4	5	50
B	돼지풀		2, 2	(+)	1, 2					2, 2	(+)	5	50
A	개미자리	2, 2				2, 2	(+)	(+)	1, 1			5	50
A	개밀	1, 1				4, 4	4, 4	4, 4	2, 3			5	50
A	개피	1, 1				(+)	(+)	1, 1	2, 2			5	50
A	고마리	1, 1				(+)	1, 1	2, 2	2, 2			5	50
A	달맞이꽃	3, 3				4, 4	4, 4	2, 2	2, 2			5	50
A	달뿌리풀					(+)	(+)	(+)	(+)			4	40
A	골풀	2, 2					(+)	(+)	(+)			4	40
A	돌콩	2, 2					2, 2	(+)	1, 2			4	40
B	박주가리		(+)		1, 1					1, 1	2, 2	4	40
A	땅빈대	(+)						(+)	(+)			3	30
A	망초	(+)					(+)	(+)				3	30
B	사철쑥				1, 2					(+)	1, 1	3	30
	중상재도의 종수	9	3	2	4	8	11	12	12	4	4		

표 3.I.6 부분표

일련번호	2	3	1	4	5	10	6	7	8	9	출현횟수
종군	A	A	A	A	A	B	B	B	B	B	
조사지번호	7	8	6	1	5	3	2	4	9	10	
출현종수	18	19	20	21	14	13	10	12	8	12	
갈풀	1, 1	1, 1	2, 2	(+)	(+)	(+)					6
강아지풀	2, 2	2, 2	2, 2	2, 2	2, 2	(+)					6
개미자리	(+)	1, 1	(+)	2, 2	2, 2						5
개밀	4, 4	2, 3	4, 4	1, 1	4, 4						5
개피	1, 1	2, 2	(+)	1, 1	(+)						5
고마리	2, 2	2, 2	1, 1	1, 1	(+)						5
달맞이꽃	2, 2	2, 2	4, 4	3, 3	4, 4						5
달뿌리풀	(+)	(+)	(+)		(+)						4
골풀	(+)	(+)	(+)	2, 2							4
돌콩	(+)	1, 2	2, 2	2, 2							4
땅빈대	(+)	(+)		(+)							3
망초	(+)		(+)	(+)							3
박주가리							(+)	1, 1	1, 1	2, 2	5
사철쑥								1, 2	(+)	1, 1	5
동부						4, 4	2, 3	4, 4	2, 3	4, 4	4
돼지풀						(+)	2, 2	1, 2	2, 2	(+)	3
중상재도의 종수	12	12	11	9	8	2	3	4	4	4	

⑦ **부분표**

상재도표에서 고상재도종과 저상재도종을 제외하고 중상재도종만을 대상으로 유사한 종조성을 갖는 식분과 서로 대립되는 종을 갖는 식분을 찾아내어 색연필이나 실선 또는 점선의 밑줄로 구별하여 종군A와 종군B로 구분한 다음 같은 종군끼리 모은 표가 부분표(partial table)이다. 여기에서 종군A와 종군B를 무리지어 구획선으로 묶는다. 만일 구획선의 범위에 들기가 부적당한 종이 있으면 그 종을 연필로 ×표하여 말소시킨다. 다음에 종군A와 종군B의 출현종수를 밑란에 기입한다.

다음으로, 밑란에 쓴 종군A와 종군B의 출현종수를 고려하여 종군A는 출현종수가 많은 식분으로부터 적은 식분으로, 그리고 종군B는 적은 식분으로부터 많은 것으로 번호를 매기고, 그 번호 순서에 따라 다른 모눈종이에 식분의 순서를 좌우로 바꾸어 적는다. 마지막에 바꾸어 적은 부분표는 종군A와 종군B의 양자에 걸쳐서 출현할 수 있는 식분들은 표의 중간에, 종군A에만 출현하는 식분은 왼쪽에, 종군B에만 나타나는 식분은 오른쪽에 모이게 재배열한다.

⑧ **식별표**

부분표에 의하여 종과 식분의 순서가 결정되면 모든 자료를 한 표에 기입한 식별표(differential table)를 꾸민다. 식별표에는 먼저 부분표에서 분류한 종군A와 종군B를 옮겨적고, 그 밑란에 나머지 종 중에서 상재도가 높은 종으로부터 낮은 순으로 적은 다음 고상재도 종군을 구획선으로 묶고 종군C라고 이름 짓는다. 이 식별표에서 식생단위를 결정한다. 여기에서 출현종수가 다른 식분보다 훨씬 많거나 저상재도종이 많이 섞여 있는 식분은 제거한다.

식생자료가 많으면 식별표를 한눈에 보기 어려우므로 식생단위를 상재도 또는 상재도 계급(constancy class)으로 표시하여 간편한 식별표를 꾸민다. 상재도급은 상재도를 5계급으로 구분하여 로마숫자로 표시한 것이다. 상재도급Ⅴ는 80.1%~100%, 상재도급Ⅳ는 60.1~80%, 상재도급Ⅲ는 40.1~60%, 상재도급Ⅱ는 20.1~40%, 상재도급Ⅰ은 20% 이하를 나타내며 5% 이하는 r로 표시한다. 그리고 각 식생단위에서 출현횟수가 4 이하이면 아라비아 숫자로 표시한다.

표 3.Ⅰ.7 식별표

	종군	A	A	A	A	A	B	B	B	B	B	출현횟수	상재도계급
	조사지번호	7	8	6	1	5	3	2	4	9	10		
	출현종수	18	19	20	21	14	13	10	12	8	12		
A	갈풀	1, 1	1, 1	2, 2	(+)	(+)	(+)					6	Ⅲ
	강아지풀	2, 2	2, 2	2, 2	2, 2	2, 2	(+)					6	Ⅲ
	개미자리	(+)	1, 1	(+)	2, 2	2, 2						5	Ⅲ
	개밀	4, 4	2, 3	4, 4	1, 1	4, 4						5	Ⅲ
	개피	1, 1	2, 2	(+)	1, 1	(+)						5	Ⅲ
	고마리	2, 2	2, 2	1, 1	1, 1	(+)						5	Ⅲ
	달맞이꽃	2, 2	2, 2	4, 4	3, 3	4, 4						5	Ⅲ
	달뿌리풀	(+)	(+)	(+)		(+)						4	Ⅱ
	골풀	(+)	(+)	(+)	2, 2							4	Ⅱ
	돌콩	(+)	1, 2	2, 2	2, 2							4	Ⅱ
	땅빈대	(+)	(+)		(+)							3	Ⅱ
	망초	(+)		(+)	(+)							3	Ⅱ
B	박주가리							(+)	1, 1	1, 1	2, 2	5	Ⅲ
	사철쑥								1, 2	(+)	1, 1	5	Ⅲ
	동부						4, 4	2, 3	4, 4	2, 3	4, 4	4	Ⅱ
	돼지풀						(+)	2, 2	1, 2	2, 2	(+)	3	Ⅱ
C	갈대	2, 2	2, 2	4, 4	4, 4	4, 4	2, 3	4, 4	4, 4	3, 4	3, 3	10	Ⅴ
	가시상치	1, 2		(+)	(+)	1, 1	2, 2	(+)	1, 2		1, 1	8	Ⅳ
	개망초		(+)	(+)	(+)		(+)	(+)	(+)	(+)	(+)	8	Ⅳ
	금강아지풀						(+)	(+)				2	Ⅰ
	다닥냉이					2, 2	(+)					2	Ⅰ
	사마귀풀							(+)	(+)			2	Ⅰ
	서양민들레					(+)					(+)	2	Ⅰ
	닭의장풀	1, 1					2, 2					2	Ⅰ
	도루박이	2, 2				5, 5						2	Ⅰ
	송이고랭이							(+)	(+)			2	Ⅰ
	쇠뜨기									(+)	(+)	2	Ⅰ
	쇠별꽃		1, 1	2, 2								2	Ⅰ
	실새삼		1, 2	2, 2								2	Ⅰ
	싸리			(+)								2	Ⅰ
	쑥			(+)	1, 2							2	Ⅰ
	돌피											1	Ⅰ
	매듭풀	(+)										1	Ⅰ
	명아주	(+)										1	Ⅰ
	미국가막사리					(+)						1	Ⅰ
	방울고랭이								(+)			1	Ⅰ
	벌깨덩굴						(+)					1	Ⅰ

표 3.I.7 식별표

	종군	A	A	A	A	A	B	B	B	B	B	출현 횟수	상재도 계급
C	부들								(+)			1	I
	비자루국화						(+)					1	I
	속털개밀				(+)							1	I
	애기부들					(+)						1	I
	여뀌					(+)						1	I
	왕고들빼기	(+)										1	I
	왕고랭이	(+)										1	I
	익모초									2, 2		1	I
	조개풀		1, 1									1	I
	조뱅이	(+)										1	I
	줄	(+)										1	I
	차풀										1, 1	1	I
	참새귀리										2, 2	1	I
	큰비자루국화			1, 1								1	I
	환삼덩굴			(+)								1	I
	황새냉이			(+)								1	I

(4) 식생단위의 명명

식물사회학적 명명규약을 검토하기 위해 1969년에 국제식물학회에 명명규약위원회가 설치되어 1976년에 그 성과가 발표되었는데, 명명규약은 식생단위의 명칭에 적용되는 것으로 군락명에 혼란이 생기는 것을 방지하기 위함이다.

규약의 제 1부는 7원칙으로 되어 있고, 본 규약은 I. 조성적 식물사회학적인 단위에만 적용시킬 것, II. 아군집에서 군강까지 적용시킬 것, III. 정당한 이름은 단 하나로 할 것, IV. 선취권의 원칙에 따를 것, V. 이름에는 유형이 필요하다, VI. 계급체계의 기초를 군집에 둘 것, VII. 규약은 소급하여 적용할 것을 규정하고 있다. 제 2부는 규정과 권고로 9장 51조로 되고, 명명규약의 주체를 구성하고 있다. 제 3부는 규약을 다시 고치는 것에 대한 규정으로 되어 있다.

① 식생단위의 어미

군집 이상의 식생단위의 이름은 1종 또는 2종(또는, 종 이하의 분류군(taxon, 또는 taxa))의 학명(scientific name)의 속명에 특정한 계급의 어미를 붙여서 만든다.

특정한 계급의 어미와 예는 다음과 같다.

표 3.I.8 식생단위의 어미

계급	어미	예
군강(class)	-etea	Molinio-Arrhenatheretea
아군강(subclass)	-enea	Arrhenatherenea
군목(order)	-etalia	Arrhenatheretalia
아군목(suborder)	-enalia	Arrhenatherenalia
군단(alliance)	-ion	Arrhenatherion
아군단(suballiance)	-enion	Arrhenatherenion
군집(association)	-etum	Arrhenatheretum
아군집(subassociation)	-etosum	Arrhenatheretum brizetosum
이태(facies)	-osum	Arrhenatheretum brizetosum bromosum erecti

② 식생단위명의 기초에 선정된 식물

단위명의 기초가 되는 종으로는 그 단위에 특유한 종, 두 종의 경우는 우세한 종 또는 우세한 계층의 종을 뒤에 두고서 중시할 것 또 종소명을 사용하여 오해를 방지할 것 등이 권고되어 있다.

③ 식생군집명 만들기

단위명을 두 종으로 표현할 때, 다른 종의 두 속이 같으면, 제 1 속의 어간에 종결모음을 붙이고, 계급어미를 갖는 제 2의 속명을 연결한다. 또 두 종이 같은 속이면, 계급어미를 갖는 속명의 다음에, 그 종의 종소명(specific epithet)을 연결모음으로, 제 2의 종소명을 속격어미로 한다.

표 3.1.9 식생 조사표

식 생 조 사 야 장

2004년 월 일					조사자 :	
No.		조사지				
면 적	× m		지 형		조사좌표	
	높이(m)	식피율(%)	경 사		방 위	
교 목			표 고		제방유형	
아 교 목			토 성	바위 · 호박돌 · 자갈 · 모래 · 사질토 · 점토		
관 목			수심(m)		교란유형	
초 본			군 락 명		인접군락	

교 목		아교목		관 목		초 본	
種名	D.S	種名	D.S	種名	D.S	種名	D.S

특이사항

2) 측구법(plot sampling method)

① 서론

측구법(plot sampling method)은 개체군이나 군집의 종조성과 구조를 정량적으로 조사하는 표본 추출법이다. 측구의 모양은 대개 정방형(방형구)이거나 장방형이지만 편의에 따라 원형이나 다른 모양으로 변형할 수도 있다. 조사자는 측구의 면적을 결정한 다음, 그 안에 있는 모든 생물의 종을 동정하여 기록하고, 개체수를 조사한다. 이 표본 추출은 개체군이나 군집의 정확한 정보를 얻기 위해 여러 개의 방형구를 반복한다. 측구법의 정확성을 높이기 위해서는 반드시 랜덤 추출을 해야 한다.

② 방형구법(Quadrat Methods)

가. accuracy : 실제 평균(actual parameter means : 실제 모수 평균, 기대치)과 샘플의 평균(sample means)이 거의 일치하는 것을 말한다.

나. precision : 샘플의 평균이 실제 평균과는 상관없이 서로서로 비슷한 값을 갖는 경우를 말한다.

다. 특징

가장 좋은 sampling method는 accuracy와 precision을 둘 다 갖는다. precision은 실제 평균을 몰라도 측정할 수 있다. 그러나 accuracy는 actual parameters가 알려져 있어야 측정 가능하다.

③ 방형구 모양

Bourdeau와 Bormann은 방형구가 길고 좁은 직사각형 일 때 가장 precision이 크다는 결론을 내렸다. accuracy는 edge effect(가장자리 효과)때문에 plot이 길어짐에 따라 줄어든다. 방형구의 가장자리가 늘어날수록 조사자는 가장자리 주변의 어떤 식물을 방형구 내에 또는 밖에 있다고 판단하는데 있어서 주관적인 판단을 한다. 이러한 결정은 조사자의 분류학적 지식에 의해 왜곡된다. 이러한 관점에서 둥근 원모양의 방형구는 가장자리가 가장 좁기 때문에 가장 accurate하다고 말할 수 있다.

④ 방형구 크기

가. 일반적인 방법

가장 좋은 방형구의 크기는 측정 가능한 item에 달려있다. 만약 피도가 중요하다면 크기는 주요한 요인이 되지 못한다. 사실, 방형구 크기가 줄어들더라도 피도를 계산할 수는 있다. 그러나 만약 단위면적당 식물의 수, 빈도 또는 분포의 패턴이 측정될 수 있다면 방형구의 크기는 중요한 요인이 될 것이다. 경험상, 방형구의 크기는 가장 커다란 종의 평균적인 canopy의 약 두 배를 사용하고 있다.

나. 식물로 크기 정하기

모든 방형구에 한 종 또는 두 종의 식물이 포함되도록 정하기도 한다. 또는 모든 방형구에 가장 일반적인 종이 63%에서 86% 정도가 나타나도록 방형구의 크기를 정하기도 한다.

다. 조사자의 수에 의한 크기 정하기

한 사람이 사막의 관목림을 조사한다면 방형구의 크기는 각 변이 2m 정도가 적당하고, 두세 사람이 조사한다면 그 크기의 두 배 정도가 적당하다.

⑤ 방형구수

방형구의 수는 그 수를 늘려가면서 더 이상 피도의 변화가 없을 때까지의 방형구의 수를 취하여 사용하면 된다. 초원에서 5개의 방형구를 선택했고 각 방형구에서 A라는 종의 수를 세었다. 우리의 목적은 95% 내의 확률로 A라는 종이 실제 평균 밀도의 10% 이내에 존재하도록 하려면 몇 개의 방형구가 필요한지 알아보는 것이다. A종에 대해서 다섯 개의 밀도가 측정되었다(2, 3, 6, 8, 11). A종에 대한 평균 밀도는 6이다.

다) 원하는 방형구의 수(Q)를 구하는 공식은 다음과 같다.

Q=(95%의 신뢰도를 가지며 자유도가 4인 값 t)^2
　　×(coefficient of variation)^2/(원하는 accuracy(%))^2

Coefficient of Variation(CV)=(100×표준편차)/평균

CV를 계산하면 $100 \times 3.67/6.0 = 61$이며 $t = 2.78$이므로,

$Q = 2.78^2 \times 61^2/10^2 = 288$개의 방형구가 필요하다.

⑥ 피도

가. 방형구 면적에 대한 어떤 종의 canopy 밑에 있는 면적의 퍼센트이다. 즉, 피도는 생육지 면적에 대한 어떤 식물 종의 지상부 가장자리를 밑으로 투영하여 지면을 덮는 면적이다. 어떤 종이 덮는 지표면의 면적을 전체 생육지 면적으로 나눈 값이다. 그래서 전체 생육지 면적에 대한 한 종이 덮는 면적의 백분율(%)로 나타내거나 피도계급으로 나타낸다.

나. 피도의 범위 : canopy의 가장자리는 둥글고 그 밑에 있는 뿌리나 줄기에 영향을 준다. 그러므로 방형구의 바깥에 뿌리내리고 있는 식물의 방형구 내로 튀어나온 canopy도 계산에 넣는다.

다. 방법

가) 둥글게 점선으로 그려진 부분까지 포함한다.

나) 겹치는 부분이 있으면 이는 두 번 세지 않는다.

다) 작은 식물의 경우 겹쳐진 부분이 있으면 별개로 피도를 계산한다.

라) 어떤 식생에서는 겹치는 canopy가 많기 때문에 총 피도가 100%를 넘기도 하는데 그래도 맨 땅이 존재한다. 이러한 이유로 맨땅은 100%에서 식물의 총 피도를 뺀 값과 같지 않다.

마) 피도 계산의 예

관목림A는 canopy를 둥글게 점선으로 그려진 부분까지 포함한다면 방형구 내에 들어와 있고 이것의 피도는 7.9%이다. 비슷하게, B의 canopy도 둥글게 본다면 방형구 내로 튀어나온 부분이 있고, 두 개의 B가 분리되었음을 알 수 있다. 그러나 겹치는 부분이 있는데 이는 두 번 세지 않는다. C식물은 좀 작은 herb인데, 그룹을 지어 모여 있다. 이는 B와 겹쳐진 부분이 있는데 B와는 별개로 피도를 계산한다. 어떤 식생에서는 겹치는 canopy가 많기 때문에 총 피도가 100%를 넘기도 하는데 그래도 맨 땅이 존재한다. 이러한 이유로 맨 땅은 100%에서 식물의 총 피도를 뺀 값과 같지 않다.

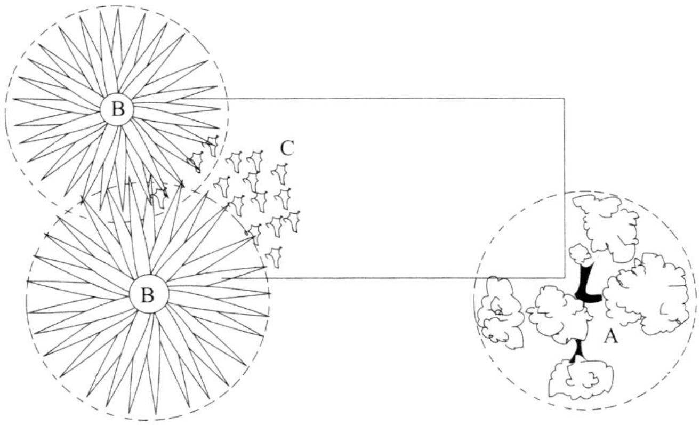

그림 3.I.3 피도의 결정

라. 상대피도

가) 식물의 총 피도에 대한 특정 종의 피도의 비율을 %로 나타낸 것

나) 총 상대피도는 100%이다.

⑦ 밀도

가. 단위면적 또는 단위부피(공간) 내의 개체수이다.

나. 각 방형구 내에 뿌리내린 식물의 수이다. 각 종의 각 방형구당 평균 밀도는 단위면적에 대한 개념으로 유추할 수 있다. 예를 들면 초본의 밀도가 면적 $0.1m^2$인 방형구당 14개의 식물이 있는 것으로 밀도를 계산했는데, 이는 1ha당 140만개의 식물이 있는 것으로 환산할 수 있다.

다. 절대밀도와 생태밀도 : 절대밀도는 단위면적 또는 단위부피당의 개체수이다. 그런데 실제로 그 서식지의 모든 공간이 그 종의 서식에 적합한 것은 아니다. 따라서 실제 서식지 면적당의 개체수로 나타내어야 생태학적으로 의미가 있다.

라. 그루터기나 지하경으로 영양 번식하는 목본식물이나 초본식물의 개체수를 셀 경우에는 개체를 구분하기 어렵다. 이런 경우에는 줄기 또는 경엽부의 수를 세면된다. 식물이 뚜렷한 그루터기를 형성하면 전체 그루터기 수를 세고 이것

을 각 개체로 간주한다. 이러한 개체군에서는 계수한 그루터기의 지상부 피도 또는 기저피도를 측정한다.

마. 상대밀도 : 식물의 총 밀도에 대한 한 종의 밀도를 백분율로 나타낸 것

바. Mean area : plot area/density, 즉, 식물당 차지하는 면적이다.

사. 수도(Abundance, N) : 밀도와 동의어로 자주 쓰인다. 주어진 면적 내의 총 개체수를 나타낸다.

⑧ 빈도

가. 전체 표본(방형구)수에 대한 어떤 종이 출현한 표본수의 백분율이다.

나. 어떤 종의 뿌리내린 개체가 최소한 한 개라도 포함된 총 방형구의 백분율이다. 혹 뿌리내리지 않더라도 존재하기만 해도 빈도에 넣는다.

다. 빈도는 개체가 고르게 흩어져 있는가 또는 한 곳에 모여 있는가를 나타내는 분포 유형을 기재하고 검정하는데 쓰인다.

라. 상대빈도(RF) : 식물의 총 빈도에 대한 한 가지 종의 빈도의 백분율, 군집 내의 한 종의 빈도를 모든 종의 빈도의 합으로 나눈 값이다. 방형구의 크기에 따라 달라지기 때문에 피도나 밀도에 비해 인위적인 수치이다.

마. 빈도와 밀도는 각각 독립적인 개념이다. 덩어리를 이루며 모인 종들은 높은 밀도를 보이지만 빈도는 낮다. 또한 한 개체씩 규칙적인 간격을 두고 존재하는 적은 수의 종은 밀도는 낮지만 빈도는 높다.

⑨ 중요도

가. 전체 군집에 대한 한 종의 상대적인 기여도로서 상대피도, 상대밀도, 상대빈도의 합으로 계산한다. 특정 종의 중요치는 군집 내에서 그 종의 중요성 또는 영향력을 나타내는 총체적 척도이다.

나. 중요도 : 군집 내의 어떤 종의 중요도는 0~300 사이의 값을 갖는다.

3) 대상법(transect) 및 선차단법(line intercept, =선상법)

(1) 개요(introduction)

식생의 조사에서 방형구법은 비실용적이고 시간이 너무 많이 걸린다. 사분각법의 경우, 샘플이 랜덤하게 분포하지 않을 때는 적용이 어렵다. 대상법(transect)은 긴 띠안에 분포하는 생물을 조사하는 방법으로, 생태적 천이의 연속적인 단계나 전이대(transition zones)에서의 군집을 연구할 때 더 장점이 많고 효율적이다. 대상법이나 선차단법으로 조사하면 방형구법에 비해 시간과 노력이 절감된다. 대상법은 고도, 광도, 수분 및 염도 환경의 연속적인 구배에 따른 생물의 반응을 조사하는데 이용된다. 그리고 생태천이나 추이대(ecotone)의 군집 변화, 군집의 연속체설의 확인, 공간 유형분석 및 베타 다양성(β diversity)의 연구에 적합하다.

식물 생태학에서 사용되는 대상법에는 주요한 두 가지 방법이 있다. 두 줄 사이의 폭을 일정하게 유지하고 그 속의 생물을 조사하는 띠대상법(belt transect)과 한 줄을 직선으로 늘이고 그 선에 접하는 생물을 조사하는 선차단법(line intercept)이 있다.

띠대상법에서 띠(belt)는 모든 개체의 수를 세고 그 양을 잴 수 있는 좁고 긴 땅이다. 트랜섹트(transect)의 너비와 길이를 안다면 우리는 방형구법의 계산과정을 사용할 수 있다. 덧붙여서, 띠(belt)는 일정한 간격으로 나누어지는데, 이 각각의 간격을 방형구로 취급할 수 있다. 띠대상법(belt transect)에서는 생육지의 환경구배를 따라 양 편에 말뚝을 박고 일정한 폭을 유지하면서 긴 줄을 늘인다. 키가 낮은 초지나 관목림의 조사에는 편의상 한 줄만 늘인 다음 연구자가 1~2m 길이의 가느다란 장대를 가지고 줄 위를 걸으면서 줄의 한편 또는 양편에 장대를 대어 띠의 폭을 정한다.

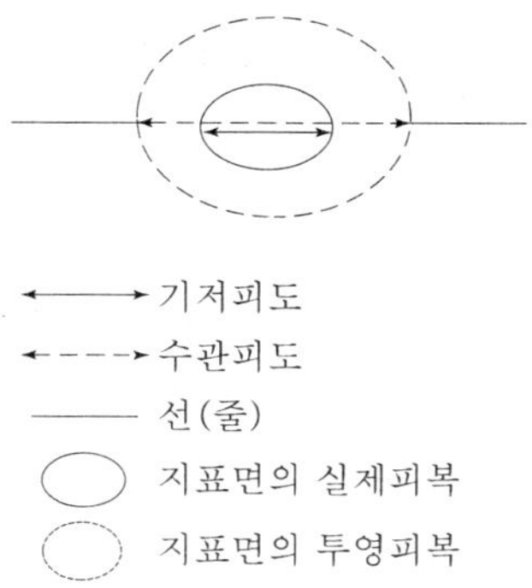

그림 3.I.4
선 차단법에 의한 조사법

식물 생태학에서 이용하는 선차단법은 조사하려는 군락을 횡단하여 반듯한 줄을 늘이고 그것에 접한 식물을 기록한다. 선차단법은 면적을 고려하지 않기 때문에 선의 길이를 단위로 하여 밀도 또는 상대밀도(relative density)를 얻는다. 이때 밀도는 줄의 총 길이에 대한 식물 개체가 접촉하는 길이로 표시한다. 서로 구분하기 어려운 식물 개체들에서는 정확한 절대밀도의 측정이 어렵기 때문에 선차단법은 초지군락연구에 널리 쓰여 왔다.

표 3.I.10 선차단법으로 표본을 추출할 때의 기록표

조사자 성명 : 조사년월일 :
조 사 장 소 :
생육지 개황 층 위 :
줄(또는 구간)번호 : 줄(또는 구간) 길이 :

식물	종명 :	종명 :	종명 :	종명 :
번호	차단길이(m)	차단길이(m)	차단길이(m)	차단길이(m)
1				
2				
3				
4				
5				
6				
7				
8				
9				
10				
11				
12				
13				
14				
15				
16				
17				
18				
19				
20				
21				
22				
23				
24				
25				
26				
합계				

표 3.I.11 선차단법으로 표본을 추출한 자료의 요약표

조사자 성명 : 조사 장소 : 생육지 개황 : 줄(또는 구간)의 번호 :							조사년월일 : 층 위 : 줄(또는 구간)길이 :					
종 (i)	구 간 번 호											합계
	차단길이 단위	1	2	3	4	5	6	7	8	9	10	

* 측정단위는 개체수 혹은 차단길이이다.

표 3.I.12 선차단법으로 표본을 추출한 자료의 종합표

조사자 성명 : 조사년월일 :
조사장소 :
생육지 개황 : 층 위 :
총 대상 길이(L) : 총 간격수 :

종명 (i)	개체수 (ni)	선형 밀도 지수 (IDi)	상대 밀도 (RDi)	출현 간격수 (Ji)	빈도 (Fi)	상대 빈도 (RFi)	차단길이 (Ii)	선형 피도 지수 (ICi)	상대 피도 (RCi)	중요치 (IVi)
합계	Σn=	ΣID=	ΣRD=1.0		ΣF=	ΣRF=1.0	ΣI=	ΣIC=	ΣRC=1.0	

(2) 과정(Procedure)

만약 대상법의 목적이 주어진 서식처에서 종 구성(species composition)을 결정하는 것이라면 표본을 추출할 때 군락 안에 임의로 시작점과 끝점을 정한 뒤 이점 사이를 줄로 연결한다. 그러나 만약, 목적이 군집의 전이(transition)나 생태적인 구배를 연구하는 것이라면, 군집 내 식생의 변이나 환경구배를 가로질러 평행하게 줄을 늘인다. 같은 조사지에서 줄을 여러 개 늘여서 조사하면 신뢰도가 높아진다.

줄을 늘인 군락이 단절되어 있으면 군락에 접한 줄의 각 간격마다 조사하려는 종이 있느냐(+) 없느냐(-)를 기록하여 그 종의 빈도를 계산한다. 선차단법으로 표본 추출을 하려면 두 점에 철사, 노끈 또는 줄자를 늘인다. 이 때 두 점은 말뚝이나 깃발, 특징적인 식생에 의해 구분할 수 있다. 줄의 길이는 10, 25, 50, 100미터 정도로 조사지에 따라서 짧게 또는 길게 하고 실제 조사한 총 길이를 기록한다. 공간을 넓게 차지하는 생물의 표본 추출에는 보다 긴 줄을 늘이고 눈금 사이의 간격을 넓게 매긴다. 눈금 사이의 간격은 1-, 5- 또는 10m 길이로 한다. 하나하나의 간격은 독립된 단위로 간주한다.

줄의 한편 끝에서 계수하기 시작하여 각 간격마다 계수하고 다른 편에서 기록을 끝낸다. 초지군락과 같이 조밀한 군락은 줄에 접촉하는 식물만을 기록하거나 줄의 1cm 폭 안에 접촉하는 모든 식물을 기록하거나 잎이 줄에 닿는 모든 식물을 기록한다. 초지군락에서는 개체를 구분하기가 어려우므로 보통 그루터기(clump)수를 계수한다.

선차단법으로 측정한 피도는 방형구법이나 띠대상법으로 측정한 결과와 다른데 후자의 방법으로 측정한 피도는 면적으로 추정하지만 전자에서는 차단길이 또는 차단거리로 측정한다. 차단길이는 줄과 접촉하는 식물체의 밑뿌리, 그루터기 또는 경엽부의 수직연장 길이이다. 식물은 종마다 하나하나의 차단길이를 측정하고 그 값을 기록표에 적는다. 기록표에서 모은 자료를 요약표에 옮긴다. 층구조가 분화된 식물군집에서는 각 층을 구분하여 조사한다. 초지나 관목과 같이 한 층만으로 구성된 군락을 먼저 조사하여 경험을 얻는 것이 좋다.

(3) 자료의 정리와 계산

띠대상법으로 조사한 면적 단위의 자료는 하나하나의 줄 간격을 각각의 방형구로 간주하여 방형구법에서 이용한 식에 적용하여 계산한다. 마지막에 학급 전체의 자료를 표에 종합하여 군집의 특성을 파악한다.

선형밀도지수(linear density index, ID_i)는 종 i에 대하여 다음과 같이 계산한다.

$$ID_i = n_i / L \quad \text{식 1}$$

여기에서 n_i는 종 i의 총 개체수이고, L는 줄의 총 길이이다. 종의 상대밀도(relative density, RD_i)는

$$RD_i = n_i / \sum n = n_i / \sum ID \quad \text{식 2}$$

여기에서 $\sum n$는 모든 종의 총 개체수이고, $\sum ID$는 각 종의 선형밀도지수의 합이다. 선형피도지수(linear coverage index, IC_i)는

$$IC_i = l_i / L \quad \text{식 3}$$

여기에서 l_i는 종 i가 차단한 길이의 합이다. 종의 상대피도(relative coverage, RC_i)는

$$RC_i = l_i / \sum l = IC_i / \sum IC \quad \text{식 4}$$

여기에서 $\sum l$는 모든 종의 차단길이의 합이고 $\sum IC$는 모든 종의 선형피도지수의 합이다.

종의 빈도(frequency, F_i)는 $F_i = J_i / k$으로부터 구하는데, 여기에서 J_i는 i종이 출현하는 간격수의 합이고, k는 총 간격수(표집점수)의 합이다.

종 i의 상대빈도(relative frequency of species, RF_i)는 $RF_i = F_i / \sum F$로부터 구하는데, 여기에서 $\sum F$는 모든 종의 빈도의 합이다.

종 i의 중요치는

$$IV_i = RD_i + RC_i + RF_i \quad \text{식 5}$$

로부터 구한다.

선차단법으로 표본을 추출하여 얻은 확률은 식물의 크기에 따라 다르다. 즉, 몸집이 큰 식물은 작은 것보다 더 자주 출현한다. 공간 분포의 유형은 빈도값에 영향을 미친다. 조사한 줄 간격의 길이와 줄 수는 방형구법에서 다룬 방형구의 넓이와 수의 문제와 같이 어려운 문제이다. 선차단법으로 수집한 자료를 변형하여 종-면적곡선이나 성취도곡선을 그릴 수 있다.

4) 플랑크톤 조사

플랑크톤은 호소에 사는 생물로서, 물에 떠서 사는 작은 부유생물을 말한다. 이들은 스스로 헤엄칠 수 있는 능력을 가지는 경우와 가지지 않는 경우가 있는 데 모두 큰 부력으로 인해 부유생활을 하며 바람이나 물의 흐름에 따라 수동적으로 이동한다. 플랑크톤은 분류학적 성질과 먹이 섭취방법에 따라 동물성 플랑크톤과 식물성 플랑크톤으로 나뉜다. 식물성 플랑크톤에는 남조류, 규조류, 녹조류, 편모조류 등의 광합성 색소를 가진 무리가 속하며, 이들은 수중의 중요한 생산자로 작용한다. 식물성 플랑크톤은 수질에 따라 서식하는 종류가 달라진다. 이들의 서식을 결정하는 요인으로 질소화합물과 인화합물과 같은 무기양분, 염분도, 온도, 물의 흐름, 빛의 파장과 세기, 수심 등이 있다. 그러므로 플랑크톤의 종류는 호소의 성질이나 수심에 따라 그리고 계절과 일 중 시각에 따라 각기 다르게 나타난다. 규조류의 경우 죽은 후에도 껍질이 썩지 않고 퇴적토에 존재함으로써 이들의 분석을 통하여 과거의 환경을 파악하기도 한다. 플랑크톤은 크기에 따라 표 3.I.13과 같이 분류하며 서식하는 물의 성질에 따라 담수성 플랑크톤과 해양성 플랑크톤, 수온에 따라 온수성 또는 냉수성 플랑크톤, 물 흐름의 유무에 따라 유동성 또는 정지성 플랑크톤 등으로 나눌 수 있다.

물 속에 떠서 생활하는 플랑크톤과는 달리 물 속에 가라앉아 생활하는 물 속의 박테리아류, 식물성 플랑크톤, 동물성 플랑크톤은 생물세스톤(bioseston)이라 한다. 세스톤은 대형 식물의 표면 또는 돌, 바닥 흙의 표면 등에 서식한다.

표 3.I.13 플랑크톤의 크기에 따른 분류

분 류 군	직 경	예
소형넥톤(micronekton)	20~200mm	새우류
대형플랑크톤(macroplankton)	2~20mm	
중형플랑크톤(mesoplankton)	0.2~2mm	
소형플랑크톤(microplankton)	20~200 μm	대형식물플랑크톤, 섬모충류, 윤충류
미소플랑크톤(nanoplankton)	2~20 μm	소형식물플랑크톤, 소형편모충류
초미소플랑크톤(ultrananoplankton)	< 2 μm	박테리아, 초미소조류, 초미소편모충류

(1) 채집

플랑크톤은 채수기를 사용하여 채집하거나 플랑크톤 그물을 이용하여 채집한다. 채수기를 이용하면 깊은 강이나 호수에서 깊이별로 분포하는 플랑크톤의 군집 특성을 밝힐 수 있다. 수직형 채수기는 채수 간격을 멀게 할 때 사용되며, 수평형 채수기는 채수 간격을 좁게 할 때 사용된다. 채수한 물의 일정량을 다음 단계에 따라 고정, 농축한다. 플랑크톤 그물을 사용할 때 그물코는 보통 50~60μm이다. 이보다 작은 플랑크톤은 그물을 빠져나갈 수 있기 때문에 정성용 채집에는 적절하지 않다. 담수에서는 단세포 소형 조류가 우점하는 경우가 많으므로 플랑크톤 그물을 통하여 채집되는 것은 주로 군체 또는 사상체 대형 조류이다. 채집한 표본은 채집병에 일시 보관한다.

(2) 고정

채집병을 찬물 또는 얼음물에 넣으면 몇 시간 보존이 가능하여 살아있는 것을 관찰할 수 있다. 표본을 일시 보관하려면 중성포르말린(20g sodium borate+1L 37% formalin)으로 최종농도가 0.5~2%가 되도록 또는 0.3%의 Lugol 용액으로 고정한다. 장기간 보존하기 위해서는 1L의 표본에 0.3% Lugol 용액 1mℓ를 더하고 중성포르말린으로 최종농도가 2.5%가 되게 한다. Lugol 용액은 요오드가 세포 속에 침투하여 식물플랑크톤을 가라앉히는 효과가 크다. Lugol 용액으로 고정한 표본은 어두운 곳 또는 알루미늄호일로 싸서 보관한다.

* Lugol 용액 : 20mℓ의 빙초산에 증류수를 넣어 200mℓ가 되게 만든다(A 용액).

이 A 용액에 20g KI과 10g I_2를 넣어 만든다.

(3) 농축

고정한 표본을 메스실린더에 넣고 24~48시간 가라앉힌 뒤 상층액을 버린다. 이 때 잘 가라앉지 않는 큰 Microcystis, Anabaena, Oscillatoria 등이 버려지지 않도록 주의한다. 또는 원심분리기로 1,000g에서 20분간 원심분리하여 농축하거나 0.45㎛ membrane filter로 50kPa 이하로 흡인 여과한다.

(4) 플랑크톤의 동정

농축된 표본을 현미경 하에서 400배 또는 1,000배로 관찰한다. 프레파라아트는 농축표본과 글리세린을 섞어 만들며, 반영구적 보관을 위해서는 물을 완전히 증발시킨 후 커버글라스를 덮고 그 주변을 매니큐어로 봉합한다. 이들은 어둠 속에서 수년간 보관할 수 있다. 규조는 영구표본을 만들 수 있다. 이는 규조의 세포골격이 규산질로 되어 있기 때문이다. 이들은 규산질의 세포골격을 바탕으로 동정이 가능하기 때문에 고생태학적 방법에 이용되기도 한다. 영구표본은 다음과 같은 과정을 거쳐 만든다. 농축표본 10㎖에 짙은 질산 10㎖를 떨어뜨리고 400℃의 모래 접시 위에서 간접 가열한다. 이 때 소량의 potassium dichromate를 소량 가하여 충분히 산화시킨다. 이것을 식힌 후 증류수를 넣고 원심분리하여 산화제를 씻어낸다. 이를 6~8회 반복한다. 이 후 표본을 슬라이드 글라스 위에 충분히 떨어뜨리고 실온에서 건조시킨 뒤 커버글라스를 덮고 hyrax 또는 pleurax로 봉입한다.

(5) 플랑크톤의 관찰 및 계수

Sedgwick-Rafter 플랑크톤 계실 또는 Palmer-Maloney 플랑크톤 계실을 사용하여 플랑크톤을 관찰하고 부피당 플랑크톤 수를 계수한다. 또는 Hemacytometer를 사용할 수도 있다.

(6) 세스톤의 채집

기질 표면의 일정 면적을 칫솔로 닦아서 정량적으로 모은 다음 고정한다. 또는 유리판, 아크릴판, 나무판자 등의 인공 기질을 일정기간

물속에 매달아 놓았다가 거둬들인다. 이 방법은 정량적으로 표본을 추출할 수 있어 생산성 측정에 사용된다. 표본의 처리 및 계수 방법은 플랑크톤과 같다.

2. 동물군집 조사방법

1) 조사항목

야생동물을 대상으로 하는 조사에서는 일반적으로 다음과 같은 사항이 있다.

(1) 서식지의 조사
(2) 서식 밀도 및 서식 개체수 조사
(3) 생태 조사
(4) 서식지 환경조사 및 서식 범위 조사

이상의 기초 조사에 추가적인 환경 조사를 통하여 서식제한요인 조사, 보호대책 조사, 관리방안 등에 대한 조사가 이루어질 수 있다.

2) 서식지의 조사

(1) 서식 정보의 조사

서식 정보의 조사는 포획 조사, 직접 관찰, 흔적 조사, 청문 조사 등으로 나눈다.

① 포획 조사

곤충류, 양서류, 파충류, 식충목, 설치류, 박쥐 등은 몸의 크기가 작고 직접 관찰로 종의 동정이 어려우므로 서식확인을 위해서는 포획 조사가 필요하며, 포획 조사 방법에는 함정포획 조사(Pit fall trap), 생포틀 조사, 박쥐 그물, 새그물을 이용한 조사 방법 등이 있다.

② 직접 관찰

야생동물의 관찰을 직접 시도하는 방법으로 정점 조사, 선조사법, 라이트 센서스, 항공 조사 방법 등이 있다. 개체의 확인뿐 아니라 난괴, 유생의 관찰 등도 포함된다.

③ 흔적 조사

대부분의 종이 야행성으로 직접 관찰이 용이하지 않은 포유동물의 경우 배설물, 둥지, 털, 발자국, 식흔, 파충류의 허물 등을 이용하여 종의 서식유무를 관찰한다.

④ 청문 조사 및 문헌 조사

현지 주민과 수렵인, 영농인, 약초 채취꾼 등을 상대로 종의 사진을 보여주면서 종의 서식 유무를 확인하는 방법이다. 현지 주민의 경우 종의 서식에 대한 많은 정보를 가지고 있지만 연령과 성별, 학력에 따른 편차가 심하며, 이해관계가 있는 사업의 경우 왜곡되는 조사 결과를 가져올 수도 있어서 주의가 필요하다. 각 기초단체 범위의 지역에 대한 환경부 조사가 시행된 상태로 현지 조사와 더불어 필수적인 조사 방법이다.

(2) 서식 정보의 정리와 분석

현지 조사에서 조사된 결과를 기본으로 종의 분포 면적을 측정하거나 분포 지역의 특성 분석, 시간에 따른 서식 영역의 변화 등을 도식화하여 종의 보전 계획을 작성할 수 있다.

① 분포도

현지 조사에서 수집된 종에 대한 서식 정보를 지도상에 표기하는 방법으로 종의 서식에는 매우 중요한 자료이다. 소형의 종은 유효하다.

② 서식 영역 분포

종의 서식 정보가 확인된 지점의 외곽선을 연결하는 방법으로 보전지역의 설정 등에 유리한 방법이다. 서식 영역 내에 분포하는 도로, 인가 등은 면적에서 제외하여야 한다.

③ 그리드 분포도

조사지역 내를 일정한 규격으로 구획화하여 구획단위 내의 서식 정보를 지도화하는 방법으로 데이터베이스화, 자연환경정보 등의 분석이 용이하지만 현지 조사 자료수집에 많은 경비와 시간이 필요하다.

3) 서식 밀도 조사

서식 밀도는 단위면적당 야생동물의 개체수를 말한다. 그렇지만 단위면적 내 서식하는 개체들이 전 지역을 행동권으로 이용하지는 않는다. 행동권역이 넓은 개체는 서식 밀도가 높게, 행동권이 좁은 개체는 서식 밀도가 낮게 계산되는 경우도 있다. 또한 관찰이 용이한 종의 서식 밀도는 높게, 관찰이 용이하지 않는 종의 경우 서식 밀도는 낮게 계산될 수 있다.

II. 육상 생태 조사

1. 식물

1) 식물상 조사

식물상은 계절별로 다양한 서식지를 직접 방문하여 조사한다. 특히, 식물상 조사는 전문적인 식견과 소요되는 시간에 의해 크게 좌우되므로 전문가가 충분한 시간을 가지고 조사한다. 식물명은 분류학자에 따라 약간씩 차이가 있기 때문에 기준이 되는 서적을 밝히도록 한다. 식물상의 정리는 Engler의 분류체계 또는 국내의 분류학자가 사용한 분류체계를 따르며 문헌을 밝힌다. 식물명의 정리는 학명을 기본으로 하며 국명을 병기한다.

2) 군집 조사

식물군집 조사는 앞에서 설명한 일반적인 조사방법을 따른다. 목본군락의 조사에는 방형구법(측구법)을 주로 사용하며, 초본군락의 경우 Braun-Blanquet법을 사용한다. 전체적인 식물군락의 분포를 확인하기 위하여 식생도를 작성한다. 식생도는 항공사진을 기초로 하여 밑그림을 작성한 후 직접 현장을 방문하여 우점종 및 군락의 범위를 확인한다.

2. 포유류

1) 포획 조사

포유류의 채집도구로서는 엽총, 덫, 그물 같은 것이 사용되는데, 대형, 중형의 포유동물은 엽총과 덫을 사용하고, 소형의 포유동물은 주로 쥐덫을 사용하며, 박쥐류는 새그물을 사용한다.

(1) 함정 포획 조사(Pitfall trap)

식충류의 경우는 덫을 지면에 묻고 추락한 동물을 포획한다. 보통 넓이보다 최소 3배 이상의 높이를 가진 원통형의 용기를 지면에 묻어두고 지면과 5cm 정도의 간격을 두고 위에 널빤지 등을 덮어두면 소형 포유류가 쉴 곳을 찾아 덮개 밑으로 들어와 구멍에 빠지게 된다. 이 때 함정은 동물이 뛰어오르거나 기어 나오지 못하게 적절한 크기로 제작되어야 한다.

그림 3.II.1
함정

(2) 쥐덫(snap trap)

쥐덫은 소형 포유류의 포획 시 사용한다. 이것은 동물을 먹이로 유인한 후, 압살하여 포획한다.

그림 3.II.2
쥐덫

(3) 생포틀 조사(sherman trap, Live traps)

생포틀은 설치류 포획에 주로 이용한다. 동물을 먹이로 유인하여 함석판 또는 알루미늄으로 만든 통덫에 덫 안에 들어오면 입구가 닫히는 구조의 상자덫을 이용한다.

그림 3.II.3
생포틀

(4) 박쥐 그물

가는 면실로 된 그물을 사용 시에는 사전에 허가가 필요하다. 포획 목적에 따라 편목의 크기를 바꾸며 일반적으로 36mm의 그물망을 쓴다.

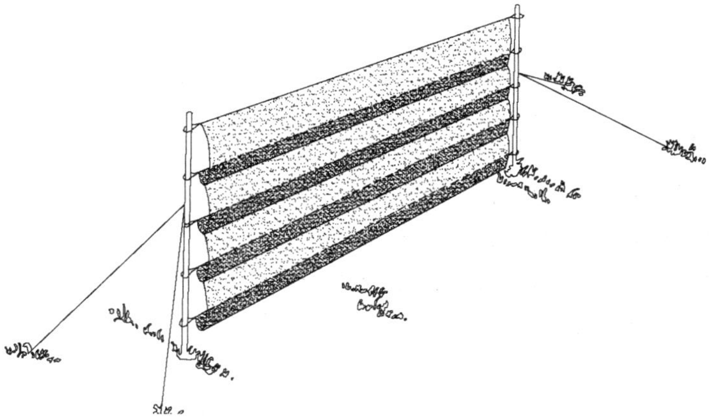

그림 3.II.4 박쥐 그물의 모식도

2) 직접 관찰

야생동물의 직접 관찰 방법에는 정점 조사, 라이트 센서스, 항공 조사 방법 등이 있다.

(1) 정점 조사

우제류와 미근부, 해안으로부터 조사지역을 관찰하여 센서를 사용하는 방법이다.

(2) 라이트 센서스

우제류와 야생동물에는 야행성의 종이 많으므로, 동물의 눈(망막)이 빛에 반사해서 존재를 확인하기 쉬운 것을 대상으로 야간 조명을 사용해서 관찰한다.

(3) 항공 조사

중대형류의 경우 소형 항공기(고정익기 또는 헬리콥터)를 사용하여 조사한다. 적설기 등 관찰이 용이한 시기에 광범위를 조사하는데 적절하다.

3) 흔적 조사

대부분의 종이 야행성으로 직접 관찰이 용이하지 않는 포유동물의 경우 배설물, 둥지, 휴식처, 털, 발자국, 식흔 등을 이용하여 종의 서식 유무를 관찰한다.

4) 청문 조사

현지 주민과 수렵인, 영농인, 약초 채취꾼 등을 상대로 종의 사진을 보여주면서 종의 서식 유무를 확인하는 방법이다. 현지 주민의 경우 종의 서식에 대한 많은 정보를 가지고 있지만 연령과 성별, 학력에 따른 편차가 심하며, 이해관계가 있는 사업의 경우 왜곡되는 조사결과를 가져올 수도 있어서 주의가 필요하다.

3. 조류

1) 포획 조사

소형의 솔새류 관찰이나 새들이 이동하는 시기에 종의 확인을 위해서 그물이나 총을 이용하여 채집 조사를 하기도 한다. 하지만, 최근에는 새그물을 이용하는 방법이외에는 잘 사용하지 않는다.

2) 직접 관찰

(1) 정점 조사(spot census)

정점 조사는 전망이 좋은 산등성이나, 해안에서 주로 행한다. 이때, 조류의 서식 유무를 조사하고 사진촬영을 한다.

(2) 선조사법(line census)

일정한 속력으로 걸으면서 조사자의 양쪽에 나타나는 조류의 형태, 나는 모양, 우는 소리 등을 식별하여 동정한다.

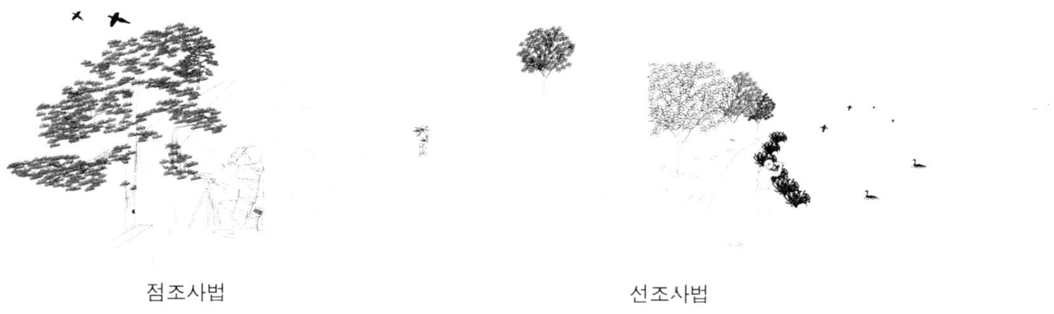

그림 3.II.5 점조사법과 선조사법

3) 청문 조사

현지 주민과 수렵인, 영농인, 약초 채취꾼 등을 상대로 종의 사진을 보여주면서 종의 도래 시기와 종의 도래 유무를 확인하는 방법이다. 현지 주민의 경우 종의 서식에 대한 많은 정보를 가지고 있지만 연령과 성별, 학력에 따른 편차가 심하며, 이해관계가 있는 사업의 경우 왜곡되는 조사결과를 가져올 수도 있어서 주의가 필요하다.

4. 양서·파충류

1) 포획 조사

무미목은 조사지역 주변의 접근 가능한 지역을 따라 좌우 10m 간격으로 이동중인 개체를 채집하거나, 바위틈 또는 하천, 수로, 계곡, 저습지 주변의 초지에서 포충망을 이용하여 채집한다. 유미목은 물이 흐르는 하천 중 유속이 느린 곳을 찾아 작은 바위를 들추어 유생을 확인한다. 또는, 물이 고여 있는 작은 웅덩이에 산란한 알을 찾아 종을 확인한다. 성체는 활엽수림이 있는 음지쪽에 쓰러져 있는 고목을 들추거나, 바위틈에서 확인한다. 또한, 야간에는 곤충채집용 pitfall trap(추락덫)을 설치한 뒤, 덫에 빠진 유미류를 확인한다.

평지에 설치하는 방법

경사면에 설치하는 방법

그림 3.II.6

유미목 채집용 pitfall trap

도마뱀류는 묵정밭, 초지 주변, 하천변과 햇볕이 잘드는 곳에 쌓여 있는 돌을 들추어 포획하거나 도로변에 이동중인 개체는 포충망을 이용하여 포획한다. 뱀류는 저지대의 임연부 일대, 묵정밭 주변에서 뱀 집게와 포충망을 이용하여 포획하며 석축, 돌담, 경작지, 돌밑 등을 들추어 채집한다.

2) 간접 확인 방법

(1) 무미목 울음소리(call)

무미목은 주간보다 야간에 논이나 밭 근처, 수로, 웅덩이 등지에 모여 집단으로 울기 때문에 울음소리로 종을 식별한다.

(2) 파충류 흔적(slough)

특히 뱀류는 성장을 하면서 영양상태가 양호하면 수시로 허물을 벗게 된다. 그래서 자연상태에서 뱀들이 탈피한 허물을 수거하여 종의 서식 유무를 확인할 수 있다.

표 3.II.1 양서 · 파충류 정량적 Field Note

【양서 ·파충류 정량적 Field note】

채집자 :

채집지 :	날씨 :	시간 :	년 월 일

번호	종 명	채집장소											고도	水환경		채집형태					비고
		산 림			논	등산로	밭 초지	하천	계곡	호수	웅덩이			수온	기온	성 체		유생	알		
		흔효	침엽	활엽							지름	깊이				채집	목격		크기	갯수	
1													M	℃	℃				Ø		
2													M	℃	℃				Ø		
3													M	℃	℃				Ø		
4													M	℃	℃				Ø		
5													M	℃	℃				Ø		
6													M	℃	℃				Ø		
7													M	℃	℃				Ø		
8													M	℃	℃				Ø		
9													M	℃	℃				Ø		
10													M	℃	℃				Ø		
11													M	℃	℃				Ø		
12													M	℃	℃				Ø		
13													M	℃	℃				Ø		

3) 청문 조사

전문가, 해당지역 학교의 교사 및 동호회 등을 중심으로 실시한다. 청문 조사에서는 각 생물의 출현시기 · 분포상황, 특정종의 분포상황 등을 파악하게 되는데, 이전의 조사결과를 미리 정리하여 가능한 한 이전 조사 이후의 상황 등에 대해 정보를 얻을 수 있도록 한다. 또한 파충류는 뱀집이나 전문인을 대상으로 실시한다.

5. 무척추동물(곤충)

1) 채집 조사

채집 조사는 곤충류 조사에서 가장 많이 사용되는 방법이다. 채집 시에는 분류군에 따른 조사 방법이 다양하게 적용되어야 한다.

(1) 포충망을 이용하는 방법(sweeping)

포충망을 이용하는 곤충채집에는 일반적으로 두 가지 방법이 있다. 특별한 곤충을 보고 포충망을 휘둘러서 채집하는 것과 식물 위에 포충망을 전후 또는 좌우로 휘둘러서 잡는 방법이 있다. 전자의 경우는 보통 큰 곤충을 채집하는데 사용되며, 후자의 경우는 짧은 시간 내에 많은 곤충을 잡을 수 있고 여러 종류를 쉽게 채집할 때 사용한다.

(2) 털어잡기망을 이용하는 방법(beating)

풀잎, 나뭇잎이나 수목에 기생하는 곤충들을 채집할 때 사용하는 방법이다. 잎벌레, 바구미, 풍뎅이, 하늘소와 같은 딱정벌레류나 노린재류 등은 털어잡기망이나 우산을 밑에 받쳐놓고 막대기로 기주식물을 갑작스레 두들기거나 충격을 주면 망 위에 떨어지는데, 이를 흡충관이나 핀셋 등으로 채집하면 된다.

(3) 먹이나 습성을 이용하는 방법

① 먹이를 이용한 방법

수액에 모이는 곤충들의 경우, 흑설탕이나 과일즙, 알콜 등의 유인제를 만들어 나무나 바위 등에 발라둠으로써 모이는 곤충들을 손쉽게 채집할 수 있다. 식육성 또는 부식성 곤충들의 경우에는 용기에 닭의 내장이나 생선토막 또는 햄, 소시지 등을 넣고 용기의 윗부분이 지면의 높이와 같게 되도록 하여 묻어두면 밤새 여기에 모인 곤충들을 쉽게 채집할 수 있다. 또한, 적당한 채집지역을 선택하여 성충의 최적 발생기에 페로몬이 나오는 장치를 해두면 자웅성별에 따라 곤충을 유인할 수도 있다.

② 습성을 이용한 방법

쟁반모양 용기의 바닥을 노란 페인트로 칠하고 여기에 고정액을 1/2 정도 채워서 풀밭, 숲, 경작지 등에 설치해 두면 여러 종류의 곤충을 잡을 수 있다. 깊은 산 속의 오래된 바위나 돌 밑, 고사목 또는 부식목의 나무껍질 밑이나 표면, 구멍, 버섯 등을 칼이나 뿌리삽 등으로 주의 깊게 파헤쳐 보거나, 부패되어 가는 동물의 시체나 배설물 그리고 썩어 가는 과일류를 주의 깊게 살펴보면 딱정벌레류와 집게벌레류, 흰개미, 넓적노린재 또는 이들의 유충에 기생하는 기생벌들을 채집할 수 있다. 특히 초식동물의 똥덩어리를 삽으로 떠서 망사자루에 담아 흐르는 물에 씻어 흔들면 섬유질만 남으므로 쉽게 곤충들을 채집할 수 있다. 또한, 식물의 잎이나 줄기 등을 자세히 살펴보게 되면 수액이나 여러 가지 식흔들을 볼 수 있는데 이것들을 근거로 하여 대상 곤충들을 잡을 수 있다.

가축, 애완동물, 새 등 여러 종류의 새들의 몸에 기생하는 이, 벼룩, 피하조직 기생성 파리류 등을 채집하려면 이들 대상 기주동물의 털가죽이나 상처난 피하조직 등을 주의 깊게 조사하여 채집할 수 있다.

(4) 트랩을 이용하는 방법

① 등화채집법(light trap)

야간에 활동하거나 주광성의 곤충을 채집하는 데는 등화채집법을 사용한다. 이 방법은 나방류의 채집에서 필수적인 방법이다. 설치장소로는 숲이 우거진 능선이나 발 아래로 계류가 흐르는 계곡을 낀 다소 높고 트인 언덕이 좋다. 각 종에 따른 활동시간이나, 사용하는 광원의 파장에 따라 여기에 유인되는 곤충의 종류도 다양하게 나타난다.

주로 토양성 곤충이나 부엽성 곤충을 채집하는 데는 베르레제 집충기(Berless funnel)를 이용한 방법이 많이 쓰이는데, 채집지의 부식토를 자루에 적당히 담아가지고 와서 집충기 속에 넣고 전등불로 비추면 광선을 싫어하는 곤충은 전부 고정액이 설치된 깔때기 모양의 바닥으로 떨어지게 된다.

모기장처럼 생긴 것으로 숲길이나 울창한 산림 가운데 긴 통로처럼 생긴 멜레이즈그물덫(Malaise trap)을 설치해 놓고 여기에 걸려든 곤충을 채집하는 방법도 있다.

② pitfall trap

함정을 파서 딱정벌레나 먼지벌레와 같은 지면 배회성 곤충들이 지나가다가 빠지면 달아나지 못하도록 하는 방법이다. 함정은 함석이나 플라스틱 컵을 이용하며 야전삽으로 땅을 판 후, 한 지역에 3~5개 정도씩 인접시켜 묻은 다음, 뚜껑 대신 나뭇잎으로 살짝 덮어준다. 채집 효율을 높이기 위해 먹이를 이용한다.

Ⅲ. 육수 생태 조사

1. 수생식물

1) 현지 조사

군락 조사는 식물군집의 일반적인 조사 방법을 따라 실시하며, 이외에 식생도 작성, 식물상 조사, 식생단면 조사를 실시한다. 식생도 작성을 위한 현장 조사에서는 식생도 밑그림을 사전 조사에서 작성한다. 제방이나 교량 위 또는 고수부지, 산등성 위 등 전망이 좋은 장소에서 전망하고, 수시로 하천변을 답사하여 식생도 밑그림을 수정하도록 한다. 군락 조사 시 조사구 내의 구성종의 우점도와 군도이외에 계층구조(각 계층의 평균높이, 우점종, 식피율, 흉고직경), 단면모식도 작성 등을 실시한다. 식물상 조사는 조사지구 안을 걸어가면서 출현하는 종을 눈으로(목본은 필요에 따라 망원경을 사용하여) 확인하여 종명을 기록한다. 식생단면의 조사는 전체 조사 지구의 대표적 군락을 포함하는 물가(수생식물이 있는 경우에는 수역을 포함)에서 제방까지 횡단방향 보행로 부근의 식생단면도를 스케치 등의 방법으로 작성하고 각 군락마다 출현한 식물종을 기록한다.

2) 청문 조사

전문가, 교수・교사, 자연사 박물관, 식물원, 지방 자치단체의 자연보호 담당 부서 등을 상대로 조사한다. 청문 조사에서는 하천구간 안의 식생, 식물상 등에 대해 파악하게 되는데, 이전의 하천수변의 국세조사 결과를 사전에 정리하여 가능한 이전 조사, 이후의 상황 등에 대한 정보를 얻을 수 있도록 한다.

2. 양서・파충류

1) 포획 조사

무미목은 조사지역 주변의 접근 가능한 지역을 따라 좌우 10m 간격으로 이동중인 개체와 바위틈 또는 하천, 수로, 계곡, 저습지 주변의 초지에서 포충망을 이용하여 채집한다. 유미목은 물이 흐르는 하천 유속의 흐름이 완만한 곳을 찾아 작은 바위를 들추어 유생을 확인하거나 물이 고여 있는 작은 웅덩이에 산란한 알을 찾아 종을 확인한다. 성체는 활엽수림이 있는 음지쪽에 쓰러져 있는 고목을 들추거나, 바위틈에서 확인한다. 또한, 야간에는 곤충채집용 pitfall trap(추락덫)을 설치한 뒤, 덫에 빠진 유미류를 확인한다.

도마뱀류는 묵정밭, 초지 주변, 하천변과 햇볕이 잘드는 곳에 쌓여있는 돌을 들추어 포획하거나 도로변에 이동중인 개체는 포충망을 이용하여 포획한다. 뱀류는 저지대의 임연부 일대, 묵정밭 주변에서 뱀집개와 포충망을 이용하여 포획하며 석축, 돌담, 경작지, 돌밑, 스레트 밑을 들추어 채집한다.

2) 간접 확인 방법

(1) 무미목 울음소리(call)

무미목은 주간보다 야간에 논이나 밭 근처, 수로, 웅덩이 등지에 모여 집단으로 울기 때문에 울음소리로 종을 식별한다.

(2) 파충류 흔적(slough)

특히 뱀류는 성장을 하면서 영양상태가 양호하면 수시로 허물을 벗게 된다. 그래서 자연상태에서 뱀들이 탈피한 허물을 수거하여 종의 서식 유무를 확인할 수 있다.

3) 청문 조사

전문가, 해당지역 학교의 교사 및 동호회 등을 중심으로 실시한다. 청문 조사에서는 각 생물의 출현시기 · 분포상황, 특정종의 분포상황 등을 파악하게 되는데, 이전의 조사결과를 미리 정리하여 가능한 한 이전 조사 이후의 상황 등에 대해 정보를 얻을 수 있도록 한다. 또한 파충류는 뱀집이나 전문인을 대상으로 실시한다.

3. 어류

1) 포획 조사

어류의 경우 가능한 한 많은 종류의 어패를 포획하여 현지에서 동정을 하거나, 사진촬영, 표본채취 후 실험실 내 동정 등을 실시하도록 한다. 기본적으로는 투망, 산대 등에 의한 조사 방법을 중심으로 하는데, 지역의 특성과 어류의 특성에 따라서 수시로 다른 조사 방법을 병용한다. 예를 들면, 야행성 어종이 서식하고 있다고 생각되는 장소에서는, 설치어법(연승 등)이 유효하다.

2) 청문 조사

어류상, 어업 실태는 잘 아는 단체 · 개인을 대상으로 청문 조사를 실시한다. 청문 조사의 대상으로는 전문가, 현지주민, 낚시꾼, 담수어 연구회, 낚시 동호회 등을 상대로 종의 사진 등을 보여주면서 종의 서식 유무를 확인할 수 있다.

이때, 해당수계의 어류상, 회유어의 소상 · 강하시기, 어류의 번식 상황, 금어구간과 시기, 특정종의 분포상황, 어류의 산란지점, 방류지점, 어획실태, 어류부상사의 상황 등을 파악하도록 한다. 그러나, 현지주민의 경우 종의 서식에 대한 많은 정보를 가지고 있지만 연령과 성별, 학력에 따른 편차가 심하며, 이해관계가 있는 사람의 경우 왜곡되는 조사결과를 가져올 수도 있어서 주의가 필요하다.

4. 저서성무척추동물(수서곤충)

1) 포획 조사

저서동물의 현지 조사는 정성채집과 정량채집을 실시한다. 정성채집에서는 다양한 환경에 서식하는 저서동물을 채집하는 것을 목적으로 한다. 담수역에서는 서버넷(suber net-망목 0.5mm 정도), D형 채집망, 족대, 갈퀴 등을 준비하나, 그때그때 여러 가지 채집장비를 이용하여 채집한다. 또 각 조사장소마다 각각을 샘플로 한다. 정량채집은 무릎 정도 깊이의 수심에서 유속이 빠른 곳에서 실시한다. 이와 같은 장소가 없는 곳에서는 가급적 흐름이 있는 장소에서 실시하도록 한다. 채집도구로는 서버넷(25cm×25cm, 망목 0.5mm 정도)을 사용한다. 또 서버넷의 길이는 입구에서 물이 역류되는 것을 방지하기 위해 입구지름의 2배 이상인 것을 이용한다.

2) 청문 조사

대학, 실험・연구기관의 전문가, 해당지역 학교의 교사 및 곤충동호회 등을 중심으로 실시한다. 청문 조사에서는 해당수계의 저서동물상, 각 생물의 출현시기・분포상황, 특정종의 분포상황 등을 파악하게 되는데, 이전의 하천수변 조사결과를 미리 정리하여 가능한 한 이전 조사, 이후의 상황 등에 대해 정보를 얻을 수 있도록 한다.

5. 부착조류

1) 채집 조사

부착조류는 환경조건이 극히 좋지 않은 유기오탁 수역에서도 많이 서식하며 각 종별 상대빈도치의 신뢰도가 높아 오염지표로서의 활용 가능성이 매우 높다. 정량분석을 위해 조사지점의 수심 10~30cm에 있는 돌 중에서 그 정점의 가장 보편적인 상태를 지니고 있는 것으로 추정되는 지름 10~20cm의 돌을 여러 개 선정한다. 돌 표면에 5cm×5cm의 방형구로 경계선을 그은 후 경계선 밖의 부착조류는 모두 긁어 버리고, 안쪽의 것을 부드러운 솔로 긁어 관병에 넣는다. 5%

formalin 용액으로 고정한 후 현미경을 이용하여 종을 동정한다. 정성분석을 위해서는 주위 암반과 저질에 서식하고 있는 생물들을 관찰되는 대로 채집하여 분포 생물상을 조사한다. 채집한 시료는 현장에서 10% 중성포르말린으로 고정시킨 후, 실험실로 운반하여 동정과 분류 및 계측을 한다.

Ⅳ. 해양 생태 조사

1. 어류

어류는 넓은 바다의 3차원 공간에서 빠르게 헤엄치기 때문에 채집하기가 매우 어렵다. 그러나 오랜 옛날부터 인류의 식량으로 이용되어 왔기에 이를 잡는 기술이 발달하였다. 학술적으로 연구하기 위해 채집하는 방법도 수산업에서 발달된 어획방법을 그대로 이용하는 경우가 대부분이다. 어류를 채집하는 기구를 일반적으로 어구라 하는데 어구는 크게 어구 자체가 이동하며 잡는 능동어구(active nets)와 어구는 고정되어 있고 이동하는 어류가 어구로 들어가 잡히는 수동어구(passive nets)로 나눌 수 있다. 능동어구를 사용할 때에는 채집면적을 추정할 수 있어 정량채집이 가능하나 수동어구는 어류의 이동하는 정도에 따라 채집량이 결정되기 때문에 정량채집이 불가능하다. 어류의 채집에 사용되는 어구들에는 낚시(Lines), 걸그물(gill net), 함정그물(trap), 두리그물(surrounding net), 끌그물(trawe), 치어망(larval net), 어군탐지기 등이 있다. 시료의 고정은 포르말린과 알코올을 사용하다.

2. 어란 및 치자어

어란 및 치자어의 채집은 대개 네트를 사용하며, 채집하려는 종에 따라 네트의 모양이나 형태가 다르다. 어란 및 치자어는 배의 뒷부분에 유량계를 단 네트를 로프에 묶어 길게 늘어뜨려 수심 0~3m에서 약 5~10분간 수평 예인하여 채집한다. 채집한 어란 및 치자어는 중성포르말린 수용액(원액)으로 시료 내 4% 포르말린 용액을 만들어 고정한다(UNESCO, 1976). 채집된 sample은 실험실로 운반한 후 각 개체를 methylene blue로 염색하여 올려놓은 후 실체현미경 하에서 동정하여 어란과 치자어를 선별 · 계수하고 단위체적당 출현개체수(Indivs./m^3)로 나타낸다.

3. 저서동물

1) 조간대

조간대 저서동물은 바위와 같은 딱딱한 경성 기질(硬性基質, hard substrate)에 부착하여 사는 것과 모래, 뻘과 같은 부드러운 연성기질(軟性基質, soft substrate)에 부착하여 사는 것이 있다. 경성기질에 서식하는 조간대 저서동물을 채집하는 방법에는 정성채집과 정량채집이 있다. 정성채집은 종류만 알고자 할 때 사용하는 방법으로 가능한 한 여러 장소에서 눈에 띄지 않는 종류까지 골고루 채집하는 것을 말하며, 정량채집은 line transect법에 의해 급경사를 이루는 암반기질(경성기질)의 장소와 완경사를 이루는 연성기질의 장소에서 채집한다. 암반기질(경성기질)의 장소에서는 정방형의 방형구(조사의 목적에 따라 1.0m×1.0m, 0.5m×0.5m)를 설치하여 방형구 내의 생물을 직접 계수하고 끌 등을 사용하여 전량을 채집하며, 연성기질의 경우 방형구 내의 생물을 전량 채집하며, 연구 목적에 따른 크기의 체(망목 약 0.5~1.0mm)로 물체질하여 시료를 골라 10%의 중성포르말린으로 고정한 후 동정 및 계수를 실시한다.

그림 3.IV.1
저서생물채집기-방형구

2) 조하대

조하대 저서동물은 퇴적물의 인양이 필요한 채집법으로 보통 개량된 Van Veen Grab 채니기를 사용하여 채취하며, 인양된 퇴적물은 선상에서 보통 망목 크기 1.0mm인 체(sieve)를 사용하여 물체질 하고, 체에 잔존하는 시료는 10% 중성포르말린으로 고정한다. 이렇게 고정된 시료는 다시 깨끗한 물에 세척하며, 밧드에 담아 저서동물만을 골라낸 후 실체현미경 하에서 동물군별로 구분하여 종 수준까지 계수한다.

체의 망목 크기는 연구의 목적에 따라 다르고 대형저서동물을 채집하기 위해서는 보통 1.0mm의 망목을 사용하지만 최근에는 0.5 mm 망목을 사용하는 경우도 있다. 중형저서동물에는 0.1 또는 0.05 mm 망목을 사용하고 유공충이나 패충류의 연구에는 0.074mm의 체를 사용하는 경우가 많다. 시료의 고정에 있어서 저인망에서 채집된 초대형저서생물의 경우 대부분 10% 중성포르말린으로 좋지만 패류에는 70% 또는 그 이상의 진한 공업용 메틸알코올이 바람직하며, 또 산호류, 갑각류, 극피동물류, 어류 등 석회질 골격을 가지는 것은 나중에 75% 알코올로 옮기는 것이 좋다. 해면동물이나 자포동물 등은 의외로 상하기 쉬운 것이므로 중성포르말린액을 미리 준비해 두었다가 채집 후에 곧 바로 고정하는 것이 좋다. 조하대에 서식하는 동물을 채집하는 가장 대표적인 기구인 채니기(採泥器, grab sampler)는 길다란 팔을 채집상자에 부착시켜 닫히는 힘을 강하게 한 반 빈 그랩(Van Veen Grab) 채니기, 채니기 전체에 틀을 씌어 안정되도록 만든 스미스 맥인타이어(Smith-McIntyre) 채니기, 메신저를 내려 닫히게 하는 에크만 비르게(Eckman-Birge) 채니기 등이 있으며, 모래에 사는 동물 중 몸체의 크기가 mm 단위인 작은 동물을 채집하고자 할 때는 플라스틱 관을 잘라 만든 주상채니기(corer sampler)를 사용한다. 또한 드렛지(dredge)라는 기구를 이용하는 방법도 있는데 이것은 저인망과 원리가 같고 크기만 작을 뿐이며, 50×100cm 크기의 철제 후레임에 망을 붙여 늘어뜨린 형태로서 배의 뒷전에 내리고 약 20분간 바닥을 끌면서 조하대 저서동물을 채집할 수 있다.

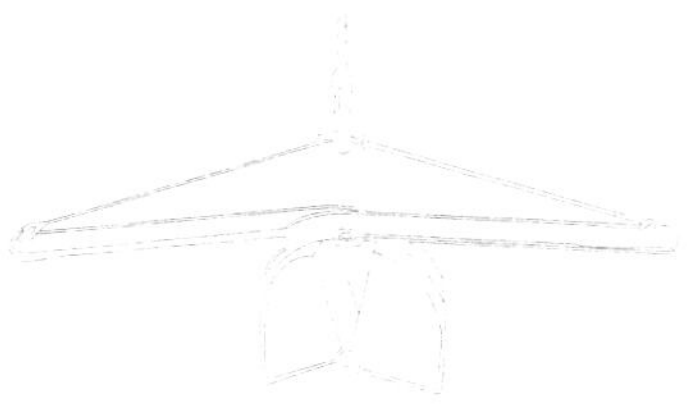

반 빈(Van Veen Grab) 채니기

드렛지(Dredge)

그림 3.IV.2 조하대 저서동물 채집-반 빈 채니기(Van Veen Grab), 드렛지(Dredge)

4. 동 · 식물플랑크톤

플랑크톤(부유생물 : plankton)은 크게 동물플랑크톤과 식물플랑크톤이 있으며, 서식수역에 따라서 해양플랑크톤 · 호소(湖沼)플랑크톤 · 염수플랑크톤 · 기수(汽水)플랑크톤 · 담수플랑크톤 등으로 나뉘고, 그 크기에 따라 거대(巨大) · 대형 · 소형 · 미소 · 극미(極微)플랑크톤 등의 생태적 · 형태적 구분에 의한 많은 이름이 있다.

채집방법에는 정성채집과 정량채집이 있다. 정성채집은 조사하고자 하는 해역에 서식하는 플랑크톤의 종류를 알고자 할 때 사용하는 채집방법이다. 이 방법은 종류만 알고자 하므로 충분한 양의 물을 그물로 여과하여 이 그물에 걸리는 플랑크톤을 채집하기만 하면 된다. 그물을 끄는 방법은 수평으로 끄는 방법과 수직으로 끄는 방법이 있다. 수직으로 끌 때는 여러 수심에 출현하는 종류를 모두 알고자 할 때이다. 정량채집의 경우에는 대상이 식물플랑크톤인 경우와 동물플랑크톤인 경우를 나누어 생각하는 것이 쉽다. 식물플랑크톤은 보통 몇 μm에서 수백 μm 정도의 크기를 가지므로 적은 양의 물이라 하더라도 아주 많은 수의 부유생물이 포함된다. 따라서 보통 1L 정도의 물을 떠서 이 안에 있는 생물을 조사한다. 채수를 할 때는 특별히 고안된 채수기를 물 아래로 내려 채수할 수도 있고 배에서 직접 펌프를 사용하여 일정한 양의 물을 끌어올릴 수도 있으나 보통은 채수기를 사용하며, 채수기는 과거에 난센채수기(Nansen water sampler)를 많이 사용하였으나 요즈음은 반돈(Van Doorn)채수기를 주로 사용하고 있다. 수심별 분포를 알고자 할 때는 채수기를 원하는 수심에서 자동으로 닫히도록 하는 특별한 방법이 고안되었으며, 이것은 여러 개의 채수기를 한 줄에 일정 간격으로 수심별로 달아 놓고 물 속에 내린 후 전달추(messenger)를 줄에 끼워 내리면 각 수심에 달린 채수기가 자동으로 닫혀 물을 채수한다.

그림 3.IV.3

식물플랑크톤 채집－반돈채수기(Van Doorn)

동물플랑크톤은 이동능력이 상대적으로 커서 채수에 의한 방법을 사용하지는 않는다. 그래서 그물을 끄는 일반적인 방법이 사용되고 있다. 정량채집에서는 여과한 해수의 양을 정확히 알아야만 하며, 그 때문에 직접 유량계(flow meter)를 달아 그물에 여과된 해수의 양을 계산한다. 그물을 인양하는 방법은 목적에 따라 수평, 수직, 사선인양 등이 있다. 수평인양은 특정 수심에 분포하는 동물플랑크톤을 채집하는 데 주로 사용된다. 수직 또는 사선인양 방법은 채집하고자 하는 수심이 깊을 때 이용한다. 채집 장비로는 원추형 네트, Bongo 네트, Clarke-Bumpus 네트 등이 사용되고 있으며, 광범위한 해역에서 장시간 채집할 필요가 있을 때에는 하디 자동기록계(Hardy Continuous Plankton Record)를 사용하기도 한다.

식물플랑크톤은 채수된 해수를 표본병에 넣어 중성포르말린으로 최종농도가 0.4%가 되게 고정한다. 고정한 해수는 박막여과지가 장착된 여과기를 이용하여, 자연낙하 방법에 의하여 농축하여 검경시료로 제공한다.

동물플랑크톤의 종조성과 출현세포수의 파악을 위한 표본은 현장에서 네트(zooplankton net)에 의해서 채집된 표본을 표본병에 넣고, 최종농도가 약 10%가 되도록 중성포르말린을 첨가하여 고정한다. 고정된 표본은 실체현미경 하에서 분류군 별로 출현개체수를 계수하여 단위체적당의 출현개체수(inds/m^3)로 표시하며, 네트가 여과한 해수의 양은 유량계(Hydro-bios Kiel)의 회전수에 의해 환산한다.

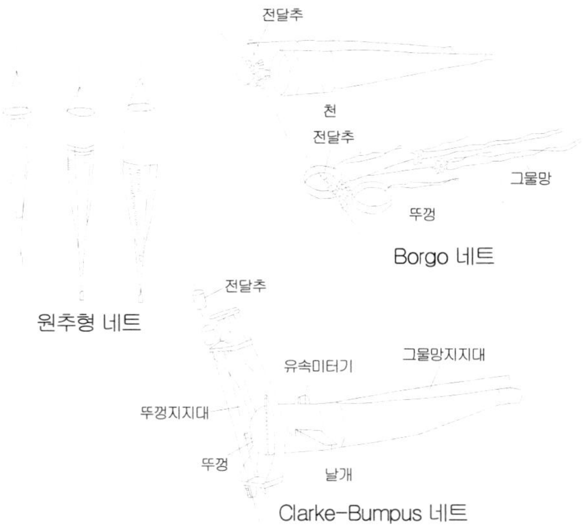

그림 3.IV.4 동물플랑크톤 채집-원추형 네트, Bongo 네트, Clarke-Bumpus 네트

5. 염생식물

균질한 식분에 1m×1m의 방형구 틀을 설치하고 Brown-Blanket의 식물사회학적 방법에 따라 조사표에 종명을 기록하고 우점도와 군도를 기입하며 생육지의 조건도 함께 조사한다.

6. 해조류

해조류는 바위에 붙어 있으므로 'ㄱ'자 모양의 칼이나 꼬챙이, 끌 등으로 뜯어내어 채집한다. 해안가 암반에서 채집할 때는 해조류를 뜯어내어 바구니에 담으면 된다. 그러나, 수면 아래의 조하대에서는 물 속에 들어가 채집해야 한다. 이러한 경우 대부분 SCUBA Diving을 하여 관찰하면서 원하는 해조류를 뜯어낸 후 물 속에서 흩어져 버리지 않게 조심스럽게 그물망에 집어넣는다. 채집에는 정성채집과 정량채집의 두 가지가 있다. 정성채집은 종류만 알고자 할 때 사용하는 방법이므로 가능한 한 여러 장소에서 눈에 띄지 않는 종류까지 골고루 채집하는 것이 중요하다. 정량채집이란 일정한 면적 내에 있는 해조류를 채집하는 방법이다. 조사의 목적에 따라 다를 수 있으나 보통 50×50cm 크기의 방형구를 원하는 장소에 걸쳐놓고 이 안에서 발견되는 모든 해조류를 뜯어내면 된다. 또한 수심별로 해조류의 종류와 양을 알고자 하는 경우가 대부분이므로 밧줄을 일직선으로 깊은 수심까지 내리고 이를 따라가며 일정 간격으로 방형구를 놓아 채집하는 방식을 취한다. 채집한 시료는 우선 검은 비닐주머니에 담고 상하지 않게 3~5% 포르말린으로 고정하여 실험실로 운반하여 분석을 실시한다.

제 4 장
생태계 기능조사방법

I. 물질 생산량 조사

1. 개요

순일차생산량(Net Primary Productivity, NPP)을 추정하는 것은 생태학자들에게 중요한 목표가 되어 왔다. 지구의 탄소 균형, 저장된 탄소가 빠져나가는 위치, 지구 기후 변화에 대한 예측과 같은 매우 중요한 질문들이 1차 순생산량(NPP)에 바탕을 두고 있다. 순일차생산량(NPP)은 탄소와 에너지가 생태계로 유입되는 주된 결과를 나타낸다. 또한 순일차생산량(NPP)을 전체 생태계의 통합적인 변이라고 할 수도 있는데 이는 순일차생산량(NPP)과 동물 생체량, 2차생산량, 양분 순환들 간의 관계 때문이다. 숲의 순일차생산량(NPP)은 목재 생산과 관계가 있는 반면 초지의 순일차생산량(NPP)은 식량이용도를 결정하고 동물의 환경포용력을 포함한다.

일차생산량의 개념은 생태계에서 에너지 흐름과 관련이 있다. 생태계에서 받아들여지는 광합성 유효파장 즉, PhAR(Photosynthetically Active Radiation 400~700㎚ 파장의 광선)의 대부분은 녹색 식물들에 의해서 흡수된다. 흡수한 에너지는 다시 복사되거나 잠재열로 잃어버리거나 광합성 활동에 의해 유기물로 저장된다. 이렇게 식물 자신이 필요하여 사용한 부분을 포함한 전체 광합성 양이 총일차생산량(gross primary productivity, GPP)이다. 반면에 순일차생산량(net primary production, NPP)은 자신의 호흡에 쓰이는 양을 빼고 식물에 저장되는 양이다. 생물군집 내에서 독립영양 생물과 종속영양 생물이 필요한 모든 양분을 취하고 남는 양을 순군집생산량(net community productivity)이라고 한다. 종속 영양생물이 섭취한 기질은 일부분만이 동물의 배설물과 요소로 버려지기 전에 흡수된다. 흡수된 생산물은 종속영양 생물의 호흡이나 초식동물의 생체량을 축적하는데 이용된다. 이러한 초식동물에서 유기물질의 흡수율을 이차생산량(secondary productivity)라고 한다. 예를 들면, 소나 물고기에 의해서 일어나는 에너지 저장을 말한다. 이렇게 영양 그물의 단계에 따라 흡수되는 물질, 흡수되지 않는 물질, 아예 이용되지 않은 물질들의 범주로 에너지를 나눈다. 결과적으로 순 생태계 생산량(net ecosystem productivity)은 생산자부터 분해자까지 모든 영양단계에 있는 생물체가 호흡을 하고 남은 물질 중에 생태계에서 저장되거나 잃은 유기물의 비를 나타낸다고 할 수 있다.

생태계에서 에너지 및 물질의 운반과 결합하고 있는 다양한 흐름과 단계변수들은 일차 생산량을 알아봄으로써 측정된다. 생산은 대기로부터 식물들의 녹색 생체량으로 가는 탄소의 흐름이라고 할 수 있다. 푸른 잎들과 가지들은 성숙해지면 입목의 죽은 부분(standing dead compartment : 원래의 식물에 아직 붙어 있으나 죽은 물질로 구성된 것)의 일부를 형성한다. 원식물에서 죽은 잎들은 떨어져 나와서 낙엽층(litter pool)에 첨가되고, 지상부에 있는 식물의 죽은 물질을 구성한다. 결국 낙엽은 미생물의 작용으로 분해되고 탄소는 대기 중의 이산화탄소로 돌아가며 탄소 이외의 부분은 미생물의 생체량으로 합쳐지거나 토양 유기물질로서 생태계에 잔존하게 된다.

여기서는 생태계의 생체량 대사회전 정도에 따라 두 가지 영역의 연간순일차생산량(Annual Net Primary Production; ANPP)측정법을 알아보겠다. 초지와 대초원들은 높은 ANPP/생체량 비율을 가지므로 가장 빠른 생태계 대사회전율(turnover)을 가지면서 비교적 짧은 생존주기를 가지는 작은 개체들로 이루어져 있다. 반대로 낮은 ANPP/생체량 비율을 가지면서 느린 대사회전율을 가지는 숲은 긴 생존주기를 가지면서 대체로 큰 개체들로 이루어져 있다. 관목지대

생태계는 초원과 숲의 중간 정도의 특징을 가지고 보통 빠르거나 느린 대사회전율을 가진 생태계를 결합시킨 혼합 방법을 이용하여 측정하게 된다.

2. 빠른 대사회전율을 가진 생태계에서 연간순일차생산량 (Annual Net Primary Production; ANPP) 측정 방법-초지에서

초지나 대초원과 같은 생태계에서는 연간순일차생산량(ANPP)을 직접적으로 측정하는 것은 매우 어렵다. 대부분의 방법들은 살아 있는 생체량이 계절 간에 다양하게 변화하는 초지 생태계의 특징에 따라 측정하게 된다. 한 극단적인 경우의 예로 1년 중 일정기간 동안 초록색 생체량이 거의 없어지는 캘리포니아의 1년생 초원을 들 수 있다. 대부분의 초지에서 초록색 생물량의 최대 최소 한계치가 매우 분명하다.

1) 연간순일차생산량(ANPP)을 측정하는 방법(3가지)

(1) 방법 1

초지에서 연간순일차생산량(ANPP)을 추정하는 가장 간단한 방법(방법 1)은 최고 생물량을 측정하고 이것을 연간 생산량 값과 같다고 보는 것이다. 이 방법은 가장 적을 때의 생산량이 0이거나 0에 가깝다는 것과 성숙하기 시작한 이후에는 최대 생산량을 향해 증가한다는 것을 가정하고 있다. 또한 한 생장기에서 다음으로 넘어가는 이월량이 없다고 간주한다. 간단하고 비용이 적게 드는 것이 이 방법의 최대 장점이다.

(2) 방법 2

방법 1에서는 이월량이 전혀 없다는 가정을 하고 있는데 이러한 문제점을 보완하기 위해 방법 2에서는 최대 최소 생물량을 둘 다 측정한다. 연간순일차생산량(ANPP)은 최대 최소 생물량 사이의 차이로 계산된다. 이 방법 역시 생물량이 최소값에서 최대값으로 꾸준히 증가하고 있다는 것과, 생산과 노쇠 과정이 시간적으로 분리되어 있다는 것을 가정하고 있다.

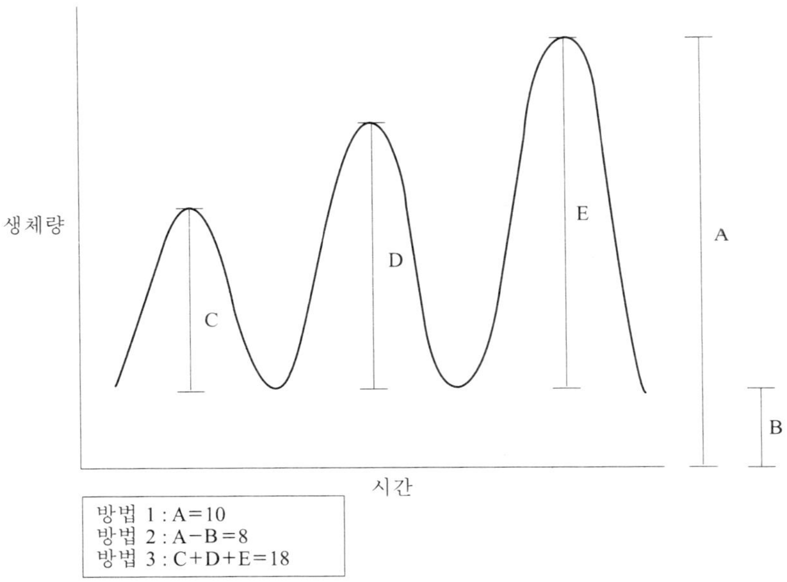

그림 4.I.1 녹색생체량의 계절적 변화

(3) 방법 3

초지의 생산력은 생장 계절 동안 보통 수분 이용도에 의해 결정되고 이는 계절적 생물량이 여러 차례의 고점과 저점을 가지는 결과를 가져온다(그림 4. I .1). 하나의 생물량 고점만을 취하면 연구하는 기간 동안의 총생산량을 과소평가하게 될 수도 있다. 1과 2의 방법은 하나의 최대값만을 가정하기 때문에 중간수준의 고점을 간과하게 되는 문제점을 가지고 있다. 이러한 잠정적인 오차 원인을 계산하여 취하기 위해서 방법 3에서는 생물량이 꾸준히 증가한다는 가정을 하지 않고 연속적인 고점과 저점들 간의 차이를 합산한다. 이 방법을 이용하기 위해서는 방법 1, 2에서처럼 하나 또는 두 가지가 아니라 생장 계절을 따라 복합적인 생물량을 측정하여야 한다.

(4) 비교

이 세 가지 방법은 생산과 노화가 생장계절 동안 각기 다른 기간에 일어난다고 가정하고 있다는 점이 중요하다. 이러한 가정은 밀과 같은 1년생 작물에만 해당된다. 다양한 스트레스의 지배를 받는 대부분의 복합적인 종을 가진 생태계에서 생산과 노화는 동시에 일어난다.

잎들이 땅위로 떨어지거나 노화되는 동시에 새로운 잎들이 생겨난다. 생산이 주로 일어나는 짧은 시기는 노화가 일어나는 시기에 바로 뒤따라 올 수도 있다. 녹색의 생물량은 이입과 이출, 생산과 노화간의 순 균형을 반영한다. 녹색부분 생물량의 증가는 일차생산량을 과소측정하게 한다. 왜냐면 그 기간동안 생산하는 부위가 같은 기간에 노화되는 부위로 조직을 대신하기 때문이다. 생산이 실제로 일어나고 있을 때 만약 노화와 생산의 양이 같다면 녹색의 생물량이 변하지 않을 수도 있다.

3. 생산과 노화가 동시에 일어나는 것에 대한 해결책

생산과 노화가 동시에 일어나는 것에 대한 문제를 인지한 사람들은 여러 가지 해법을 제안하였다.

(1) 짝구획(paired plots)

Wiegert와 Evans(1964)는 짝구획(paired plots)을 사용하는 것을 제안하였는데 한 구획에서는 시간 "0"일 때 고사체를 수확하고(W_0) 다른 구획에서는 시간 "0"에서 녹색 식생을 베어 온 후 시간 "1"일 때 죽은 부분을 수확하는 것이다(W_1). 그런 다음 $W_1 - W_0$를 구하면 고사 물질들의 소실분을 산출하게 되고 이 값을 생산량 측정에 더한다.

(2) 식물의 상태가 연속되는 시간을 고려하는 방법

녹색 생체와 고사체, 낙엽이 연속되는 시간에 근거하는 방법이다. 이 방법에서는 녹색 생물량은 종간 구분이 있지만 고사 부분과 낙엽은 종간 구분하지 않는 데이터세트를 사용하였다.

$$ANPP_t = \Sigma P_i + Sc + Fc$$

위 식에서 P_i는 시간차 t에서의 개개의 종들 "i"의 생산량이다. Sc와 Fc는 생산, 노화, 분해가 자연에서 동시에 일어나는 것을 계산하기 위한 보정 값이다. Sc는 개개의 식물 종들(Si)의 고사체(Standing dead : SD)의 증가분(Δt)을 나타낸다. 또한, Fc는 녹색생체 혹은 고사체에서 발견되지 않는 생산력의 부분을 나타내며 낙엽의 증가량이 고사체의 감소량보다 클 때 양의 값을 갖는다.

생산, 노화, 분해가 자연에서 동시에 일어나서 생기는 오차는 식물종이 다양해지고 기능적 그룹이 많아지면 증가하게 된다. 단일 종은 생산과 노화의 시간이 부분적으로 분리된다. 반면 다양한 수관과 생활주기를 가진 식물(초기나 후기 종들, C_3와 C_4식물, 1년생과 다년생 식물)로 구성된 생태계는 생산, 노화, 분해가 중복된다. 예를 들면 팜파스의 초기 C_3식물들의 노화는 후기에 우점하는 C_4식물들의 생산에 의해 가려지기도 한다. 중복오차는 기능적인 그룹과 종다양성이 떨어지는 생태계에서는 덜 중요하기도 하다. 중복오차를 감소시키는 한가지의 접근방법은 종 수준에서 생산량을 측정하고 그것을 합산하여 총생산량을 계산하는 것이다.

4. 지상부 생물량의 추정 : 수확법

초지와 관목지대에서 지상부 생물량을 수확하는 것은 가장 빈번하게 사용되는 기술이다.

1) 방법

(1) 방형구의 크기와 수, 모양의 결정

대부분 생태계의 다양성과 사용 가능한 자원의 예산 또는 수락된 오차를 고려하여 표본의 수를 결정한다. 표본추출 방형구의 크기와 모양은 측정값의 분산을 최소화 시키는 방향으로 결정된다. 표본추출 방형구의 적절한 크기는 식생 패턴에 의해 결정된다. 측정값의 분산은 식생 구획이 방형구 크기와 일치할 때 최대이고 커지거나 작아지면 감소한다. 또 고려해야 될 점은 방형구의 크기가 작아질수록 면적당 방형구 둘레는 길어진다는 것이다. 그러므로 생체를 베어오는 조사자가 포함시키지 말아야 할 개체나 개체의 어떤 부분을 포함시킬 수도 있고 또는 그 반대로 포함해야 할 것을 포함시키지 않을 수도 있으므로 가장자리 효과(edge effect)는 커지게 된다. 각기 다른 모양도 가장자리 효과의 정도에 영향을 끼치게 된다. 원형 구획은 둘레/면적 비가 낮은 반면, 구획들 간의 가장자리가 직각을 이루도록 놓여진 직사각형의 좁고 긴 구획은 원형이나 직사각형보다 분산이 작다.

좁고 긴 직사각형은 식생의 자연스러운 변이를 효과적으로 포함할 수 있다. 다른 방법을 사용하자면 거대한 원형이나 직사각형 구획이 필요하다. 표본 추출은 random, stratified random, 또는 systematic sampling으로 할 수도 있으며 이는 식생의 다양성 패턴과 사용 가능한 자원 예산에 따라 결정된다.

(2) 수확하기

초지의 균질한 부분에 방형구를 놓고 지상 3cm 높이에서 경엽부를 모조리 베어서 비닐주머니에 넣는다. 풀을 베는 데는 낫이나 전정가위를 이용한다. 필요하면 현장에서 용수철저울을 이용하여 생중량의 무게를 달아 기록한 다음 일부의 하위표본을 비닐주머니에 넣어 밀봉한다.

(3) 수확 후 처리

야외에서의 수확을 하고 난 후에 생체는 식물의 호흡으로 인한 중량손실을 막기 위해서 가능한 한 빨리 냉동시킨다. 그 다음에는 녹색 생체, 고사체, 낙엽 등의 기능적 부위들을 연구 목적에 따라 나눈다. 마지막으로 각기 나누어진 표본들을 70℃의 드라이 오븐에서 이틀 동안 건조하여 건중량을 얻어낸다. 잎의 고사체는 잎에서 엽록소가 1/2 이상 없어진 것으로 간주한다. 지하부의 생산량은 경엽부를 베어낸 다음 지하 0.3m를 파내어 체를 쳐서 잡물을 가려낸다. 걸린 지하부를 다시 체에 넣어 수돗물이나 흐르는 물로 씻는다. 잔뿌리에 붙은 흙을 잘 흔들고 비벼서 떨어뜨린다. 지하부에서 고사체를 골라낸 다음 경엽부를 말리는 요령과 같이 건조시킨다. 경엽부 건중량과 지하부 건중량을 합한 것이 식물체의 건중량이다.

2) 이중표집기법

수확법에 대한 비용을 줄이기 위하여 많은 이중표집기법(double sampling techniques)이 발전되어 왔다. 이중표집기법은 생물량과 같은 고비용 변수와 그보다는 저비용 변수의 상호작용을 알아내어 저비용 변수를 이용해 고비용 변수를 알아내는 방식으로 이루어진다. 이중표집기법은 연구 중의 처리나 요인들이 고비용과 저비용 변수의 관계에 영향을 미치지 않을 때 사용할 수 있다. 예를 들어 만약 실험의 목적이 생산에 대한 비옥도의 영향을 평가하는 것이고 비옥도가 녹색체와 생산성간의 관계를 변화시킨다면 녹색체에 대한 이중표집 기법은 적당하지 않다.

5. 느린 대사회전을 가진 생태계에서 연간순일차생산량(ANPP) 측정 방법

지상부 성분들 간의 대사회전 시간 차이가 있는 생태계에서 일차생산량을 효과적으로 측정하기 방법이다. 예를 들어 숲(forest), 산림(woodland), 관목지대(shrubland)의 지상부는 일차생산량 성분이 잎의 증가분과 목질 증가분 두 가지로 구분된다. 잎과 목질은 서로 다른 대사회전 시간을 가지며, 일차생산량 측정에 사용되는 방법 또한 다르다.

1) 잎의 증가분 측정 - 낙엽량 측정

숲에서 잎과 잔가지에 대한 생산성은 보통 바구니나 숲 하층부에서 이용할 수 있는 리터 트랩을 사용하여 추정한다. 적어도 일년 이상의 시간동안 주어진 기간 내에 지상부 생산을 나타내는 낙엽량으로서 잔가지와 잎을 모으는 것이 목적이다. 낙엽을 수집하기 위한 표본 추출 계획을 세울 때는 계절에 따른 낙엽량, 낙엽 분해율, 기후적 요인이 모두 고려되어야 한다.

(1) 리터 트랩의 설치

리터 트랩은 구획의 가장자리 효과를 피할 수 있도록 정해진 구획면적 내에 랜덤하게 놓아야 한다. 리터 트랩의 숫자는 최소 각 구획면적당 10개의 트랩 이상은 되야 한다. 트랩은 플라스틱이나 나무로 만든 테에 그물망이나 나일론 편물을 부착해서 흙이나 물에 잠겨 오염되는 것을 피해서 땅위에 놓으면 된다.

(2) 낙엽의 채취

연구 중인 숲의 순환과정에 따라 어떤 열대림의 경우 매주 완전히 낙엽을 채취해야 할 때도 있고, 정해진 시간 간격으로 채취할 수도 있으며, 온대낙엽수림에서는 계절의 마지막에 채취할 수도 있다. 야외에서 한번 채취된 낙엽은 유형 또는 종별로 분류되어 70℃오븐에서 48시간동안 건조시킨 후 건중량을 측정한다.

(3) 이중표집기법

이중표집기법으로는 잎의 생산량을 추정할 수 있다. 단위 지표면적당 잎면적을 나타내는 엽면적지수(LAI; leaf area index)는 '식물 수관 분석기'라는 장치를 이용해서 수관의 아래쪽과 위쪽의 광도를 측정하면 얻을 수 있다. 엽면적지수는 다음과 같은 수식에 의해서 나타낸다.

$$IL/IO = e^{-kLAI(L)}$$

여기에서 IL은 수관의 아래에 들어오는 빛을 나타내고 IO는 수관의 윗부분에서 들어오는 빛을 말하며 k는 잎의 기울기와 식생의 종류에 따라 달라지는 흡광계수를 나타낸다. 시간이 지남에 따른 LAI변화는 잎 생물량으로 전환할 수 있고 숲에서의 잎생산량을 나타내기도 한다.

2) 목질부 수확량 평가

(1) 상대 생장률

숲 생태계에서 연간순일차생산량(ANPP)의 목질성분 추정 방법의 발전은 임학과 산림육종학을 위한 목재의 수확량평가로부터 시작되었다. 그 결과, 나무의 흉고 직경(DBH; diameter at breast height)과 높이를 이용하는 회귀분석식으로 많은 경제학적 중요도가 높은 수목 종들에 대한 상대생장 정보를 알아내었다. 반면, 대부분의 경작되지 않는 숲 생태계에서 공식화된 수확표를 가지고 있지 않은 종들을 위해서는 생물량과 나무 생산량 측정치 순으로 종마다 다른 상대생장률을 측정해야 한다. 목질 생물량의 모든 성분에서 복합적인 측정을 하는 것이 수학적으로 어렵기 때문에 다차원적인 분석이 사용되기도 한다. 이러한 접근은 여러 가지 "측정하기 쉬운" 매개변수들의 측정치를 포함한다. 집중적으로 측정되는 개체의 작은 표본에 대한 회귀분석식을 사용하면 목질 생물량과 순 생장 증가분 등 "측정하기 어려운" 여러 가지 매개변수에 대한 정보를 얻을 수 있다. 이러한 접근하기 쉬운 측정법에는 나무의 높이와 흉고 직경(DBH; diameter at breast height)이 있는데 회귀분석식을 이용하면 목질 생물량과 나무 생산량에 대한 측정치로 변환시킬 수 있다.

(2) 나무의 생산량 추정

적은 표본이라도 집중적인 샘플링이나 수확을 할 수 있는 경우에는 일반화된 데이터를 만들어 내면 토착 산림이나 배경 정보가 거의 없는 보호구역 등에서 작업할 때 사용할 수 있다. 예를 들면 Whittaker와 Marks(1975)는 다음과 같은 나무 생물량 측정을 제안하였다.

$$TB = 0.5 \times BABH \times TH$$

TB는 나무 생물량(Tree Biomass), $BABH$는 흉고 높이의 기저 면적(Basal Area at Breast Height), TH는 나무 높이(Tree Height)를 나타낸다. 이와 유사하게 나무 생산량은 다음과 같이 측정한다.

$$TNPP = 0.5 \times AWI \times TH$$

$TNPP$(Tree Net Primary Production)는 목질부 순일차생산량, AWI(Annual Wood Increment)는 한해의 목질 증가분(흉고에서)을 나타낸다. 덧붙여서, DBH와 생물량간의 일반적인 관계에 대한 연구는 열대 우림과 같은 특정 지역에서 발전되어 왔고 특정한 산림 생태계에서 지역 특이적으로 연구되어 왔다.

(3) 단위면적당 목질 생산량 추정

단위면적당 목질 생산량은 두 가지 방법으로 추정될 수 있다. 하나는 단위면적에서 각 나무들의 증가분을 더하고 헥타르를 기반으로 외삽하는 것이다. 개체의 증가분은 위에서 언급한 것처럼 반복적으로 추정하거나 tree core를 이용해서 평가할 수 있다. 목질 생산량을 측정하는 두 번째 방법은 시간에 따라 총 식분 생물량(total stand biomass)을 반복적으로 측정하는 것이다.

(4) 가지의 생산량

가지의 생산량은 산림 연간순일차생산량(ANPP)의 또 다른 구성성분이다. 어떤 경우에 나무 높이와 지름으로 회귀분석하여 수관과 가지의 생산량을 추정하기도 한다. 가지 생산량이 처리구들 사이에 차이를 보일 때는 독립적으로 평가된다. 조사자는 기부에서 가지의 지름을 측정하고 곧 가지의 건중량과 관련시켜 가지의 생산량을 계산할 수 있다.

(5) 관목지대와 초원

관목지대와 초원은 초지와 산림의 특성과 유사하며 보통 빠른 대사회전과 느린 대사회전 생태계에서 사용한 방법을 혼용하여 사용한다. 일반적으로 두 구성성분은 분리되어 평가되고 NPP의 총 측정치와 합쳐진다. 관목은 나무에서와 같은 문제점을 가지고 있으며 관목 생산량을 측정하기 위한 다양한 방법들이 발전되어 왔다. 예를 들면 여러 관목들의 꼭대기에 설치한 작은 방형구(10cm×25cm)에서 1년치의 관목 생장량(잎과 잔가지)을 수확하여 관목 생산량을 평가하는 방법이 있다. 여러 개체들에서 높이와 직경을 측정한다. 그런 다음 관목 종들의 상대 성장률과 밀도에 관한 데이터들을 기초로 하여 관목 개체들에 대한 방형구 결과를 외삽하면 면적과 관련시켜 결과를 낼 수 있다.

II. 물질분해량 및 미생물 활성 조사

1. 이론적 배경

1) 물질의 분해와 분해율

죽은 생물체의 유기 물질들은 각 구성성분으로 쪼개어져서 결국 이산화탄소(CO_2)와 암모늄(NH_4^+), 칼슘(Ca_2^+), 칼륨(K^+) 등의 무기 이온, 그리고 분해자에 의해서 원래 흡수되었던 다른 성분들로 분해된다. 이러한 경로를 따라 분해된 유기물들은 다른 생물들에 의해 물질대사에 사용되고 소모된다. 분해는 완전한 생화학적 양분이 순환하는 물리적, 화학적, 생물학적으로 복잡한 배열을 포함하는 동적 반복 과정이다. 분해율은 분해되고 있는 유기물의 화학적 구성과 구조의 기능, 분해가 일어나고 있는 무생물적 환경(온도, 습도, 특히 통과하는 기체상태 등), 그리고 미생물 등 종속 영양생물에 노출되어 있는 분해기질의 정도에 따라 달라진다.

생태계 내의 또는 생태계간의 분해율에는 차이가 있을 수 있다. 생태계 내의 다양성은 식물의 수관에서부터 지형상의 변화에 따른 위치 차이, 토양의 윤곽에 따른 위치차이, 토양 집합체 내의 위치차이에 따라 다르게 존재하는 소환경에 서로 다른 물질들이 위치하고 분해되기 때문에 생겨난다. 생태계 사이의 차이는 대규모 생물적, 환경적 변이, 특히 기후, 생태계 비옥도, 천이 과정 등에 의해 생긴다고 할 수 있다.

육상 생태계에서 분해의 조작적인 정의는 "유기물이 무기 이온과 토양 유기물(soil organic matter; 토양 유기물)의 풀(pool)에 들어갈 수 있을 정도의 크기인 유기물로 쪼개어지는 현상"이라고 할 수 있다. 토양 유기물 pool은 분해의 붕괴 산물을 받아들인 후 더 부식시키고 분해하여 유동적인 토양 유기물의 일반적인 성분 크기 이하로 떨어뜨린다.

2) 물질 분해의 측정 방법

일반적으로 분해는 정상적으로 분해가 일어나는 생태계의 각 부분, 즉 토양 표면에 있는 노화된 식물의 잎, 가지, 줄기 또는 다른 지상부 낙엽들, 다양한 뿌리, 균류, 지하부 생물체들이 있는 지층 등에서 발생하는 죽은 유기체의 양분과 질량 손실로 측정된다. 일반적으로 손실분을 측정하기 위한 전략은 양이 알려진 물질을 특정한 위치에 동조시키고 값을 구하거나 질량, 양분의 손실분을 위한 부표본(sub-sample)의 값을 구하는 것이다.

유기물들의 유동성을 조사하는 방법(분해에 대비되는)은 여러 가지가 있고 토양 유기물의 서로 다른 성질을 가지고 하는 분해 분석물보다 해석하기가 더 어려울 때도 있다. 가장 포괄적이고 논쟁 요소가 적은 측정 방법은 총 토양 유기물 pool 그 자체로 측정하는 것이다. 연소기법은 토양에 저장되어 있는 유기 탄소의 총량을 적절하게 나타내어 주고 10년의 간격으로 이러한 저장량의 변화를 보여주는데 사용될 수 있다. 특히 토지사용 변화와 기후변화에 따른 지구적인 탄소 예산에 대한 피드백의 기능으로서 토양 탄소 pool의 변화 측정은 특히 중요하다.

종속 영양생물에서 탄소 이용도는 생태계마다 현저하게 다르고 총 탄소 저장량에 대하여서는 독립적일 수 있다. 예를 들면, 동일한 토양 탄소 저장량을 가진 생태계에서도 매우 다른 탄소 사이클이 나타날 수 있는데 왜냐하면 종속 영양생물의 군집에 따라 탄소 저장고의 이용도가 현저하게 다를 수 있기 때문이다. 토양 탄소는 유기물 형태에 따라서 넓은 다양성을 가지고 있는데 간단한 당류부터 분자량이 크고 복잡한 방향구조를 가진 부식된 기질의 형태까지 다양하게 존재할 수 있다. 후자의 성분은 미생물의 공격에도 높은 내성을 가진다. 만약 안정적인 토양 혼합물과 진흙 광물의 보호를 받고 있다면 대사 회전시간이 천년단위가 되기도 한다.

2. 토양 유기물 분류

생태학적으로 의미 있는 방법으로 토양 유기물을 규정지으려는 노력의 일환으로 토양 유기물을 기능적인 pool로 나눌 수 있는 다양한 분별 기법이 발전되어 왔다.

1) 화학적 분류

고전적인 분별과정은 강한 산과 염기 용액에 상대적인 용해도에 따라 토양 유기물을 부식산, 펄빅산(fulvic acid), 휴민 성분으로 나누는 것이다. 부식산(humic acid) 성분은 산이 아니라 염기에 용해되고 펄빅산 성분은 산과 염기에 모두 용해되며 휴민 성분(humin component)들은 염기에 녹지 않는다. 그러나 이 분류에서는 토양 형태, 경작이나 교란의 형태가 크게 다른 생태계간에 생태학적으로 관련이 있다는 것을 보여주는 예는 거의 없다. 사실상 더 유용한 것은 두 가지 간단한 화학적 분류이다. 그것은 미생물이 쉽게 이용할 수 있는 탄소의 형태로 만든 수용성 탄소 추출물과 산 가수분해에 의해 방출된 탄소로 분류하는 방법이다. 산 가수분해는 많은 토양에서 내성이 있는 탄소 pool을 측정하기에 적당한 방법으로 쓰이고 있다. 가

수분해가 되지 않는 탄소는 전체 총 탄소보다 평균 1400년이나 더 오래되었다는 토양 변이성에 대한 보고도 있다.

2) 물리적 분류

물리적 분류방법은 그물 체나 부유성의 차이, 화학적 분산을 이용하여 서로 다른 크기와 안정성을 가진 pool로 토양 유기물을 나눈 것이다. 토양이 혼합되면 토양 유기물이 더 잘 보호될 수 있다. 서로 다른 밀도를 가지는 토양 유기물 조각들이 다른 비율로 분해되기 때문이다.

3. 식물 낙엽 분해

1) 낙엽 분해율 : 리터백 연구

식물 잎과 다른 미세한 물질들의 분해는 토양의 표면에 설치된 그물망에 떨어진 낙엽에서 질량과 양분 변화를 측정하여 분석하는 것이 전형적이다. 유기물이 분해됨에 따른 질량의 변화는 분해율을 나타내고 분해 양분의 변화는 양분의 방출, 보존, 고정율을 나타낸다.

(1) 그물의 크기 결정하기

분해는 크기와 기능이 다양한 복잡한 종속 영양생물의 복잡한 배열에 의해 이루어진다. 보통 이러한 생물체들은 크기(체면적)에 의해 microflora, microfauna, macrofauna, mesofauna, megafauna 등으로 나누어진다. 미세 종속 영양생물은 주로 박테리아, 균류, 선충류, 원생생물, 윤충류를 포함하는데 $<100\,\mu m$ 정도의 크기이다. mesofauna는 $<2mm$ 정도의 크기로 진드기, 뛰벌레, dipluran, enchytraeid 등이 포함된다. 나머지는 $>2mm$이다. 이러한 생물체들 중 많은 것들이 잔재물섭식자(detrivore)이고 몇몇은 육식동물이다. 모두 토양 먹이망의 중요한 부분을 차지하고 있다.

리터백으로 분해를 조사할 때는 그물의 크기를 조절해야 하고 때로는 분해에 대한 기능적 중요도를 결정하기 위하여 다른 그룹은 차단해야 한다. 그러나 일반적으로 그물의 크기는 낙엽이 떨어지는 모든 생물체를 담을 수 있는 크기로 선택해야 하고 실험실 작업 도중

파편들이 손실되지 않도록 주의해야 한다. 만약 그물망이 바람과 물의 흐름이나 뿌리 생장을 방해한다면 그물망의 크기는 낙엽의 소기후에도 영향을 미칠 수 있다.

리터백 연구들이 그물망 크기의 한계로 인해 약간 문제가 있다 하더라도 다른 종류의 도구를 쓰는 경우에도 비슷하거나 더 큰 문제가 발생할 수 있다. 예를 들어 바닥이 그물이고 위는 거의 열려 있는 리터 바스켓의 경우에는 제법 큰 무척추동물이 접근할 수 있으며 토양 표면의 소기후를 더 잘 반영할 뿐 아니라 낙엽이 추가 유입될 수 있다. 담겨진 물질들은 생물적, 비생물적 토양 표면환경에 완전히 노출되며 원 물질들로부터 떨어져 나온 파편들은 나중에 무게를 달거나 화학적 분석을 할 때 회복하기 어려울 수도 있다. 그러므로 적합한 그물 크기의 리터백을 선택하여야 직접적으로 미세한 낙엽량 손실분을 잘 측정할 수 있게 된다.

최근 리터백 연구에서는 1mm 나일론 그물이 많이 사용되지만 macrofauna에 대한 접근을 위해서는 리터백 그물 크기가 >2mm 이상은 되어야 한다. 나일론이나 다른 유기 물질들이 자외선의 공격을 받을 수 있는 고광도의 환경에서는 1.5mm의 유리 섬유를 사용하기도 한다.

(2) 리터백의 크기와 내용 정하기

리터백의 크기는 조사하려는 낙엽을 충당할 수 있을 정도여야 한다. 20×20cm 정도가 보통이지만 더 많은 낙엽을 담으려고 하거나 더 다양한 식물 군집으로부터 낙엽을 채취하기 위해서는 더 커질 수도 있다. 연구의 목적에 따라 각각의 리터백의 내용은 목표 생태계를 대표하게 된다. 예를 들어 단일 종과 혼합종이 담긴 리터백은 분해 유동성이 다르고 많은 식물군집에서는 미세한 목질 조각들이 포함되는 것을 감수해야 한다.

(3) 리터백의 설치, 회수

구역 내에 배치된 리터백의 수는 예상하는 분해율과 지역의 미세기후에 따라 달라져야 한다. 최소한의 리터백 수는 분해율 상수 k가 나올 수 있는 분해 곡선을 그릴 수 있을 정도가 적당하다. 표본추출

간격 또한 적절해야 하는데, 사실 연구의 초기에 더 많은 표본이 회수된다. 어떤 경우에 연구의 첫 번째 해에 계절별로 배치된 3~6개의 수집물을 회수하는데 반해 두 번째 해는 2~4개만 회수하기도 한다. 대부분의 연구들이 1~3년의 기간동안 분해 유동성을 조사하는데 그 결과로 우리는 후기의 분해율에 대해서는 상대적으로 적게 알고 있다. 각 실험구에 대하여 표본 간격 당 적어도 4~5개의 리터백은 회수되어야만 한다. 따라서 생태계 안에서 적절히 분해의 특징을 알아내기 위해 100개나 그 이상의 리터백을 설치하는 것도 흔한 일이다. 그 다음에 해야 하는 화학 분석을 하기 위하여 혼합표본을 건조시킨 후에 중량을 재는 것이 좋다. 화학적으로 분석된 표본은 탄소 조성이 화학적으로 변성되는 온도까지 올라가지 않도록 55℃ 정도에서 건조시키는 것이 좋다. 낙엽 중량과 화학적 조성은 리터백에서 함께 수집되는 토양에 의한 오염을 정정하기 위하여 필요하다. 중량은 각 표본을 다 태운 후에 재가 없는 건조 중량비를 측정하여 표본안의 낙엽 대 토양의 비를 추정해서 보정할 수 있다. 표본을 오염시키고 있는 토양에 유기물 함량이 많거나 양분 분석에 영향을 주는 곳에서는 더 많은 보정이 필요하다.

(4) 분해율 계산하기

분해율 상수 k는 보통 음의 지수모델에서 중량손실분을 맞추어 계산된다.

$$x_t / x_o = e^{-kt}$$

x_t / x_o는 t시간에 남아 있는 원중량의 비이고, t는 수년 동안 경과한 시간이며 k는 분해율 상수이다.

다양한 종류의 화학적인 분석은 부패와 양분 무기화 과정에서의 기능적인 포식자들을 확인하는데 적용되어 왔다. 최근에는 포식자들의 비를 이용하여 낙엽의 단백질 결합 능력과 총 폴리페놀 함량을 확인하려는 노력도 이루어지고 있으며 좀더 일반적으로는 질소와 리그닌의 함량에 대해서도 조사할 수 있다.

2) 목질 퇴적물(Woody detritus)

목질 퇴적물은 미세한 것과 성긴 목질 파편들을 모두 포함한다. 미세한 파편들을 조작적으로 정의하자면 지름이 <10cm이고 길이가 <1m인 죽은 나무나 가지들을 말하는데 리터백에 들어가기에는 너무 큰 잔가지나 뿌리 같은 것들을 말한다. 성긴 파편은 줄기나 가지, 뿌리 등을 포함한다. 목질 퇴적물을 이러한 파편으로 나누는 주요한 이유는 연구 방법의 문제이다. 미세한 파편은 야외에서 그대로 무게를 달 수 있는 반면에 성긴 파편들은 부표본을 만들어야만 한다. 목질 퇴적물을 연구하는 방법은 리터백 방법과 유사하지만 낙엽을 모을 필요는 없다.

(1) 목질 퇴적물들은 표준 길이(전형적인 길이는 기질의 평균 지름의 10배)로 잘라 내고 나중의 수집을 위해서 매어놓고 표시를 해둔 다음 그 지역의 대표적인 소기후 환경의 야외에 놓아둔다(낙엽층 위에 토양 표면으로 늘어뜨리거나 묻어둔다).

(2) 기후환경과 목질의 구성을 고려한 간격으로 조각들을 모으고 실험실에서 말리고 무게를 잰 후 화학적인 분석을 한다.

(3) 고려할 점

① 1~3년의 간격을 둔다면 적어도 10개의 표본은 필요하다. 어떤 연구는 10년을 하기도 한다.

② 목질의 분해는 배치와 마찬가지로 크기와 종의 함수이므로 diameter classes의 지리학적 범위와 genus의 적절한 범위를 제공하기 위해 처음에 전개하는 종을 조심스럽게 선택할 필요가 있다. 다양한 심재를 포함하는 속을 제외하고는 속 이하의 표본은 보통 필요가 없다. 수피, 변재, 그리고 심재는 다른 비율로 분해되기 때문에 처음의 조각이었을 때 이러한 물질들의 비를 잘 기록해 놓는 것이 중요하다.

③ 큰 목질 파편의 무게를 잰다는 것은 현실적으로 힘들기 때문에 무게를 재고 화학적인 분석을 하려면 야외에서 끝 부분을 잘라내어 제거할 수도 있다. 최초 표본 채집 이전에 최종적으로 제거된 각 조각들의 무게를 측정할 필요가 있다. 이러한 일은 연구에 착수할 때 제거될 단편들의 부피를

실험실에서 측정한 후 처음 표본의 밀도와 같은 최초 밀도 (g cm^{-3})를 가정해서 이루어진다.

4. 미생물활성 조사

낙엽의 분해는 토양 형성과 양분 순환이라는 측면에서 매우 중요한 과정이다. 식물에 의해 생산된 물질의 매우 적은 양만이 동물에 의해 직접 소비되고 나머지는 잔재물의 형태로 떨어지게 된다. 그러므로 분해 과정은 양분 순환에 있어서 매우 중요한 역할을 담당하고 있다. 분해 과정은 유기물질이 변하는 모든 과정을 포함한다. 낙엽의 형성, 죽음, 조각화, 씻김, 잔재물 섭식자에 의한 섭식, 화학적 변화 등을 포함한다. 낙엽의 분해와 관련된 연구는 위에서 설명한 낙엽 주머니에 의한 잔재물의 양으로 분해율을 결정해 왔다. 그러나 낙엽 주머니를 활용한 실험의 단점은 망 크기보다 작은 물질은 주머니를 빠져 나간다는 것이다. 또한 작은 동물에 의해 분해되는 것을 포함하기 때문에 미생물에 의한 분해율의 결정을 과잉 추정하게 된다. 망의 크기를 너무 작게 할 경우 이와 반대로 물질의 교환이 잘 일어나지 않아 반대의 결과를 얻기도 한다. 또한 식물의 뿌리가 망으로 들어오는 경우와 작은 동물 또는 조류가 망 표면에 부착하여 자라는 경우와 같은 단점을 가지고 있다. 낙엽 분해의 60~70%가 미생물에 의하여 일어난다는 것을 고려하면 직접 미생물의 활성을 측정하는 것이 물질의 분해를 더 정확히 측정하는 것이 된다. 식물 잔재물의 분해에 가장 중요한 외분비 효소는 ligno-cellulose의 분해와 질소와 인의 순환에 관련된 것들이다. 미생물에 의한 분해는 이들 효소와 직접적으로 관련이 되기 때문에 이들 효소의 활성도 차이는 분해율의 차이를 반영하게 된다. 즉, 셀룰로오스 분해에 관련된 효소에는 exocellulase, endocellulase, β-glucosidase가 있고 xylan 분해 효소에는 xylanase가, mannan 분해 효소에는 mannanase가, pectin 분해 효소에는 pectinase와 petic lyase가, 리그닌과 페놀 분해 효소에는 phenol oxidase와 peroxidase가, 인과 관련된 효소에는 acid phosphadase와 alkaline phosphadase가, 핵산의 분해에는 phosphodiesterase가, 단백질의 분해에는 protease가, chitin의 분해에는 chitinase 등이 존재한다. 이들 효소의 활성을 측정하는 원리는 이들 효소가 분해할 수 있는 인위적인 기질을 이용하는 것이다. 효소 활성도의 측정에는 효소가 분해할 수 있는 결합을 가진 oligomer들이 기질로 사용된다. 기질은 효소에 의해 분해되기 전과 후에 다른 특성을 가진다. 그러므로 분해된 후의 특성을 이용하여 이들의 양을 측정하거나 분해되기 전의 특성이 얼마만큼 남았는가를 측정하게 되면 효소가 얼마만큼 기질을 변하게 하였는지 알 수 있다.

1) methylumbelliferyl(MUF)기를 가진 기질을 이용한 측정

(1) 개요

이 방법은 효소활성도를 측정하기 위한 기질로 MUF와 결합된 기질을 사용하는 방법이다. 그림과 같이 MUF 기질은 형광을 내지 않으나 외분비 효소에 의해 분해되어 유리된 MUF는 364㎚의 빛을 받으면 445㎚의 형광을 내게 된다. 이를 측정하여 MUF의 농도를 측정함으로써 효소활성도를 계산하게 된다. 이 방법은 효소활성도가 낮을 때 사용하는 것이 좋다.

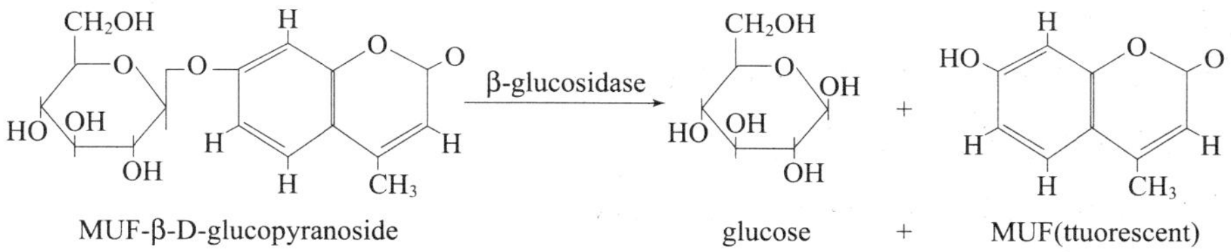

그림 4.II.1 MUF를 이용한 효소활성 측정원리. 형광을 내지 않는 기질인 MUF-β-D-glucopyranoside가 외분비효소인 β-D-glucopyranosidase에 의해 분해가 되면 글루코스와 MUF가 동일한 비율로 유리된다. MUF는 spectrofluorometer와 365㎚ exitation을 이용하여 430㎚ 파장의 형광을 측정하게 된다.

기본적인 과정은 측정하고자 하는 시료를 MUF-기질과 함께 항온진탕기에서 일정시간 진탕한 후 원심분리하여 상등액을 추출한 후 형광을 추출하는 것이다.

(2) 준비물

MUF-substrates(MUF-β-D-glucopyranoside, MUF-cellobioside, MUF-β-xyloside, MUF-phosphate, MUF-sulfate 등),

MUF-Na standard, 진탕기(Homogenizer), 증류수, 10㎖ 유리병, 1.5㎖ effendorf centrifuge tube, 원심분리기, pH 11 glycine/NaOH buffer(0.05M glycine/0.2M NaOH buffer stock 용액을 8배 희석), fluorometer

(3) 과정

① MUF-Na의 농도를 0, 5, 10, 25, 50, 75, 100㎛로 만들어 standard curve를 작성

② 적정 분석 시료의 준비 : 시료를 증류수로 희석 (5, 10, 20. 40, 60, 100배)하여 20~30초 동안 진탕기로 진탕한 후 2㎖를 취하여 2000㎛ MUF-substrate 0, 0.1, 0.5, 0.8, 1, 1.5, 2㎖를 더한다. 여기에 증류수를 더하여 총 4㎖가 되게 한다. 적정온도(표본을 추출할 때의 야외 온도를 사용하는 것이 가장 좋으나, 온도를 변화시킬 장치가 없는 경우 실온 또는 30℃를 사용하기도 한다.)에서 적정 시간(60분) 배양한다. 측정은 다음의 일반적인 과정을 따른다. 이를 통하여 가장 적절한 희석배수와 시료의 양을 결정한다.

③ 위에서 결정된 적정농도의 시료 2㎖에 2mM MUF substrate 2㎖를 넣고 적정온도에서 적정시간 배양한다.

④ 1.5㎖의 시료를 1.5㎖ effendorf centrifuge tube에 넣고 7,200g에서 5분간 원심분리한다.

⑤ 상등액 0.5㎖를 13×100mm borosilicate glass tube에 넣고 pH 11 buffer 2㎖를 더한다.

⑥ 365㎚ excitation 파장과 430㎚ emission 파장을 가진 형광분석기를 통하여 형광을 측정한다.

⑦ 분석 시 마다 25㎛의 MUF free solution을 사용하여 조정(calibration)한다.

⑧ 계산 : 표준곡선에서 얻은 ㎛×희석배수×시간=(μ-mole $h^{-1}gDW^{-1}$)

(4) 주의점

① 미생물활성은 재료의 부위에 따라 매우 다르다. 그러므로 적어

도 4번의 반복 실험(replicate)을 하여 활성을 측정한 후 평균값을 사용한다.

② 시료의 양, 기질의 농도, 배양 시간은 본 실험을 하기 전 예비실험을 통해 결정하여야 한다. 즉, 다양한 시료의 양을 사용하여 가장 적절히 반응하는 시료의 양을 찾은 후, 기질의 농도를 변환시켜 분석한다.

2) p-nitro phenyl(p-NP)기를 가진 기질을 이용한 측정

MUF-기질과 같이 p-NP-기질은 효소에 의해 분해되면 p-NP가 유리되어 나오는 특징이 있다. 이를 측정하여 효소의 활성도를 계산한다. MUF-기질 사용법과 동일한 방법으로 효소의 활성도를 측정할 수 있으나, 사용하는 기질 및 시료의 양 등 구체적인 실험 방법은 다르다. 특히 이 방법은 형광측정기 대신 분광광도계를 이용하여 460 nm의 파장에서 광학적 밀도를 측정한다.

제 5 장 자료 정리 및 분석

I. 개체군 분포 및 군집구조

1. 개체군 분포

1) 개요

개체군에서 어떤 종이 분포하는 양상은 기본적으로 불규칙형(random), 균일형(regular), 괴상형(clumped) 세 가지가 있다. 어떤 개체군에서 개체수를 조사하여 빈도분포와 평균 및 분산을 계산한다면 평균이 같다 하더라도 위의 세 가지 분포형에 따라 분산은 다음과 같이 다르게 나타난다.

임의분포(random pattern) : $\sigma^2 = \mu$

집중분포(clumped pattern) : $\sigma^2 > \mu$

규칙분포(regular pattern) : $\sigma^2 < \mu$

이와 같은 평균과 분산의 관계를 가지는 통계적 빈도분포는 각각 포아송 분포(Poisson distribution), 음 이항분포(negative binomial distribution), 이항분포(binomial distribution)일 경우이다. 따라서 조사된 빈도분포가 어느 분포를 따르는가를 검정하게 되면 그것이 나타내는 분포형을 알 수 있게 된다.

2) Poison 분포에 대한 공간 분포의 판정

(1) 관찰빈도와 기대빈도 구하기

예를 들어 우리가 연구하고자 하는 개체군의 서식처 위에다가 다음과 같은 격자(그림 5.I.1)를 올려놓았다고 하면 개체가 없는 곳, 하나, 또는 두개 등이 있는 곳의 칸 수가 얼마인지 셀 수 있다. 그 결과 다음과 같은 표(표 5.I.1)를 얻을 수 있다.

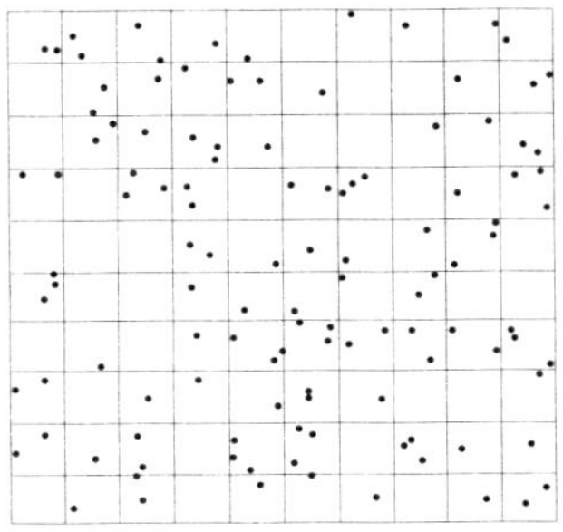

그림 5.I.1

개체군의 분포위에 올려놓은 방형구

이때, $f(X)$는 개체수 X를 가지는 칸의 수이다. 이를 통해 관찰확률(총 칸의 수 n에 대한 관찰빈도 $f(X)$의 비) $p(X)$를 구하는 식은 다음과 같다.

$$p(X) = f(X)/n$$

위의 그림에서 칸의 수(n)는 100이므로 각 $f(X)$를 100으로 나누면 $p(X)$를 구할 수 있다. 그런 다음 poisson 분포에 따를 기대확률 $P(X)$는 다음의 식으로 계산할 수 있다.

$$P(X) = \frac{e^{-\mu}\mu^{X}}{X!}$$

X : 각 방형구 내의 개체수

μ : 방형구당 평균 개체수(모평균)

e : 자연 대수의 밑수($e = 2.71828$)

여기에서는 모평균 μ 대신에 표본평균 $\overline{X}$을 이용한다.

표 5.I.1 개체군의 조사결과

방형구 내의 개체수 X	0	1	2	3	4	5
관찰된 빈도 *f*(X)	27	39	22	11	1	0

$$\overline{X} = \frac{\Sigma X}{n}$$

위 격자에서는

$$\overline{X} = \frac{27+39+22+11+1}{100} = \frac{120}{100} = 1.20$$

와 같은 결과를 얻을 수 있다. 이를 이용하여 위의 격자에서 Poisson 분포에 따른 기대확률 $P(X)$를 구하면 다음과 같다.

$$P(0) = \frac{\mu^0 e^{-1.2}}{0!} = 0.301$$

$$P(1) = \frac{\mu^1 e^{-1.2}}{1!} = 0.361$$

$$P(2) = \frac{\mu^2 e^{-1.2}}{2!} = 0.217$$

$$P(3) = \frac{\mu^3 e^{-1.2}}{3!} = 0.087$$

$$P(4) = \frac{\mu^4 e^{-1.2}}{4!} = 0.026$$

$$P(5) = \frac{\mu^5 e^{-1.2}}{5!} = 0.006$$

이렇게 각 X값에 대하여 구한 Poisson 분포에 따른 기대확률을 가지고 기대빈도 $F(X)$를 구할 수 있다. 기대빈도 $F(X)$는 기대확률 $P(X)$에 총 방형구 수 n을 곱한 값이다.

$$F(X) = P(X) \times n$$

그러므로 위의 격자의 예에서는 0.301×100, $0.361 \times 100 \cdots$으로 구한다. 이를 정리하면 다음과 같다.

표 5.I.2 개체군의 Poisson 분포 종합표

방형구 내 개체수(X)	기대빈도 $F(X)$	관찰빈도 $f(X)$	두 값의 차
0	30.1	27	3.1
1	36.1	39	2.9
2	21.7	22	0.3
3	8.7	11	2.3
4	2.6	1	1.6
5	0.6	0	0.6

(2) χ^2 test를 통한 적합도 검정(χ^2 test of goodness of fit)

χ^2 test를 통한 적합도 검정을 통해 기대빈도와 관찰빈도를 비교

하여 poisson 분포를 따르고 있는지 아닌지를 판단할 수 있다. χ^2 값은 관찰빈도 $f(X)$와 기대빈도 $F(X)$의 차의 제곱을 기대빈도 $F(X)$로 나눈 값이다.

$$\chi^2 = \Sigma \frac{[f(X) - F(X)]^2}{F(X)}$$

χ^2 값을 구한 후 n값에 따른 자유도(DF)를 구한다. 자유도는 q-2이며 q는 검정에 사용된 계급의 수이다. 자유도를 구할 때 계급의 기대빈도나 관찰빈도가 너무 적을 때는 인접한 계급과 합한다. 보통 기대빈도가 5 이하인 경우에 합하나 1 또는 3 이하인 경우에 합하기도 한다. 위에서 언급한 격자의 경우에 기대빈도가 1 이하인 $X = 4$의 방형구를 합하여 DF = 5 − 2 = 3이다. χ^2 분포표에서 자유도 3과 5% 유의수준의 χ^2의 값은 7.18인데 위의 실험에서 χ^2을 구해보면 2.68로 7.81보다 작아 유의성을 나타내지 않는다. 위의 개체군은 poisson 분포를 따르므로 임의분포를 따른다고 볼 수 있다. 만약 유의수준보다 χ^2값이 크다면 유의성이 높아 가설을 버리게 되므로 임의분포하지 않고 집중분포나 규칙분포를 따르게 된다.

(3) 분산-평균비(variance-mean ratio)

앞에서 살펴본 바와 같이 임의분포(random distribution)의 경우 $\sigma^2 = \mu$이므로 임의분포인지를 알아보기 위해서는 $\sigma^2/\mu = 1$인지를 알아보면 검정할 수 있다. 또한 그 비가 1보다 크면 집중분포로 1보다 작으면 규칙분포로 판정한다.

검정 방법은 분산(s^2)과 평균($\overline{X}$)의 비,

$$s^2 / \overline{X} = 1$$

을 만족시키는가에 대하여 t검정을 실시한다. 먼저,

$$t = \frac{s^2 / \overline{X} - 1}{s} \qquad s = \text{표준오차}$$

의 값을 구한다. 표준오차 s는 개체의 밀도에 독립적이고 표본수에 대해서만 결정되므로 다음과 같이 구할 수 있다.

$$s=\sqrt{\frac{2}{N-1}} \qquad N: \text{표본수}$$

위의 식을 통해 나온 t값이 t분포표와 비교해 보아 더 크다면 유의성이 있다고 보고 분산-평균비가 1이라 할 수 없다는 결론을 내린다. 그러나 작다면 분산-평균비가 1이므로 조사 개체군은 임의분포한다고 판단한다.

II. 종풍부도와 종다양도

다양성(diversity)이란 군집구조의 복잡한 정도를 의미한다. 다양성에는 여러 가지 측면이 있으나 가장 간단한 것은 출현종의 수를 세는 것으로 군집을 설명하고 비교하는 풍부도에 의한 것이다. 다양성은 대개 오래된 군집, 극단적이지 않은 서식지, 자원이 다양한 곳, 생산성이 높은 곳, 기후가 안정적인 곳, 포식동물이 적당히 있는 곳, 적당한 교란이 있는 곳에서 높은 편이다.

종 다양성의 개념은 두 가지인데 존재하는 총 종수에 근거한 종의 밀도로, 보통 풍부도(richness)라고 불리는 것과 우점종의 정도와 종의 상대적 수도(abundance)에 근거한 균등도(evenness)가 있다. 종의 풍부도는 군집 내의 어떤 지역에서의 단순한 종의 수만을 의미한다. 그러나 각 종들은 개체수가 똑같지 않다. 예를 들어 두 군락이 똑같이 10개의 종이 100개체 출현하였다고 하자. 한 군락은 10개의 종이 각각 10개체씩 출현하였는데, 다른 한 군락은 10개의 종중 한 개의 종만이 91개체 출현하고 나머지 9개의 종이 각각 1개체씩 출현하였다면 종 다양성은 군락 1이 높다. 즉, 앞의 군락은 우점도는 최소이고 균등도는 최대인데 반해 다른 군락은 우점도는 최대이나 균등도는 최소가 된다. 따라서 군집을 비교할 때에는 풍부도와 균등도의 조화가 필요한데 이것을 종 다양성이라고 한다.

1. 종풍부도

종풍부도는 군집 내에 존재하는 종의 수에 근거한 종의 밀도를 의미한다. 즉 단위 지역마다 종들이 얼마나 나타나는가를 보여준다. 종풍부도를 나타내는 것으로 우선 먼저 생각할 수 있는 것은 군집 내에 있는 전체 종의 수(S)이다. 그러나 종의 수는 표본의 크기에 따라 달라질 수 있으므로 다른 군집과의 비교를 하는 것은 불가능하다. 그러므로 전체 개체수 n과의 관계를 고려하여 계산하면 표본크기가 증가할 때 개체수도 증가하기 때문에 표본 크기에 영향을 받지 않는다.

가장 잘 알려진 풍부도 지수로는 Margalef지수와 Menhinick지수가 있다. margalef지수는

$$R_1 = \frac{S-1}{\ln(n)}$$

S : 종의 수 n : 총 개체수

menhinick지수는

$$R_2 = \frac{S}{\sqrt{N}}$$

와 같은 식으로 구할 수 있다. 그러나 표본수 n의 크기가 다른 군집간에는 R의 크기를 서로 비교할 수 없다.

2. 종다양도

다양성 지수는 풍부도와 균등도의 조합으로 나타낼 수 있다. 종 다양성 지수는 Simpson과 Shannon의 지수가 유용하게 사용되어 왔다.

1) Simpson지수

우점도(dominance)로부터 출발하는 것으로 최고의 풍부성을 지닌 종을 희소종보다 중요하게 인정한다. 따라서 이 지수의 수치는 종풍부도와 개체들의 균등도를 포함한다. 계산 과정은 다음과 같다.

먼저, 한 군집으로부터 두 개체를 랜덤하게 추출하였을 때 두 개체가 같은 종에 포함될 확률을 다음 식으로 나타낼 수 있다.

$$C = \frac{\Sigma n_i(n_i - 1)}{N(N-1)}$$

N : 총 개체수 n_i : 각 종의 개체수

여기에서 C는 Simpson의 우점도지수이다. 한 군집의 우점도 지수가 높으면 다양도 지수는 낮게 된다. 그러므로 Simpson의 다양도 지수(D_s)는 전체 값 1에서 우점도지수를 뺀 값으로 나타낼 수 있다.

$$D_s = 1 - C$$

다시 말해,

$$D_s = 1 - \frac{\Sigma n_i(n_i - 1)}{N(N-1)}$$

의 식으로 계산할 수 있으며 D_s의 값은 0~1의 범위를 가진다.

또는 우점도지수 C의 역수를 취한 d_s를 계산한 값으로 다양도를 나타내기도 한다.

$$d_s = \frac{1}{c} = \frac{N(N-1)}{\Sigma(n_i - n_i)}$$

D_s의 값이 1에 가까운 표본을 비교하려면 D_s보다는 d_s로 계산하는 것이 더 낫다. 만약, 표본을 추출하여 다양도를 조사하는 것이 아니라 전 군집으로 추출하였거나 랜덤하게 표본추출하지 않았다면 다음과 같은 식으로 계산한다.

$$\lambda = \sum_{i=1}^{S} p_i^2$$

S : 종 수 p_i : i번 째 종의 풍부도 비율

$$p_i = \frac{n_i}{N}$$

n_i : i번 째 종의 개체수 N : S개의 종 전체의 개체수

2) Shannon지수

군집 연구에 가장 많이 쓰이고 있으며 풍부성을 지닌 종보다 희귀성을 지닌 종에 더 비중을 둔다. 정보 이론(information theory)에 따라 도출한 것이며 불확실성의 개념을 기초로 하여 다양도가 높으면 불확실성이 높고 다양도가 낮으면 불확실성이 낮다는 개념을 도입하고 있다. 식은 다음과 같다.

$$H' = -\Sigma p_i \ln p_i$$

$$p_i = \frac{n_i}{N}$$

p_i는 전체 출현종 중에서 i번 째 종이 차지하는 비율(확률)이다. 이 계산에서 자연대수 e를 밑수로 하는 ln 대신에 10이나 2를 밑수로 취하는 log로 계산할 수도 있다. 이 방법은 S개의 종 N개체에서 임의로 추출되는 한 개체가 어느 종에 속할 것인가를 예측하여 평균적인 불확실성의 정도를 측정하는 것이다. 이 불확실성은 종이 많아질수록, 또는 종간의 개체수의 분포가 균일할수록 증가한다. 따라서 H'는 다음과 같은 두 가지 성질을 가진다. 첫째, 표본 내에 한 종만 있을 때 H'는 0이 아니다. 둘째, S개의 종이 모두 똑같은 개체수일 때 H'는 최대가 된다. Simpson지수의 경우와 마찬가지로 만약 군집의 크기가 크거나 랜덤하게 추출하지 않은 표본으로 종다양도지수를 계산할 때는 다음과 같은 식을 쓴다.

$$H' = -\Sigma\left(\frac{n_i}{N}\right)\ln\left(\frac{n_i}{N}\right)$$

III. 군집 유사도

군집 생태학자들은 군집의 유사도를 나타낼 방법을 찾아 왔으며 이러한 유사도가 서식처 조건들과 얼마나 관계가 있는지 알려고 했다. 그래서 유사도 지수들을 숫자로 나타내는 방법을 만들어 내었다. 이러한 유사도를 나타내는 지표로 여러 가지가 제시되어 있으며 유사도를 이용하여 종이나 장소를 분류할 수 있다. 유사도 계수에는 Jaccard군집계수와 Sϕrensen의 군집계수, 백분율 유사도가 있다.

1. Jaccard와 Sϕrensen 유사계수

이 두 유사계수는 두 군집 내에 출현하는 종의 유・무를 기록한 다음 그 자료를 가지고 계산한다.

Jaccard의 유사도지수(J)는 다음과 같이 계산한다.

$$J = \frac{2W}{(A+B-W)}$$

A : 군집 A의 종 수

B : 군집 B의 종수

W : 두 군집에서 공통되는 종수

SΦrensen 계수(S)를 구하는 식은 다음과 같다.

$$S = \frac{2W}{(A+B)}$$

이러한 유사도 지수로 군집들을 비교하였을 때 값이 크게 나올수록 더 유사한 군집이라고 볼 수 있다. 예를 들면 군집 A가 20종으로, 군집 B가 15종으로 구성되고, 두 군집에 공통으로 1종이 출현한다면 다음과 같이 계산된다.

$$C_J = \frac{10}{20+15-10} = 0.40$$

$$C_S = \frac{2 \cdot 10}{20+15} = 0.57$$

둘 중 한가지 방법을 선택하여 계산하면 각 군집 별 유사도를 비교할 수 있다.

2. 백분율 유사도

Jaccard와 SΦrensen의 유사도 계수는 출현종의 유・무만을 가지고 계산하였기 때문에 출현종의 수를 고려하지 않았다는 단점이 있다. 일정 두 지역에 유사도 계수가 같은 군집 쌍이 있다고 했을 때 동일하게 출현한 종의 수는 같더라도 그 종의 개체가 얼마나 많은지에 따라 유사도 정도가 달라질 것이다. 그러나 Jaccard와 SΦrensen 계수로는 그러한 것을 전혀 고려할 수 없다. 그러므로 출현한 각 종의 개체수를 고려하여 백분율로 나타낼 수 있다.

$$p_i = \frac{x_A}{N_A} \qquad q_i = \frac{x_B}{N_B}$$

p_i : 군집 A에 출현한 i종의 백분율

q_i : 군집 B에 출현한 i종의 백분율
x_A : 군집 A에 출현한 종 i의 개체수
x_B : 군집 B에 출현 종 i의 개체수

라고 할 때 백분율 계수는 다음과 같다.

$$S_p = \Sigma\,[\,p_i\text{와 }q_i\text{ 중에서 낮은 값}]$$

또는

$$S_p = 1 - \frac{\Sigma\,|\,p_i - q_i\,|}{2}$$

로 계산할 수 있다.

IV. 종간 상호작용

1. 개체군의 상호작용

한 종이 다른 종의 개체군 성장과 생존에 미치는 영향은 부정적(−), 긍정적(+), 중립적(0)일 수 있다. 이론적으로 두 종이 이루는 개체군들은 0, +, −를 조합하여 9가지의 상호작용이 나타날 수 있다. 그 조합은 00, −−, ++, +0, 0+, 0−, −0, +−, −+이다. 이들 9가지 형태의 상호작용을 지칭하는 용어들을 정리하면 다음과 같다.

- 중립(neutralism, 00) : 두 개체군 사이에 아무런 관계가 없다.
- 경쟁(competition, −−) : 두 개체군이 서로를 억제하거나 어떤 종류의 부정적인 영향을 준다.
- 원시협동 또는 상리공생(++) : 두 생물 종 모두 상호작용으로 이익을 가진다.
  - ㉠ 원시협동(protocooperation) : 상호작용을 하지 않아도 살 수 있지만 상호작용을 하면 서로 이익을 얻는다.
  - ㉡ 상리공생(mutualism) : 두 개체군이 모두 이익을 얻으며 서로 상호작용하지 않으면 생존하지 못한다.
- 편리공생(commensalism, +0, 0+) : 한 종에게는 이익이 되고

다른 종에게는 영향이 없다.

- 편해공생(amensalism, -0, 0-) : 한 종에게는 부정적이나 다른 종에게는 아무런 영향이 없다.
- 포식(predation, +-), 초식(herbivory, +-) : 포식자 또는 초식자에게는 긍정적이고 먹이에게는 부정적이다.
- 기생(-+) : 숙주에게는 부정적이고 기생충에게는 긍정적이다.

1) 종간 상호작용 유형을 분석하는 방법

상호작용이 생태학적으로 중요하게 고려되기 전에, 관찰자는 여러 단계를 거쳐 연구해야 한다. 종간 상호작용이 정(positive)적인지, 부(negative)적인지 그 중요성을 가설화 하기 위해서는 두 종간 분포의 무작위성을 관찰해야 한다. 두 종이 서로 정적인 상호작용을 한다면 두 종간에 정적인 공간분포를 보일 것이다. 즉, 한 종이 발견되는 곳 주변에 다른 종이 발견될 확률이 높아진다. 두 개체군이 서로를 끌어당기고, 그 안에서 집단을 이루면서 분포할 것이다. 유사하게, 부적인 상호작용은 서로 배척하는 공간분포를 보인다. 만약, 두 개체군 사이에 아무런 상호작용이 없다면 두 개체군은 무작위적(random)으로 분포할 것이다. 그러나 무작위적 분포는 복잡한 상호작용에서부터 생기기도 한다. 유사하게, 종들이 서로 실제로는 부적으로 상호작용하지만 자원이 많은 곳 주변에 밀집하여 분포하는 경우도 있다. 그러므로, 분포의 유형이 항상 상호작용의 유무를 알려주는 것은 아니다.

상호작용의 유형을 밝힐 한가지 방법으로 적당한 크기의 무작위적인 방형구 내에서 식생을 조사하는 방법이 있다. 각 방형구 내에서, 어떤 두 종이 존재하는지 없는지를 기록하여, 분할표(contingency table)에 요약한다. 이것은 실제 관찰된 데이터로 이루어져 있다. 완전하게 두 종이 무작위적으로 분포한다는 가정 하에 예상된 데이터는 실제 관찰된 데이터와 비교하게 되는데, 이때 chi(χ)-square를 사용한다. 예를 들어 다음 표 5.Ⅳ.1은 Baja California의 Punta Banda에 있는 해안 샐비어의 다육성 관목림에서 두 종 Lotus scoparius와 Rhus integrifolia의 상호작용을 알아본 것이다. 두 종 사이의 chi-square 값은 두 종이 무작위로 존재할 때의 예상 값보다 훨씬 크다. 즉, 두 종은 서로 무작위적으로 분포하는 것이 아니다. 표를 보면, 두 종이 각각 따로 떨어져 있는 곳은 많고, 함께 있는 곳이 적다. 즉, 두 종은 서로 부적인 상호작용을 하는 것이다.

표 5.IV.1 두 종간 상호작용을 분석하기 위한 분할표(contingency table)

		Lotus scoparius		
		있 다	없 다	총 계
Rhus integrifolia	있다	관찰값:15 예상값:33×63/90=23.1	관찰값:18 예상값:33×27/90=9.9	33
	없다	관찰값:48 예상값:57×63/90=39.9	관찰값:9 예상값:57×27/90=17.1	57
	총계	63	27	90
	$\chi^2 = \Sigma$(관찰값-예상값)^2/예상값=2.84+8.18+1.64+3.84=16.5			

두 종의 상호작용을 알아내는 또 다른 방법은 무작위적으로 선택된 식물과 그 식물 주변에 있는 다른 식물과의 거리를 재는 것이다. Clark과 Evans에 의해 만들어진 분산지수(R, dispersion index)를 계산하는 것이다. 분산지수는 무작위적으로 두 종이 분포한다고 가정했을 때 실제 평균거리와 예상되는 거리의 비율을 계산한 것이다.

$$R=\frac{\text{평균거리}}{0.5\sqrt{\text{밀도}}}$$

단위면적당 식물의 평균 밀도는 방형구로부터 짐작될 수 있다. R과 1의 차이가 규칙적(regularity) 분포($R>1$)인지 밀집된(patchiness) 분포($R<1$)인지를 예상할 수 있게 한다. 위의 모든 방법들에서 고려할 점은 식물의 나이에 따라 크기가 증가하므로 상호작용의 유형이 바뀐다는 점이다. Sonoran과 Mojave 사막의 식물들은 작은 관목일 때는 밀집하여 분포하고, 중간 크기가 될 때는 무작위적으로 분포하고, 큰 관목일 때는 규칙적으로 분포한다. 즉, 식물의 크기가 커짐에 따라 경쟁이 증가한다는 것을 알 수 있다.

상호작용을 유추하는데 필요한 두 번째 단계는 실험이다. 이 단계를 완성하기 위한 방법을 선택할 때는 추정되는 상호작용을 고려한다. 이것은 야외실험이나 잘 통제된 환경(온실이나 식물 배양기)에서

하게 된다. 세 번째 단계는 실험을 통해 얻은 결과가 실제 자연에서 적용되는지 알아보는 단계이다. 사실 이 세 단계를 거쳐서 상호작용 관계를 알아내는 것은 상당히 어렵다.

2. 경쟁(Competition)

1) 종간경쟁과 종내경쟁

경쟁(competition)이란 한 자원을 동시에 차지하려는 두 생물의 상호작용을 말한다. 경쟁은 종간경쟁(interspecific competition)과 종내경쟁(intraspecific competition)으로 구분할 수 있다. 여러 종류의 식물이 햇빛, 물 등을 서로 차지하려는 것처럼, 서로 다른 종의 생물 사이에서 일어나는 경쟁을 종간경쟁이라 한다. 또한, 소나무 개체들이 서로 햇빛을 더 많이 차지하려는 것처럼, 같은 종의 다른 개체들 사이에 일어나는 경쟁을 종내경쟁이라 한다. 대체로 종간경쟁보다는 종내경쟁이 더 혹독한 경우가 많다.

2) 경쟁배타의 원리

한 자원에 대해 종간경쟁이 심하면 한 종만 살아남고 다른 종은 멸종하게 된다. 이것을 Gause의 법칙 또는 경쟁배타의 원리(competitive exclusion principle)라 한다. 경쟁배타에서는 생태적 지위(niche)의 개념이 중요하게 사용되는데, 두 종이 같은 생태적 지위를 점유하는 것은 불가능하다.

3) 경쟁의 실험적 증거

North Wales 대학의 John L. Harper와 그의 동료들은 토끼풀(*Trifolium*)을 이용하여 경쟁실험을 하였다. 이 실험에서는 가까운 친척관계인 토끼풀 두 종이 개체군의 밀도가 매우 크며, 경쟁이 일어나는 조건에서도 공존할 수 있다는 것을 보여주었다. 그러나, 밀도는 한 종씩만 자랄 때보다는 낮은 상태를 유지했다. 이 두 종 중 *T. repens*는 더 빨리 자라 잎이 무성하고, *T. fragiferum*은 긴 잎자루를 가져 높게 자랄 수 있다. Harper는 토끼풀의 성장시기, 영양소의 요구, 채식, 빛, 물에 대한 민감도의 차이 등이 있으면 두 생물은 공존할 수 있다는 결론을 내렸다.

4) 경쟁종의 공존

경쟁배타의 원리에 의하면, 두 종 사이에 경쟁이 심하면 한 종은 완전히 쫓겨나게 된다고 하였는데, 두 종이 자원을 나누어 가지며 공존하는 경우도 있다. 생태계는 복잡하기 때문에 주변의 일상적 환경에서는 완전한 경쟁배타의 원리가 적용되는 예를 찾기가 어렵다. 두 종의 먹이와 서식지가 완전히 동일한 경우는 거의 없기 때문에 두 종의 공존이 가능하다. 문제는 얼마나 경쟁이 치열해야 두 종이 공존할 수 없는가를 아는 것이다.

종간보다 종내에서 밀집효과가 더 크다면 즉, 종간경쟁보다 종내경쟁이 더 치열한 곳에서는 두 종이 공존할 수 있다. 두 종 사이에 이용자원의 차이가 있다면 공존이 가능하다. 실제로 같은 곳에 사는 민물가마우지와 유럽 가마우지는 먹이가 서로 달라 경쟁을 피하며 공존하고 있다.

3. 편해공생(Amensalism)

편해공생은 한 종이 다른 종에 의해 부정적인 영향을 받으나 다른 종은 아무런 영향도 받지 않는 경우를 말한다. 경쟁적 상호작용이 나중에는 편해공생이 되는 경우도 있다. 이는 경쟁이 비대칭적으로 일어날 때 나타난다. 즉, 한 종이 다른 종에게 부정적 영향을 더 많이 끼칠 때 일어난다. 큰 나무 밑에 사는 초본의 경우 큰 나무가 빛을 다 가리기 때문에 빛의 경쟁에서 큰 나무에 비해 불리하다. 또한, 빛을 많이 받은 나무는 초본에 비해 광합성도 더 많이 하기 때문에 초본이 흡수할 영양분마저 뿌리를 통해 다 흡수해 버린다. 또 다른 편해공생의 예로, 상극작용(=타감작용 allelopathy)이 있다. 한 종이 화학물질(allelochemicals)을 환경으로 분비하여 다른 종의 생장을 방해하는 작용이다. Allelochemicals는 선택적 독성을 가져 어떤 생물에게는 지대한 영향을 주지만 다른 생물에게는 아무 영향도 주지 않는다.

1) 상극작용(Allelopathy)

주변에 화학물질을 방출하여 다른 식물의 생장과 생식을 방해하는 작용을 상극작용(=타감작용 allelopathy)이라 한다. 상극작용은 식물이 환경으로부터 어떤 물질을 빼앗기보다는 물질을 첨가함으로써 다른 종에게 영향을 끼친다. 이때 방출되는 화학물질을 상극물질(allelochemicals)이라 한다.

상극물질이 식물로부터 환경으로 방출되는 방법에는 여러 가지가 있다. 안개와 비를 통해 씻겨 나오는 경우, 뿌리로부터 토양으로 분비되는 경우, 잎에서 물질이 휘발되어 나오는 경우, 식물의 죽은 부분이 분해되어 화학물질이 생태계에 유입되는 경우 등이 있다. 상극물질은 잎, 줄기, 뿌리, 뿌리혹, 꽃, 열매, 씨 등에서 생성되지만, 잎과 뿌리가 가장 중요한 부위이다.

다양한 상극물질이 발견되었지만 이들의 정확한 기작은 불분명하다. 현재까지 밝혀진 경우를 나열하면 다음과 같다. 페놀계 상극물질은 세포막의 기능을 방해하여 식물의 대사를 저해한다. 테르펜(terpenes)계 상극물질은 휘발성으로 세포분열을 억제하여 식물의 생장을 저해한다. 이렇듯 한 종류의 식물이 방출하는 상극물질은 다른 식물의 양분흡수, 호흡, 생장호르몬의 분비를 억제하여 발아와 생장을 억제한다.

식물군집 내에서 한 종류의 식물이 주변에 다른 종류가 살지 못하게 하는 상극작용 효과가 나타나는 경우가 있다. 캘리포니아의 차파렐 군계에서는 관목성인 사제발쑥(*Artemisia tridendata*)의 덤불 둘레에 일년생 초본(*Adenostoma fasciculatum*)이 자라지 못하여 1m 또는 그 이상의 빈터가 생기는 것이 관찰되었다. 사제발쑥의 덤불에 가까운 곳은 일년생 초본이 전혀 살지 못하지만 멀어짐에 따라 서서히 생장이 회복된다. 오랜 연구 끝에 사제발쑥의 상극물질이 테르펜(terpenes)임이 밝혀졌다. 이 물질은 방향성 물질로서 공기 중으로 방출되어 토양에 흡착되었다가 초본의 발아와 생장을 억제한다. 차파렐의 식생은 20~30년 마다 정기적으로 산불이 나서 타고 있다. 사제발쑥의 덤불이 불에 탄 다음 해에는 일년생 초본이 발아하여 무성하게 자라는데, 그 이유는 토양에 흡착된 테르펜이 높은 온도에 의하여 휘발되거나 분해되어 일시적으로 상극물질의 작용이 없어진 것으로 해석되고 있다.

4. 편리공생(Commensalism)

한 생물이 다른 생물과 함께 살거나 가까이 살면서 이익을 얻는 상호관계를 편리공생이라 한다. 편리공생과 기생 사이의 구별은 도호하고, 시간에 따라 변화한다. 굴 껍질 속에 작은 게가 들어있는 경우가 있는데, 이 게는 굴 껍질에 의해 보호받는 편리공생 게이다. 그런데 시간이 지나면서 굴의 조직을 잠식하는 경우도 있다. 이와 마찬가지로 편리공생과 상리공생 사이에도 구별이 모호한 경우가 있다.

편리공생에서 이익을 얻는 종은 먹이, 주거, 지탱, 운반 등에서 이익을 얻는다. 육식동물이 먹고 남긴 찌꺼기를 독수리가 먹으며, 대장균은 척추동물의 창자 속에 생긴 음식물 찌꺼기를 이용하여 살아간다. 사슴생쥐는 조류의 묵은 둥지를 이용하여 주거의 이익을 얻는다. 다른 식물 위에 몸을 지탱하여 자라는 착생식물(ephiphyte)은 지탱의 이익을 얻는다. 동물에 의해 산포되는 종자들, 왜가리 다리에 붙어서 운반되는 수생식물의 종자, 제비 깃털에 묻어 운반되는 조류(algae), 곤충이나 벌새의 부리에 붙어서 이동하는 진드기 등은 운반의 이익을 얻는다.

5. 원시공생(=원시협동 Protocooperation)

원시협동은 두 종에게 모두 긍정적인 영향을 미치지만 절대적인 관계는 아니고, 개체의 생존과 성장은 상호작용이 없어도 가능하다. 서로 같은 종이나 다른 종 사이에 뿌리가 서로 만나 접목되는 경우가 있다. 각 나무의 뿌리는 토양을 통과해 자라다가 다른 나무의 뿌리와 서로 만나게 되어 자연적인 접목(graft)이 이루어지는 경우가 많다. 160 종류 이상의 나무가 이런 방식으로 자연적인 접목을 형성한다. 나무뿌리의 접목은 연 강수량 50cm 이하인 지역이라면 습한 지역부터 건조한 지역까지 널리 나타나는 현상이다.

만약 두 종이 광합성 산물을 서로 교환한다면 이 관계도 원시협동이다. 이들은 서로 호르몬을 주고받으면서 싹을 동시에 틔우는 등 서로 더 유사해진다. 만약 한 개체가 다른 개체에 비해 작다면, 이 작은 개체는 큰 개체의 압박을 받게 되어 이 관계는 일방적이거나 기생적인 관계가 될 것이다.

6. 상리공생(Mutualism)

상리공생은 자연계에서 매우 다양하게 나타난다. 진핵세포의 기원은 원핵생물 사이의 절대 상리공생에서 기원했다는 설이 있다. 공생(symbiosis)은 대부분 상리공생을 의미한다. 하지만 공생관계는 반드시 상호 이익을 얻는 관계만을 나타내는 말은 아니다. 상리공생(mutualism)은 상호 긍정적인 효과를 가진 경우에 한정된다. 이 관계는 절대적(obligatory)일수도 있고 조건적(facultative)일 수도 있다.

상리공생의 대표적인 예로 지의류(lichens)가 있는데, 지의류는 몸체를 유지할 수 있도록 조류(algae)가 광합성 산물을 제공하고, 곰팡이(fungus)가 영양분을 제공한다. 개미가 생태계에서 발휘하는 힘은 크다. 개미는 착생식물과 상리공생관계에 있다. 개미는 착생식물의 숙주를 위한 영양분을 공급하고, 개미는 착생식물을 이용하여 자신들을 보호하고, 서식처로 삼는다. 착생식물은 개미가 있기 때문에 초식당하지 않을 수 있고, 개미는 착생식물의 종자산포에 중요한 역할을 한다.

1) 균근(Mycorrhizae)

균근(mycorrhizae)은 고등식물의 뿌리와 균류의 상호작용이다. 19세기에 Allen에 의해 처음으로 관찰되었다. 이들 균류의 균사가 뿌리의 세포벽을 뚫고 들어가는 경우를 내생균근(endomycorrhizae)이라 하는데, 이런 균근을 형성하는 균류에는 조균류, 담자균류, 자낭균류 등이 있다. 내생균근의 경우, 균사가 뿌리의 피층세포 사이를 파고들어 영양분을 흡수하는 네트워크를 형성한다. 반대로, 균류의 균사가 피층세포 사이에 분포하는 경우를 외생균근(ectomycorrhizae)이라고 하며, 온난한 북부지방의 오크, 소나무, 버드나무, 호두나무, 단풍나무, 자작나무 등에서 이런 균근을 많이 발견할 수 있다. 외생균근은 뿌리 끝 주변의 바깥부분을 덮지만, 뿌리 세포 속으로 침투하지는 않는다.

균근은 관다발 식물과 균류 사이에 양 방향으로 영양분과 대사물질을 교환한다. 방사성인 $^{14}CO_2$는 광합성에 의해 고등식물의 잎에 고정되고 나중에 균근을 이루고 있는 균류에서 발견된다. 뿌리에서 아미노산과 같은 영양분이 스며 나오고 이것이 균류에 흡수된다. 동위

원소를 이용한 실험에서 균근이 없는 식물보다 균근을 가진 식물이 인, 칼슘, 칼륨 등을 더 많이 흡수하였다. 그 결과 균근을 가진 식물의 생장이 균근이 없는 식물에 비해 25~300%까지 촉진되었다.

균근 관계는 상리공생적이지만 종 특이성이 필수적이지는 않다. 하나의 나무는 100가지 다른 균류의 숙주가 될 수 있고, 하나의 균류로부터 나온 균사가 토양을 뚫고 여러 종의 식물과 연결된다.

2) 질소고정 세균(Symbiotic Nitrogen Fixation)

질소고정은 대기 중 질소를 암모니아로 바꾸는 과정으로, 단지 특정 원핵생물들만이 질소고정을 할 수 있다. 이들 원핵생물 중 일부는 자유유영생물이고, 어떤 것들은 진핵생물에게 질소고정물을 제공하고 진핵생물로부터 영양분을 공급받는 식으로, 진핵생물들과 밀접하게 상호작용하며 살아간다.

질소고정은 ATP 에너지와 혐기성 환경이 필요하다.

$$4N_2 + 6H_2O \xleftrightarrow[\text{효소, Nitrogenase가 있고 산소가 없는 환경}]{ATP \rightarrow ADP} 4NH_3 + 3O_2$$

질소는 식물 생장에 제한 요소가 되므로 질소를 고정하는 종과 공생하는 식물은 질소를 잘 공급받을 수 있어서 생장에 도움을 받는다. 반대로, 식물은 질소 고정자에게 탄소를 포함하고 있는 유기물을 제공한다.

콩과식물 뿌리에 사는 Rhizobium이라는 박테리아가 질소를 고정하는 종으로 잘 알려져 있다. 남조류인 Nostoc과 Anabaena는 선태류 배우체, 소철류의 뿌리혹, Azolla라는 양치식물 등과 상호작용하여 질소고정을 한다. Azolla-Anabaena 공생은 생태적이고 경제적인 중요성을 갖는다.

어떤 토양의 방선균류(actinomycetes)는 고등식물의 뿌리에 침입하여 작은 혹(nodules)을 계속 만들어 나간다. 이들 혹 안에서, 질소고정이 매우 효과적으로 일어난다. 온대지방에 사는 목질식물들 285종 이상이 이런 작은 혹(nodules)을 갖고 있다.

3) 수분(Pollination)

수분은 꽃피는 식물에서 발달된 상리공생기작이다. 수분을 위해 속씨식물의 형태적 변이가 나타난다. 수술에서 암술머리로 화분이 옮겨져야 유성생식이 가능하다. 수분매개자가 식물이 생산할 수 있는 종자의 양을 결정한다. 대부분의 식물종이 수분매개자(곤충, 새, 박쥐 등)의 행동적, 형태적 특성에 적응되었다. 수분매개자에게 적응된 식물은 다음과 같은 특징을 보인다.

a. 꽃잎, 꽃받침을 가지며, 시각 · 후각적으로 수분매개자에게 매력적으로 보이도록 개화한다.
b. 점착성이 좋아 서로 잘 뭉치는 화분을 갖는다.
c. 수분매개자에게 영양분이 되는 과즙(nectar), 녹말, 화분을 생산한다.
d. 수분매개자의 생태에 맞도록 개화기에 수분매개자를 유인할 수 있는 물질을 방출한다.

온대지방에서는 곤충이 가장 중요한 수분매개자이다. 벌들은 개화와 관련된 특성을 잘 기억하기 때문에 가장 믿음직스런 수분매개자이다. 벌에 의해 수분되는 꽃들은 다음과 같은 특징이 있다.

a. 좌우 상칭이다.
b. 생식기관을 부분적으로 숨겨놓았고, 튼튼한 꽃을 피운다.
c. 밝은 파랑색이나 노란색을 띤다(벌은 빨간색을 보지 못한다).
d. 과즙이나 꿀을 갖고 있다.
e. 자방마다 많은 수의 밑씨를 갖고 있고 수술의 수가 적다.

수분매개자들은 다음과 같은 특징을 갖는다.

a. 파랑, 노랑, 자외선까지 식별 가능한 능력을 갖는다.
b. 기억력이 좋고, 판단력이 뛰어나다.
c. 꿀을 빨아먹을 수 있는 긴 대롱모양의 입을 갖는다.

열대지방에서는 새가 가장 중요한 수분매개자이다. 아프리카와 아시아의 태양새들(Nectarinidae), 하와이의 꿀먹이새(Drepanididae), 남북아메리카 양쪽 모두에 사는 벌새들(Trochilidae)이 가장 중요한 수분매개자이다. 많은 열대 식물들은 조류 수분매개자들에게 적응해 왔다. 조류에 의해 수분되는 종들은 새가 앉을 수 있도록 꽃이 핀 가지가 튼튼해야 한다. 동물에 의해 수분되는 꽃은 더 멀리까지 화분을 분산시킬 수 있고, 다른 종과의 교배도 일어날 수 있어, 유전적 다양성을 증가시킨다.

7. 초식(Herbivory)

1) 초식의 유형

초식동물이 식물을 먹는 것을 초식(herbivory)이라 한다. 초식은 소비자에 의해 살아있는 식물의 전부 또는 일부분이 소비되는 것이다. 초식동물에는 곤충, 포유류가 많고, 조류 중에서 종자, 과실 등을 먹고 사는 종류가 있다. 또한 무척추동물 중에도 초식동물이 있다.

초식동물에는 방목자(grazer)와 새싹먹기동물(browser)이 있는데, 방목자는 소나 메뚜기처럼 풀과 작은 나무를 뜯어먹는 초식동물이고, 새싹 먹기 동물은 어린 싹, 가지 같은 특수 부위를 먹는 초식동물을 일컫는다. 그러나 이 둘 사이의 경계가 불분명하다.

초식을 하는 곤충 중에는 잎의 표피만 남기고 엽육만을 먹는 곤충과, 뿌리, 줄기, 씨에 구멍을 뚫어 먹는 곤충, 진을 빨아먹는 진딧물, 식물체에 혹(gall)을 만들고 그 속에서 파먹고 사는 솔잎혹파리 등이 있다. 이렇게 초식을 하는 방법은 매우 다양하다.

2) 과실먹기와 종자먹기

동물이 유독 신선한 과실만을 먹는 식성을 과실먹기(frugivory)라 한다. 과실먹기를 하는 동물에는 조류, 포유류 및 곤충류가 있으며, 이들은 대부분이 육질성 과실을 생산하는 열대지방에 살고 있다.

동물이 싹트기 전의 종자를 먹는 것을 종자먹기(seed predation)라고 한다. 과실먹기는 영양분이 풍부한 과피를 먹는데 비해, 종자먹기는 종자 속의 배와 배젖을 먹는다. 동물이 먹은 종자가 소화되지 않고 배설물로 나오면 종자 산포가 이루어진다.

3) 초식에 대한 식물의 방어(Plant Defenses)

식물이 스스로를 어떻게 방어하는지에 대한 여러 가지 이론들이 있다. 식물은 빠른 생장으로 초식을 견디거나 방어시스템을 만들어서 초식을 피한다. 식물의 방어에는 물리적 방어와 화학적 방어가 있다. 가시, 털, 거친 잎 등을 이용하는 경우를 물리적 방어라 하고, 알칼로이드, 카로티노이드, 플라보노이드 등의 화학물질을 이용하는 경우를 화학적 방어라 한다. 이 화학적 방어에서 식물이 방어를 위해 만든 화학물질들은 독성이 있고, 성장을 방해하고, 곤충의 공격을 막는 등 여러 가지 역할을 한다.

유럽의 서부에 우점하는 붉은 참나무(*Quercus robur*) 잎을 먹는 200여 종의 나비목 곤충은 봄에 크게 증가하고 가을에 감소한다. 5월에 유충이 즐겨먹는 어린잎은 얇고 연하지만 여름 이후의 잎은 두껍고 단단하게 되는데, 특히 봄부터 가을로 감에 따라 잎 속의 단백질 함량과 탄닌함량이 증가한다. 탄닌은 식물이 합성하는 화학물질인데, 1% 이하의 농도에서도 유충의 입맛을 떨어뜨리고 생장을 저해하며 잎 속에서 단백질과 복합체를 만들어 소화불량을 일으킨다. 그런데 여름이나 가을에 붉은 참나무 잎을 먹는 곤충 중에는 천천히 자라서 유충으로 월동하고 다음해 봄에 어린잎을 먹고 성충이 되는 종류, 잎에 굴을 파고 탄닌이 적은 부분만을 먹는 종류, 그리고 유충의 소화관에 특이한 중장(midgut)이 발달하여 소화가 잘 되어 탄닌의 영향을 줄이는 종류 등으로 진화하고 있다.

식물은 극히 역겹거나 독성이 있는 알칼로이드, 글리코시이드 등과 같은 화학물질을 생성한다. 특히 십자화과, 가지과 등이 이러한 물질을 부산물로 생산하여 저장한다. 이러한 부산물은 우연히 만들어진 것이 아니고 식물과 초식동물 사이의 자연 선택의 결과로 생산된 부산물이다. 즉, 초식동물에 대한 방어 물질을 생산하는 유전자의 발현에 의한 것이라고 생각된다. 알칼로이드나 글리코시이드는 교란된 생육지나 천이 초기의 식물군집(r-선택식물)에서 흔히 생성되지만, 탄닌은 안정된 군집의 장수하는 식물(K-선택식물)에서 흔히 생성된다.

독성 물질을 지닌 곤충은 자신이 직접 해로운 독을 만들지 않고 오히려 자신이 먹고 있는 식물로부터 독성 물질을 모은다. 앞에서 예로 든 바구미 유충은 해녀 콩의 씨나 꼬투리의 카나바닌을 모아서 자신의 체내에 저장한다. 초식동물은 식물의 방어물질을 이용하여 자신의 먹이를 추적하기도 한다. 즉, 배추흰나비는 배추에 들어있는 겨자유인 시니그린(sinigrin)에 유인되는데 시니그린 용액에 담근 여과지에 성충이 알을 낳는 것을 볼 수 있다.

식물의 세 가지 방어시스템으로는 constitutive defense, performed inducible defense, inducible defense가 있다. 먼저 constitutive defense에서는 식물의 고정된 부위를 이용한다. 예를 들어, 줄기가 매끈한 옻나무는 줄기에 털이 난 옻나무보다 딱정벌레에 의한 피해를 더 많이 입는다. 줄기의 털은 식물의 방어를 위한 고정적인 부위이다. performed inducible defense에서는 공격을 받아야만 초식을 방어하는 화학물질이 활성화되는 방법으로 초식을 방어한다. 예를 들어, 식물이 초식동물에게 뜯어 먹힌 경우, 뜯어 먹힌 자리에 3시간 이내에 Furanocoumarin의 농도가 최고로 높아져 더 이상 초식동물이 자신을 뜯어먹지 못하도록 방어한다. 이런 물질들은 이전에 초식을 당한 부위에서 생산된다. 그러므로, 이 방어시스템은 미리 만들어져서 초식될 때에만 활성화된다. inducible defense는 초식에 대한 반응으로 만들어지는 것들이다. 예를 들어, 담배 묘목의 일부를 뜯어내면 니코틴 생산량이 증가한다는 실험적 증거가 있다. 이런 비슷한 예들이 많은 식물에서 발견된다.

식물이 방어에 어느 정도의 에너지를 분배할 것인지는 최적방어이론(optimal defense theory)으로 설명되어 왔다. 간단히 말해, 식물은 방어에 에너지를 지나치거나, 부족하게 배분하지 않고 적당히 배분한다는 이론이다. 최적 방어이론은 방어를 위한 식물의 투자수준을 예측할 수 있다. 초식에 공격받을 확률과 그 결과 식물이 방어에 에너지를 얼마나 배분할지는 서식지와 이용가능한 자원의 양에 따라 다양하다. 예를 들어, 초식자에 의해 발견되거나 소비될 확률이 적은 일년생 초본들은 방어에 별로 투자하지 않는다.

8. 포식(Predation)

포식자는 피식자에게 해를 끼친다. 그러나 포식자는 환경에 잘 적응하지 못하는 개체를 제거하여 개체군의 크기를 조절하는 방식으로 피식자 개체군에게 이익을 주기도 한다. 예를 들어, 사슴의 경우 포식자가 없으면 먹이를 다 먹어치울 때까지 그 수가 증가하는 경우가 있다. 이 경우에, 포식자는 피식자 개체군의 삶의 질을 향상시키는데 기여하게 된다. 그러나 포식자로 인해 피식자의 개체군이 전멸할 정도로 부정적인 영향을 끼칠 수도 있다.

포식자와 피식자에 의한 개체군의 변동은 포식자가 피식자를 잡는데 얼마나 많은 에너지를 투자해야 하는가에 달려있다. 또한, 피식자가 포식자를 얼마나 잘 피하고 새끼를 보호할 수 있느냐에 따라 달라진다.

또한, 포식자에 의해 우점종이 제거됨에 따라 다른 종들을 위한 서식지가 열려 군집의 종 다양성이 증가하기도 한다. 그러나 포식이 항상 종 다양성을 증가시킨다고 결론 내려서는 안 된다. 포식자가 접근할 수 없는 곳에서 폭풍 등의 교란이 일어나는 경우, 우점종은 감소되지만, 포식은 아무런 영향도 끼치지 못하기 때문이다.

9. 기생

기생(parasite)은 작은 유기체가 숙주의 안 또는 숙주 위에서 에너지와 서식처를 얻어 살아가고 있는 경우를 말한다. 기생과 포식은 비슷하지만 포식에서 피식자는 에너지원일 뿐 서식지는 아니다. 기생성 유기체는 생식률이 높고 숙주의 특이성이 있다. 그리고 특별한 구조・물질대사과정・생활사를 가진다.

우리나라에 분포하고 있는 대표적인 기생식물로 새삼과 겨우살이가 있다. 새삼은 산과 들의 빛이 잘 드는 풀밭에서 서식하며 다른 식물에 기생하여 살아가는 한해살이풀로서 엽록소가 없으며 잎은 퇴화하여 비늘 조각 모양이다. 다른 식물에 기생하여 숙주식물(기생식물이 달라붙어 양분을 빼앗기는 식물)의 수분과 양분을 흡수하며 살다보니 광합성을 할 필요가 없어서 잎이 퇴화된 것이다. 이 식물은 처음에는 씨앗이 발아하여 자라다가 숙주를 발견하면 달라붙어 뿌리를 떨어뜨리고 숙주식물에 기생하게 된다. 겨우살이도 숙주나무의 한 가지를 점령하고 살면서 그 나무의 양분을 가로채어 먹고 사는 기생식물이다. 기생식물 가운데는 새삼과 같이 스스로 전혀 양분을 만들지 못하여 모든 양분을 숙주에게 의존하는 전-기생식물도 있으나 겨우살이는 엽록소를 가지고 있어서 광합성을 하지만 숙주에게서 물이나 양분을 일부 빼앗아 가는 반-기생식물이다. 또 어느 나무에나 붙어 기생하는 것이 아니고 참나무류, 오리나무, 버드나무, 팽나무, 밤나무,

자작나무와 같은 활엽수만을 골라 그 뿌리를 내린다.

V. 먹이그물

생태계에서 이용되는 에너지의 근원은 태양에너지이다. 영양단계에 따른 에너지 흐름을 고려하여 생태계를 네 가지의 기본단위로 구분할 수 있다. 즉, 비생물적 물질, 생산자, 소비자, 분해자이다. 하나의 생태계에서 광합성을 하는 녹색식물이 생산자가 되며, 이를 먹고 사는 소비자를 1차 소비자라 한다. 1차 소비자를 먹고 사는 것을 2차 소비자, 2차 소비자를 먹고 사는 것을 3차 소비자라 한다. 3차 소비자를 먹고 사는 것을 4차 소비자라 하며 보통 4차 소비자가 최종 소비자가 된다. 이것은 영양단계를 거칠 때 전달되는 에너지 즉, 에너지 효율이 적기 때문이다. 일반적으로 영양단계가 한 단계 상승할 때의 효율을 10%로 여긴다. 그러므로 영양단계가 길면 길수록 이를 지지해 줄 많은 양의 저변 생물이 필요하다. 영양 구조와 영양 기능은 생태적 피라미드로 도식화할 수 있으며, 일반적으로 3가지 유형으로 나타낸다. 하나는 생물 개체수로 나타낸 것이며, 하나는 생체량으로 나타낸 것이고, 다른 하나는 에너지 총량이나 생산력으로 나타낸 것이다 (그림 5.V.1). 개체수 및 생체량 피라미드는 때로는 역으로 나타나기도 한다. 생물조사를 통하여 얻은 결과를 종합적으로 생태학적 피라미드로 나타내어 에너지 측면에서의 생태계 특성을 파악한다.

광합성에 의해 식물에 저장된 에너지는 먹이 연쇄를 통하여 다른 생물에게 전달된다. 먹고 먹히는 관계를 사슬과 같이 일렬로 나타낸 것을 먹이 사슬이라 하며, 그물과 같이 서로 연결된 형태로 나타낸 것을 먹이 그물이라 한다.

먹이 연쇄의 각 이동 단계에서 80~90%에 해당하는 대부분의 에너지는 열로 소실된다. 따라서 영양단계의 수, 즉 사슬은 보통 4~5단계에 그치며, 식물 연쇄가 짧으면 짧을수록 이용되는 에너지가 크다. 먹이 연쇄에는 2개의 기본형이 있다. 녹색식물에서 시작하여 초식동물, 육식동물로 연결되는 채식식물연쇄(grazing food chain)와 생물의 죽은 잔재물로부터 미생물과 잔재물 섭식자, 그리고 이들의

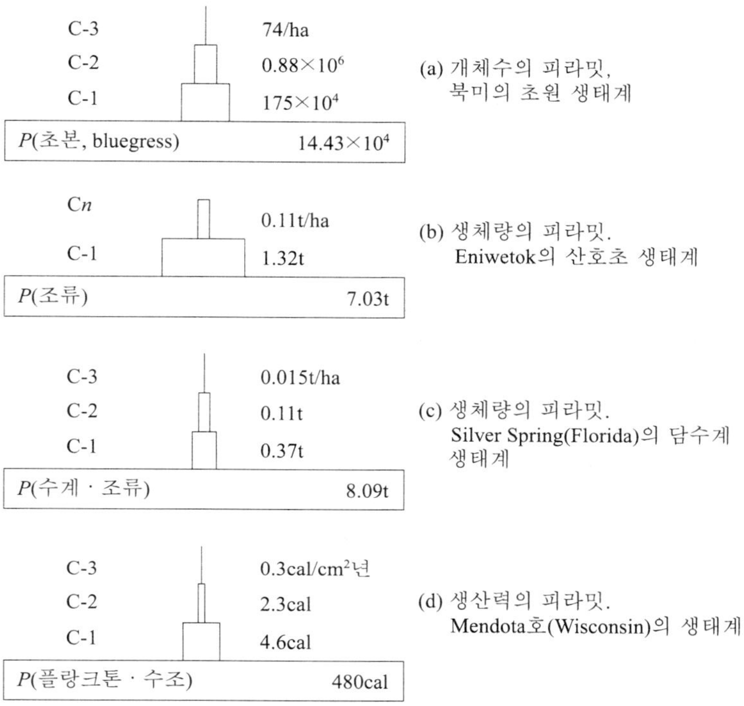

그림 5.V.1 생태학적 피라미드의 예. P: 생산자, C: 소비자

포식자로 이어지는 부식식물연쇄(detritus food chain)가 있다(그림 5.V.2). 해양생태계와 초원의 경우 채식식물연쇄가 발달하였으며, 산림생태계와 습지의 경우 부식식물연쇄가 발달해 있다.

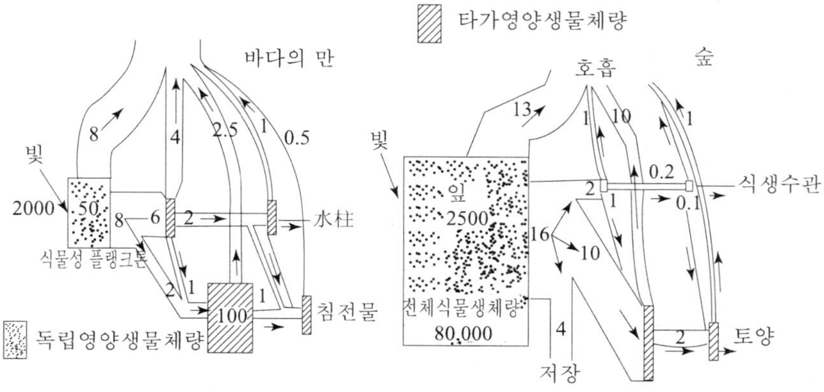

그림 5.V.2 채식식물연쇄와 부식식물연쇄

VI. 양분유입 및 유출

생태계의 유지에 필수적인 요소 중의 하나는 생물이 사용할 양분의 원활한 공급에 있다. 생태계의 유지에 필요한 양분은 생태계 내에 존재하는 양분에 의할 수도 있으며 외부의 공급에 의존할 수도 있다. 외부에 의존하는 경우 환경의 변화에 매우 취약한 단점이 있다. 내부에 의존하는 경우 분해된 양분이 외부로 유출되기 이전에 흡수될 수 있는 기작이 발달하여야 한다. 하나의 생태계에서 물질의 유입과 유출이 추정될 수 있다. 강수와 함께 유입되는 경우 단위시간당 유입된 양분의 양을 양분 농도와 강수량에 의해 계산할 수 있다. 또한 먼지와 같이 건조한 상태에서 유입되는 경우도 존재하는 데 칼륨의 경우 63% 정도가 대기를 통해 유입되는 것으로 조사되었다. 생물학적인 유입과 유출은 이동하는 동물에 의해 이루어진다. 미국의 허바드브룩 실험림에서의 결과에 의하면 생물에 의한 유입과 유출은 균형을 이루고 있다고 한다. 이는 동물을 유인할 수 있는 조건이 없기 때문인 것으로 보고 되었다. 그러므로 동물을 유인할 조건이 이루어진다면 균형은 무너지게 된다. 철새도래지의 경우 철새의 휴식공간에서는 생물학적인 유입이 클 것이고 섭식장소에서는 유출이 클 것이다. 다른 유형의 유출로 물을 통한 유출이 있다. 이는 물에 녹아 생태계의 외부로 유출되는 경우인데 계곡을 따라 흐르는 물의 양과 물속의 양분 농도를 결정함으로써 총 유출량을 추정할 수 있다.

일반적으로 천이 초기단계의 생태계는 양분의 유입과 유출이 큰 반면 천이 후기단계에는 적은 것으로 알려져 있다. 이는 천이에 따른 식물종의 변화와 식물들의 특성에 기인한다. 염습지의 경우 조석에 의해 물의 유입과 유출이 반복되고 있으나 질소의 경우 70% 이상이 재순환 되는 것으로 알려졌다. 양분의 유입이 매우 적은 고산 습지의 경우 이곳에 적응한 식물은 식충식물과 양분의 흡수 기작을 매우 발달시킨 종들에 한정되고 있다. 물이끼나 진달래과 식물, 식충식물 등은 양분의 흡수기작을 발달시킬 뿐만 아니라 이들을 유지하는 기작 또한 발달시키고 있다.

양분의 유입과 유출에 대한 사항은 강수에 포함된 양분의 양과 수질의 측정을 통한 양분의 유출량을 통해 확인할 수 있기 때문에 물속의 양분을 분석할 경우 양분의 유입과 유출의 면에 있어서 생태계의 기능성을 파악하여야 한다.

VII. 생지화학적 순환

생물체를 구성하는 기본원소들은 생물권을 순환한다. 즉, 지구의 구성성분이 생물의 구성성분이 되며 이러한 변화과정에 화학적 반응이 관여한다. 그러므로 이와 같은 순환을 생지화학적 순환이라 하며, 생명에 필요한 무기화합물의 이동을 영양순환이라고 부른다. 각 순환은 일반적으로 생물과 비생물, 즉 저장원 사이를 이동하는 특성에 따라 기체형과 퇴적형으로 나뉜다. 기체형은 저장고가 대기 또는 수권으로 순환 과정에 기체 형태가 관여하므로 순환 속도가 빠르다. 반면 퇴적형은 저장고가 지각으로 순환 속도가 매우 느리다. 자연계에 존재하는 것으로 알려진 원소 중 30~40종의 원소가 생물에 필요한 것으로 알려졌는데, 탄소, 수소, 산소, 질소는 다량 필요하며 이들은 기체형 순환을 한다. 반면 소량을 필요로 하는 인, 철, 마그네슘, 나트륨, 칼슘 등은 퇴적형 순환을 한다.

물질의 생산과 분해과정은 생지화학적 순환의 일면을 구성한다. 그러므로 이들을 통하여 조사 대상이 되는 생태계가 지구 전체적인 또는 지역적인 생지화학적 순환에 어떠한 기여를 하는 지를 파악할 필요가 있다. 특히, 지구 온난화에 관여하고 있는 이산화탄소와 메탄을 통한 탄소의 생지화학적 순환을 파악하는 것이 중요하다. 그리고 생태계의 생지화학적 순환이 적절히 잘 일어나고 있는 지에 대한 파악이 필요하다. 인과 같이 퇴적형 순환을 하는 물질인 경우 대상 생태계에 결핍 현상이 나타나는지 또는 과잉 현상이 나타나는 지를 파악하는 것도 중요하다.

VIII. 생태계 건전성 및 천이

1. 생태계의 건전성

생태계의 건전성이란 생태계의 구조와 기능적인 측면이 균형을 이루고 적절히 작용을 하고 있는가에 의해 결정된다. 구조적인 측면에서 생태계의 건전성을 평가하는 방법으로는 생물다양성을 들 수 있으나 단순히 생물다양성이 높다고 하여 구조적으로 건전하다고는 하지 못한다. 물리 화학적 조건이 비슷한 두 장소의 구조적 건전성을 비교할 때 생물다양성 지수를 일반적으로 사용하나 이 또한 정확하게 건전성을 반영하지 못하는 부분이 있다. 즉, 습지의 경우 수위의 변화가 나타나는 곳이 수위변화가 없는 곳보다 일반적으로 생물다양성이 높다. 그러나 수위변화가 있는 곳에는 일년생 초본이 우점하는 경우가 일반적이다. 그러므로 이곳에는 외래종 등의 침입이 쉽게 일어날 수 있으며, 구조적인 변화의 확률이 매우 높다. 그러므로 성물다양성 뿐만 아니라 일년생과 다년생의 비, 초본과 목본의 비, 외래종 등을 고려하여 구조적인 안전성을 파악하는 것이 필요하다. 생물다양성이 높은 경우 외래종의 침입이 어려운 경우도 있지만 이는 다년생 식물이 점유하는 공간을 말하는 것이다. 또한 풍부도가 높은 경우에 한 종이 멸종될 확률이 높다는 것도 고려할 사항 중의 하나이다.

기능적인 면에 있어서의 생태적 안정성은 생산성, 양분 순환률 결정, 양분의 유입과 유출 등을 통하여 평가한다. 생산성을 이용하여 평가하는 경우 생산성이 높다는 사실보다는 환경의 변화에 대해 생산성의 변화가 얼마나 적은가로 평가를 한다. 그리고 생산성의 변화가 클 지라도 환경이 원래대로 돌아왔을 때 얼마나 빨리 생산성이 원래의 수준을 회복하느냐에 의해 생태적 안정성이 결정된다. 양분순환의 경우 순환률에 의해 평가를 하게 되는 데 일반적으로 침엽수 낙엽은 분해율이 낮고, 활엽수 낙엽은 분해율이 높은 경향이 있다. 즉, 분해율 자체에 의해서 건전성이 결정되기 보다는 식물군집의 특성과 관련하여 분해율에 따른 건전성을 판단하여야 한다. 양분의 유입과 유출은 천이과정과 관련된다. 천이초기에는 외부로의 유입과 유출이 큰 반면 극상에 가까워질수록 양분은 생태계 자체 내에서 순환되고 외부로의 유입과 유출은 극히 적어진다. 생태천이의 진행 특성 중 성숙단계의 특성(표 5.Ⅷ.1)을 가지는 경우 이를 건전성이 높은 생태계라 할 수 있다.

표 5.VIII.1 생태천이의 진행과 생태계의 특성변화(Odum, 1971)

생태계의 특성	발전단계	성숙단계
	군 집 에 너 지	
총생산/군집호흡(P/R ratio)	높다	낮다
총생산량/현존생체량(P/B ratio)	낮다	높다
순군집 생산	높다	낮다
먹이연쇄	직선형, 채식이 우세	그물형, 잔재물이 우세
	군 집 구 조	
전유기물량	적다	많다
무기 영양염	생체 밖	생체 내
종 다양성	낮다	높다
생화학적 다양성	낮다	높다
층상구조와 공간적 이질성	조직화가 불충분	잘 조직화됨
	생활사	
생태적 지위의 특수화	넓다	좁다
생물체의 크기	작다	크다
생활환	짧고 단순	길고 복잡
	영 양 물 의 순 환	
영양염류의 순환	개방형	폐쇄형
생물과 환경사이의 물질교환	빠르다	느리다
영양물 재생에 있어서의 잔재물의 역할	중요	중요
	도태압	
생장형	r-선택종	K-선택종
생산형	양적	질적
	항 상 성	
내적인 공생	미발달	발달
영양물의 보존	불충분	충분
외적인 교란에 대한 안정성	불충분	충분
엔트로피	높아	낮다
정보	낮다	높다

2. 생태계의 천이

어느 지역에서 식생이 자연히 변해가는 현상을 생태천이라 한다. Clements에 의하면 군집은 하나의 유기적 존재이며, 이들은 서서히 변해가 극상이라고 하는 최종단계에 머무른다고 하였다. 한 지역의 극상은 기후에 의해 결정되며 같은 기후를 가지는 지역에는 모두 같은 군집이 형성된다고 하였으나, 현재에는 이와 같은 단극상설 이외에 여러 가지 요인에 의해 극상이 결정되는 다극상설이 설득력을 얻고 있다. 즉, 기후뿐만 아니라 토양, 수분, 정기적인 교란 등에 의해 일정군집이 변하지 않고 유지되는 경우를 말한다. 천이의 기본 전제는 일정 지역이라는 것과 기후 자체가 변하지 않는 일정 기간이라는 것이다. 즉, 기후가 일정한 상태에서의 변화를 일컫는다. 그러므로 천이는 수 백년 또는 수 천년에 걸쳐 진행되며 기후가 변하지 않는 동안의 군집의 변화라 할 수 있다.

기존에 식물의 씨앗이나 지하경 등이 존재하지 않은 사구, 절개지, 용암, 바위 등에서 시작되는 천이를 1차 천이라 하며, 기존에 존재하던 식생이 제거된 후 시작하는 천이를 2차 천이라 한다. 2차 천이의 대표적인 예로 묵밭 또는 묵논에서의 천이가 있다. 또한 건조한 곳에서 진행하는 건성천이와 호수나 사구와 같이 유기물질이 퇴적되며 진행되는 습성천이로 구별된다.

생태계의 특성을 천이의 관점에서 해석하는 데 있어서 극상에 관한 학설 및 천이와 토양과의 관계는 매우 중요하다. 즉, 극상에는 단극상설과 다극상설이 있다. 단극상설은 기후에 의해 극상이 결정된다는 것으로 Cowles에 의해 발전하였다. 그는 천이과정을 초기과정, 중기과정, 안정기로 나누고 각각의 과정에서는 대기후의 지배와 제한 속에서 극상에 도달한다고 하였다. 따라서 극상을 변경하는 지형적, 토양적, 생물학적인 조건 등은 기후 극상의 천이를 저해하고 늦추기는 하나 결국 기후조건의 지배를 받는다는 것이다. 단극상설에 따르면 일정한 기후에서는 일반적인 계열이 존재하게 된다.

Tansley는 Clements의 단극상설을 비판하였다. 즉, 극상은 기후에 의하여 결정될 뿐만 아니라 지형, 생물의 활동 등에 의해서도 극상이 결정된다는 것이다. 또한 천이에는 진행천이가 있을 뿐만 아니라 퇴행천이도 있음을 제시하였다. 단극상설에서는 군집 내에서 생물의 유기적 상호작용은 협력관계에 있으며, 군집 내 생물 상호간의 작용이나 환경에 대한 반작용에 의해 천이가 진행된다고 한데 대하여, Tansley는 군집을 이루고 있는 각 성원들 사이에는 협력관계라기보다는 경쟁관계가 지배하고 있다고 하였다.

생태계를 단극상설에 의해 보는 관점과 다극상설에 의해 보는 관점은 생태계의 관리에 있어서 매우 다른 접근을 제시한다. 단극상설에 의하면 식물군집은 정해진 순서에 의해 정해진 극상에 이르게 된다. 인간의 간섭은 이 과정을 늦출 수는 있어도 멈추게 할 수 없다는 것이다. 반면 다극상설에 의하면 인간의 간섭에 의하여 극상이 유지될 수 있다는 것이다. 지형, 토양의 특성, 주기적인 교란 등을 적절히 제공하면 단극상설의 중간 단계에서 멈추게 할 수 있다는 것이다.

천이과정을 다루는 데 있어서 동반되는 중요한 변화의 하나는 토양의 발달이다. 토양의 발달이 없고서는 정상적인 천이는 진행되지 않는다. 천이가 진행됨에 따라 토양의 깊이가 깊어지고, 토양 속에 함유된 양분 또한 변하게 된다. 생태계에 대한 특성을 천이의 관점에서 기술하는 데 있어서 토양의 특성을 고려하여야 한다. 현재의 식생과 토양의 발달을 바탕으로 어떠한 천이 과정을 거칠 것인지를 정확히 예상할 필요가 있다. 이와 같은 예상에 근거하여 생태계의 관리가 진행되어야 한다.

참고문헌

Ball, D. F. 1964. Loss-on-ignition as an estimate of organic matter and organic carbon in non-calcareous soil. J. Soil, Sci. 15: 84-92.

Barbour, M.G., J. H. Burk, W. D. Pitts, F. S. Gilliam and M. W. Schwartz. 1999. Terrestrial plant ecology. Addison Wesley Longman.

Braun-Blanquet, J. 1964. Pflanzensoziologie. Grundzüge der vegetationskunde Dritte Auflage, Springer-verlag, Wien, N.Y.

Brower, J. E., R. H. Zar. 1977. Field and Laboratory Methods for General Ecology. Wm. C. Brown Company Publishers.

Ellenberg, H. 1956. Aufgaben und Methoden der vegetationskunde. Eugen Ulmer, Stuttgart.

Fitz Patrick, E. A. 1986. Soils : their formation, classification and distribution. Longman Science & Technical.

Fletcher, W. K., S. J. Hoffman, M. B. Mehrtens, A. J. Sinclair and I. Thomson. 1987. Exploration Geochemistry: design and interpretation of soil surveys. Society of Economic Geologists.

Ian F. S. 1991. Monitoring ecological change. Cambridge

Jackson, C. R., C. M. Foreman and R. L. Sinsabaugh. 1995. Microbial enzyme activities as indicators of organic matter processing rates in a Lake Erie coastal wetland. Freshwater Biol. 34: 329-342.

Jung, M. C. 1995. Heavy Metal Contamination of Soils, Plants, Waters and Sediments in the Vicinity of Metalliferous Mines in Korea. unpublished PhD thesis, Univ. of London.

Kang, H., C. Freeman. 1998. Measurement of Cellulase and Xylosidase activities in peat using a sensitive fluorogenic compound assay. Commun. Soil Sci. Plant Ana. 29: 2769-2774.

Kim, H. T. 1995. Soil Sampling, Preparation, and Analysis. Marcel Dekker.

Kim, J. G., E. Rejmankova. 2004. Decomposition of macrophytes and dynamic of enzyme activities in subalpine marshes in Lake Tahoe basin, U.S.A. Plant and Soil

Margalef, R. 1958. Information theory in ecology. Gen. Syst. 3:36-71.

Margalef, R. 1968. Perspectives in ecological theory. Chicago, University of Cicago Press.

McNaughton,S. J. 1967. Relationship among functional properties of

California Glassland. Nature, 216: 144-168.

Michael, G. B., H. B. Jack, D. P. Wanna, S. G. Frank and W. S. 2000. Terrestrial Plant Ecology. Addison Wesley Longman. pp.210-240

Nakashizuka, T. and N. Stork (eds). 2002. Biodiversity Research Methods IBOY in Western Pacific and Asia. Kyoto University Press.

Nelson G. 1989. Ecological experiments. Cambridge

Odum, E.P. 1971. Fundamentals of Ecology. 3rd ed. Saunders. Philadelphia.

Patton, D. R. 1992. Wildlife habitat relationships in forested ecosystem. Timer Press Inc. pp.118-120

Pielou, E. C. 1966. Shannon's formula as a measure of specific diversity: Its use and misuse. Amur. Nat. 100: 463-465.

Pielou, E. C. 1975. Ecological diversity. Wiley, New York.

Row, J. M., C. B. Yuill. 1997. Landscape-Level Habitat Modeling for Amphibians and Reptiles in West Virginia. West Virginia University, Morgantown, WV 26506 (Internet data).

Sala, O. E., R. B. Jackson, H. A. Mooney and R. W. Howarth (eds). 2000. Methods in Ecosystem Science. Springer.

Sinsabaugh, R., S. Findlay. 1995. Microbial production, enzyme activity, and carbon turnover in surface sediments of the Hudson River Estuary. Microbial Ecol. 30: 127-141.

Sinsabaugh, R.L., R.K.Antibus, and A.E. Linkins. 1991. An enzymatic approach to the analysis of microbial activity during plant litter decomposition. Agriculture, Ecosystems and Environment 34 : 43-54.

Whittaker, R. and P. Marks. 1975. Methods of assessing terrestrial produetivity. In Lieth H, R. whittaker (eds). Primary Production of the Biosphere. New York : Springer-verlag. pp. 55-118

Wiegent, R. and F. C. Evans. 1964. Primary production and the disappearance of dead vegetation on an old field. Ecology 45 : 49-63

Westhoff, V. and E. van der Maarel. 1973. The Braun-Blanquet approach. Handbook of vegotantion science, Whittaker, R. H. (ed) Ordination and classification of vegetation pp. 617-726 the Haque.

김경하 · 김재수 · 김종섭 · 마호섭 · 박인보 · 박재현 · 이헌호 · 장인수 · 정용호 · 최형태 역 (Ward, A. D., W. J. Elliot 저). 2002. 수문학. 동화기술.

김귀곤 · 조동길. 2004. 자연환경생태복원학 원론. 아카데미서적

김준호 · 서계홍 · 정연숙 · 고성덕 · 이점숙 · 임병선 · 문형태 · 이희선 · 민병미 · 오경환. 1993. 현대생태학. 교문사.

농업과학기술원. 2000. 토양 및 식물체 분석법. 농촌진흥청.

농업기술연구소. 1988. 토양화학분석법. 농촌진흥청.

박종관 역(新井正 저). 1997. 물환경 조사법. 청문각.

백남극 · 심재한. 1999. 뱀(지성사 자연사박물관 ①). 지성사 출판사.

백수봉 외. 1994. 실험통계학. 건국대학교출판부

신영오. 2000. 흙과 삶. 연세대학교.

심재한. 1997. 생물다양성보존을 위한 강원도 계방산 지역 양서 · 파충류의 종다양성 및 군집분석에 관한 연구. 한국환경생태학회지 11: 84-99.

심재한. 1997. 제2차 자연환경 기초조사 지침서. 환경부. pp.141-156.

심재한. 2001. 꿈꾸는 푸른 생명 거북과 뱀. 다른세상 출판사.

심재한. 2001. 생명을 노래하는 개구리, 다른세상 출판사.

여천생태연구회. 1997. 현대 생태학 실험서. 교문사.

유성환 · 최봉종 · 조영관 · 이진종. 1998. 수질조사 및 분석. 동화기술.

이길영 · 이문옥 · 허재영 · 최한기 · 김기홍 · 윤종성. 2002. 수리학(개정 증보판). 형설출판사.

이도원 외. 2002. 생태학, 사이언스북스

이도원 · 박은진 · 김은숙 · 장현정 역 (유진 오덤 저). 2001. 생태학. (주)사이언스 북스.

임선욱. 1996. 최신 토양학통론. 문운당.

장남기 · 이인숙 · 김종희 · 이웅상 · 강혜순 · 오인혜. 1997. 생태학. 서울 아카데미서적.

조순행. 2001. 물환경개론. 동화기술.

편집부. 1998. 수질오염 · 폐기물 · 토양오염 공정시험방법. 동화기술.

한국건설기술연구원(역). 2002. 1997년도판 일본 하천수변의 국세조사 매뉴얼 하천판 (생물조사편). 한국건설기술연구원 수자원 환경연구부.

환경부. 1996. 토양환경보전업무 편람. 환경부.

杉山惠一. 1991. 自然環境復元技術. 朝倉書店

水野壽彦. 1978. 動物生物觀察硏究. 東海大學出版

鈴木時夫 1954. 生態調査法. 古今書院

부 록

I. 계량 단위 환산표(計量單位換算表)

1. 길이[長]

미터법			야아드 · 파운드법				척관법		
센티미터 (cm)	미터 (m)	킬로미터 (km)	인치 (in)	피이트 (ft)	야아드 (yd)	마일 (mi)	자 (尺)	간 (間)	정 (町)
1	0.01	0.00001	0.3937	0.03281	0.01094	0.000006	0.033	0.0055	0.000092
100	1	0.001	39.37	3.2808	1.0936	0.00062	3.3	0.55	0.009166
100000	1000	1	39370.7	3280.8	1093.6	0.62137	3300	550	9.1666
2.54	0.0254	0.000025	1	0.08333	0.02777	0.000015	0.08382	0.01397	0.000232
30.48	0.3048	0.000304	12	1	0.03333	0.000189	1.0058	0.16763	0.002793
91.44	0.9144	0.000914	36	3	1	0.000568	3.0175	0.50292	0.008381
160930	1609.3	1.6093	63360	5280	1760	1	5310.8	88512	14752
30303	0.30303	0.000303	11.93	0.99419	0.33139	0.000188	1	0.16666	0.002777
181.818	1.81818	0.001818	71.582	5.96514	1.98838	0.001129	6	1	0.01666
10909.08	109.091	0.10909	4294.94	357.912	119.304	0.06779	360	60	1

2. 넓이[面積]

미터법			야아드 · 파운드법		척관법		
평방미터 (m^2)	아아르 (a)	평방킬로미터 (km^2)	평방피이트 (ft^2)	평방야아드 (yd^2)	평방자 (平方尺)	평 (坪)	단보 (段步)
1	0.01	0.000001	10.764	1.1968	10.89	0.3025	0.001008
100	1	0.0001	1076.4	119.68	1.089	30.25	0.10083
11000000	10000	1	10764000	1196800	10890000	302500	1008.3
0.092903	0.000929		1	0.111	1.0117	0.0281	0.000093
0.83613	0.008361		9	1	9.1055	0.25293	0.000843
0.091827	0.000918		0.98841	0.10982	1	0.02778	0.000092
3.3058	0.033058	0.000003	35.583	3.9537	36	1	0.003333
991.74	9.9174	0.000992	10674.9	1186.1	10800	300	1

3. 부피[體積]

센티리터 (cl)	리터 (l)	킬로리터 (kl)	입방인치 (in^3)	입방피이트 (ft^3)	입방야아드 (yd^2)	홉 (合)	되 (升)	말 (斗)	섬 (石)
1	0.001	0.00001	0.061024	0.000035	0.000001	0.005543	0.000554	0.000055	0.000005
100	1	0.001	61.024	0.035315	0.001308	5.5435	0.55435	0.055435	0.005543
100000	1000	1	61.024	35.315	1.30796	5543.5	554.35	55.435	5.5435
16387	0.01638	0.000016	1	0.000578	0.000021	0.0908	0.00908	0.000908	0.0000908
2831.68	28.317	0.02831	1.728	1	0.03704	156.98	15.698	1.5698	0.15698
76452.9	764.53	0.76453	46.656	27	1	4238.09	423.809	42.380	4.2380
18.039	0.18039	0.000180	11.08	0.00637	0.000235	1	0.1	0.01	0.001
180.39	1.8039	0.00180	110.08	0.0637	0.002359	10	1	0.1	0.01
1803.9	18.039	0.01803	1.1008	0.637037	0.023591	100	10	1	0.1
18039	180.39	0.18039	11.008	6.37037	0.23594	1000	100	10	1

4. 무게[重量]

그램 (g)	킬로그램 (kg)	톤 (t)	온스 (oz)	파운드 (lb)	돈 (刃)	근 (斤)	관 (貫)
1	0.001	0.000001	0.03527	0.0022	0.26666	0.00166	0.000266
1000	1	0.001	35.273	2.20459	266.666	1.66666	0.26666
1000000	1000	1	35.273	2204.59	266666.6	1.666.66	266666
28.3495	0.02835	0.000028	1	0.0625	7.56	0.4725	0.00756
453.592	0.45359	0.000454	16	1	120.96	0.756	0.12096
3.75	0.00375	0.000004	0.1323	0.00827	1	0.00625	0.001
600	0.6	0.0006	21.1647	1.32279	160	1	0.16
3750	3.75	0.00375	132.28	8.2672	1000	6.25	1

II. 난수표(랜덤하게 배열한 2,500개의 숫자)

	00-04	05-09	10-14	15-19	20-24	25-29	30-34	35-39	40-44	45-49
00	54463	22662	65905	70639	79365	67382	29085	69831	47058	08186
01	15389	85205	18850	39226	42249	90669	96325	23248	60933	26927
02	85941	40756	82414	02015	13858	78030	16269	65978	01385	15345
03	61149	69440	11286	88218	58925	03638	52862	62733	33451	77455
04	05219	81619	10651	67079	92511	59888	84502	72095	83463	75577
05	41417	98326	87719	92294	46614	50948	64886	20002	97365	30976
06	28357	94070	20652	35774	16249	75019	21145	05217	47286	76305
07	17783	00015	10806	83091	91530	36466	39981	62481	49177	75779
08	40950	84820	29881	85966	62800	70326	84740	62660	77379	90279
09	82995	64157	66164	41180	10089	41757	78258	96488	88629	37231
10	96754	19676	55659	44105	47361	34833	86679	23930	53249	27083
11	34357	88040	53364	71726	45690	66334	60332	22554	90600	71113
12	06318	37403	49927	57715	50423	67372	63116	48888	21505	80182
13	62111	52820	07243	79931	89292	84767	85693	73947	22278	11551
14	47534	09243	67879	00544	23410	12740	02540	54440	32949	13491
15	98614	75993	84460	62846	59844	14922	48730	73443	48167	34770
16	24846	03648	44898	09351	98795	18644	39765	17058	90368	44104
17	96887	12479	80621	66223	86085	78285	02432	53342	42846	94771
18	90801	21472	42815	77408	37390	76766	52615	32141	30268	18106
19	55165	77312	83666	36028	28420	70219	81369	41943	47366	41067
20	75884	12952	84318	95108	72305	64620	91318	89872	45375	85436
21	16777	37116	58550	42958	21460	43910	01175	87894	81378	10620
22	46230	43877	80207	88877	89380	32992	91380	03164	98656	59337
23	42902	66892	46134	01432	94710	23474	20423	60137	60609	13119
24	81007	00333	39693	28039	10154	95425	39220	19774	31782	49037
25	68089	01122	51111	72373	06902	74373	96199	97017	41273	21546
26	20411	67810	89950	16944	93054	87687	96693	87236	77054	33848
27	58212	13160	06468	15718	82627	76999	05999	58680	96739	63700
28	70577	42866	24969	61210	76046	67699	42054	12696	93758	03283
29	94522	74358	71659	62038	79643	79169	44741	05437	39038	13163
30	42626	86819	85651	88678	17401	03252	99547	32404	17918	62880
31	16051	33763	57194	16752	54450	19031	58580	47629	54132	60531
32	08244	27647	33851	44705	94211	46716	11738	55784	95374	72655
33	59497	04392	09419	89964	51211	04894	72882	17805	21896	83864
34	97155	13428	40293	09985	58434	01412	69124	82171	59058	82859
35	98409	66162	95763	47420	20792	61527	20441	39435	11859	41567
36	45476	84882	65109	96597	25930	66790	65706	61203	53634	22557
37	89300	69700	50741	30329	11658	23166	05400	66669	48708	03887
38	50051	95137	91631	66315	91428	12275	24816	68091	71710	33258
39	31753	85178	31310	89642	98364	02306	24617	09609	83942	22716
40	79152	53829	77250	20190	56535	18760	69942	77448	33278	48805
41	44560	38750	83635	56540	64900	42912	13953	79149	18710	68618
42	68328	83378	63369	71381	39564	05615	42451	64559	97501	65747
43	46939	38689	58625	08342	30459	85863	20781	09284	26333	91777
44	83544	86141	15707	96256	23068	13782	08477	89469	93842	55349
45	91621	00881	04900	54224	46177	55309	17852	27491	89415	23466
46	91896	67126	04151	03795	59077	11848	12630	98375	52068	60142
47	55751	62515	21108	80830	02263	29303	37204	96926	30506	09808
48	85156	87689	95493	88842	00664	55017	55539	17771	69448	87530
49	07521	56898	12236	60277	39102	62315	12239	07105	11844	01117

III. t-분포표

	보다 큰 값을 얻는 확률								
	0.500	0.400	0.200	0.100	0.050	0.025	0.010	0.005	0.001
1	1.000	1.376	3.078	6.314	12.706	25.452	63.657		
2	.816	1.061	1.886	2.920	4.303	6.205	9.925	14.089	31.598
3	.765	.978	1.638	2.353	3.182	4.176	5.841	7.453	12.941
4	.741	.941	1.533	2.132	2.776	3.495	4.604	5.598	8.610
5	.727	.920	1.476	2.015	2.571	3.163	4.032	4.773	6.859
6	.718	.906	1.440	1.943	2.447	2.969	3.707	4.317	5.959
7	.711	.896	1.415	1.895	2.365	2.841	3.499	4.029	5.405
8	.706	.889	1.397	1.860	2.306	2.752	3.355	3.832	5.041
9	.703	.883	1.383	1.833	2.262	2.685	3.250	3.690	4.781
10	.700	.879	1.372	1.812	2.228	2.634	3.169	3.581	4.587
11	.697	.876	1.363	1.796	2.201	2.593	3.106	3.497	4.437
12	.695	.873	1.356	1.782	2.179	2.560	3.055	3.428	4.318
13	.694	.870	1.350	1.771	2.160	2.533	3.012	3.372	4.221
14	.692	.868	1.345	1.761	2.145	2.510	2.977	3.326	4.140
15	.691	.866	1.341	1.753	2.131	12.490	2.947	3.286	4.073
16	.690	.865	1.337	1.746	2.120	2.473	2.921	3.252	4.015
17	.689	.863	1.333	1.740	2.110	2.458	2.898	3.222	3.965
18	.688	.862	1.330	1.734	2.101	2.445	2.878	3.197	3.922
19	.688	.861	1.328	1.729	2.093	2.433	2.861	3.174	3.883
20	.687	.860	1.325	1.725	2.086	2.423	2.845	3.153	3.850
21	.686	.859	1.323	1.721	2.080	2.414	2.831	3.135	3.819
22	.686	.858	1.321	1.717	2.074	2.406	2.819	3.119	3.792
23	.685	.858	1.319	1.714	2.069	2.398	2.807	3.104	3.767
24	.685	.857	1.318	1.711	2.064	2.391	2.797	3.090	3.745
25	.684	.856	1.316	1.708	2.060	2.385	2.787	3.078	3.725
26	.684	.856	1.315	1.706	2.056	2.379	2.779	3.067	3.707
27	.684	.855	1.314	1.703	2.052	2.373	2.771	3.056	3.690
28	.683	.855	1.313	1.701	2.048	2.368	2.763	3.047	3.674
29	.683	.854	1.311	1.699	2.045	2.364	2.756	3.038	3.659
30	.683	.854	1.310	1.697	2.042	2.360	2.750	3.030	3.646
35	.682	.852	1.306	1.690	2.030	2.342	2.724	2.996	3.591
40	.681	.851	1.303	1.684	2.021	2.329	2.704	2.971	3.551
45	.680	.850	1.301	1.680	2.014	2.319	2.690	2.952	3.520
50	.680	.849	1.299	1.676	2.008	2.310	2.678	2.937	3.496
55	.679	.849	1.297	1.673	2.004	2.304	2.669	2.925	3.476
60	.679	.848	1.296	1.671	2.000	2.299	2.660	2.915	3.460
70	.678	.847	1.294	1.667	1.994	2.290	2.648	2.899	3.435
80	.678	.847	1.293	1.665	1.989	2.284	2.638	2.887	3.416
90	.678	.846	1.291	1.662	1.986	2.279	2.631	2.878	3.402
100	.677	.846	1.290	1.661	1.982	2.276	2.625	2.871	3.390
12	.677	.845	1.299	1.658	1.989	2.270	2.617	2.860	3.373
∞	.6745	.8416	1.2816	1.6448	1.9660	2.2414	2.5758	2.8070	3.2905

Ⅳ. F-분포표 명조체는(5%, 이탤릭체는 1%의 기각값임)

f_2	분자의 평균 제곱에 대한 f_1의 자유도																							f_2
	1	2	3	4	5	6	7	8	9	10	11	12	14	16	20	24	30	40	50	75	100	200	500	∞	
1	1.61	2.00	2.16	2.25	2.30	2.34	2.37	2.39	2.41	2.42	2.43	2.44	2.45	2.46	2.48	2.49	2.50	2.51	2.52	2.53	2.53	2.54	2.54	2.54	1
	40.52	*49.99*	*54.03*	*56.25*	*57.64*	*58.59*	*59.28*	*59.81*	*60.22*	*60.56*	*60.82*	*61.06*	*61.42*	*61.69*	*62.08*	*62.34*	*62.58*	*62.86*	*63.02*	*63.23*	*63.34*	*63.52*	*63.61*	*63.66*	
2	18.51	19.00	19.16	19.25	19.30	19.33	19.36	19.37	19.38	19.39	19.40	19.41	19.42	19.43	19.44	19.45	19.46	19.47	19.47	19.48	19.49	19.49	19.50	19.50	2
	98.49	*99.00*	*99.17*	*99.25*	*99.30*	*99.33*	*99.34*	*99.36*	*99.38*	*99.40*	*99.41*	*99.42*	*99.43*	*99.44*	*99.45*	*99.46*	*99.47*	*99.48*	*99.48*	*99.49*	*99.49*	*99.49*	*99.50*	*99.50*	
3	10.13	9.56	9.28	9.12	9.01	8.91	2.88	8.81	8.81	8.78	8.76	8.74	8.71	8.69	8.66	8.64	8.62	8.60	8.58	8.57	8.56	8.54	8.54	8.53	3
	34.12	*30.82*	*29.46*	*28.71*	*28.24*	*27.91*	*27.67*	*27.49*	*27.34*	*27.23*	*27.13*	*27.05*	*26.92*	*26.83*	*26.69*	*26.60*	*26.50*	*26.41*	*26.35*	*26.27*	*26.23*	*26.18*	*26.14*	*26.12*	
4	7.71	6.94	6.56	6.39	6.26	6.16	6.09	6.04	6.00	5.96	5.93	5.91	5.87	5.84	5.80	5.77	5.74	5.71	5.70	5.68	5.66	5.65	5.64	5.63	4
	21.20	*18.00*	*16.69*	*15.98*	*15.52*	*15.21*	*14.98*	*14.80*	*14.66*	*14.54*	*14.45*	*14.37*	*14.24*	*14.15*	*14.02*	*13.93*	*13.83*	*13.74*	*13.69*	*13.61*	*13.57*	*13.52*	*13.48*	*13.46*	
5	6.61	5.79	5.41	5.19	5.05	4.95	4.88	4.82	4.78	4.74	4.70	4.68	4.64	4.60	4.56	4.53	4.50	4.46	4.44	4.42	4.40	4.38	4.37	4.36	5
	16.26	*13.27*	*12.06*	*11.39*	*10.97*	*10.67*	*10.45*	*10.27*	*10.15*	*10.05*	*9.96*	*9.89*	*9.77*	*9.68*	*9.55*	*9.47*	*9.38*	*9.29*	*9.24*	*9.17*	*9.13*	*9.07*	*9.04*	*9.02*	
6	5.99	5.14	4.76	4.53	4.39	4.28	4.21	4.15	4.10	4.06	4.03	4.00	3.96	3.92	3.87	3.84	3.81	3.77	3.75	3.72	3.71	3.69	3.68	3.67	6
	13.74	*10.92*	*9.78*	*9.15*	*8.75*	*8.47*	*8.26*	*8.10*	*7.98*	*7.87*	*7.79*	*7.72*	*7.60*	*7.52*	*7.39*	*7.31*	*7.23*	*7.14*	*7.09*	*7.02*	*6.99*	*6.94*	*6.90*	*6.88*	
7	5.59	4.74	4.35	4.12	3.97	3.87	3.79	3.73	3.68	3.63	3.60	3.57	3.52	3.49	3.44	3.41	3.38	3.34	3.32	3.29	3.28	3.25	3.24	3.23	7
	12.25	*9.56*	*8.45*	*7.85*	*7.46*	*7.19*	*7.00*	*6.84*	*6.71*	*6.62*	*6.54*	*6.47*	*6.35*	*6.27*	*6.15*	*6.07*	*5.98*	*5.90*	*5.85*	*5.78*	*5.75*	*5.70*	*5.67*	*5.65*	
8	5.32	4.46	4.07	3.84	3.69	3.58	3.50	3.44	3.39	3.34	3.31	3.28	3.23	3.20	3.15	3.12	3.08	3.05	3.03	3.00	2.98	2.96	2.94	2.93	8
	11.26	*8.65*	*7.59*	*7.01*	*6.63*	*6.37*	*6.19*	*6.03*	*5.91*	*5.82*	*5.74*	*5.67*	*5.56*	*5.48*	*5.36*	*5.28*	*5.20*	*5.11*	*5.06*	*5.00*	*4.96*	*4.91*	*4.88*	*4.86*	
9	5.12	4.26	3.86	3.63	3.48	3.37	3.29	3.23	3.18	3.13	3.10	3.07	3.02	2.98	2.93	2.90	2.86	2.82	2.80	2.77	2.76	2.73	2.72	2.71	9
	10.56	*8.02*	*6.99*	*6.42*	*6.06*	*5.80*	*5.62*	*5.47*	*5.35*	*5.26*	*5.18*	*5.11*	*5.00*	*4.92*	*4.80*	*4.73*	*4.64*	*4.56*	*4.51*	*4.45*	*4.41*	*4.36*	*4.33*	*4.31*	
10	4.96	4.10	3.71	3.48	3.33	3.22	3.14	3.07	3.02	2.97	2.94	2.91	2.86	2.82	2.77	2.74	2.70	2.67	2.64	2.61	2.59	2.56	2.55	2.54	10
	10.04	*7.56*	*6.55*	*5.99*	*5.64*	*5.39*	*5.21*	*5.06*	*4.95*	*4.85*	*4.78*	*4.71*	*4.60*	*4.52*	*4.41*	*4.38*	*4.25*	*4.17*	*4.12*	*4.05*	*4.01*	*3.96*	*3.93*	*3.91*	
11	4.84	3.98	3.59	3.36	3.20	3.09	3.01	2.95	2.90	2.86	2.82	2.79	2.74	2.70	2.65	2.61	2.57	2.53	2.50	2.47	2.45	2.42	2.41	2.40	11
	9.65	*7.20*	*6.22*	*5.67*	*5.32*	*5.07*	*4.88*	*4.74*	*4.63*	*4.54*	*4.46*	*4.40*	*4.29*	*4.21*	*4.10*	*4.02*	*3.94*	*3.86*	*3.80*	*3.74*	*3.70*	*3.66*	*3.62*	*3.60*	
12	4.75	3.88	3.49	3.26	3.11	3.00	2.92	2.85	2.80	2.76	2.72	2.69	2.64	2.60	2.54	2.50	2.46	2.42	2.40	2.36	2.35	2.32	2.31	2.30	12
	9.33	*6.93*	*5.95*	*5.41*	*5.06*	*4.82*	*4.65*	*4.50*	*4.39*	*4.30*	*4.22*	*4.16*	*4.05*	*3.98*	*3.86*	*3.78*	*3.70*	*3.61*	*3.56*	*3.49*	*3.46*	*3.41*	*3.38*	*3.36*	
13	4.67	3.80	3.41	3.18	3.02	2.92	2.84	2.77	2.72	2.67	2.63	2.60	2.55	2.51	2.46	2.42	2.38	2.34	2.32	2.28	2.26	2.24	2.22	2.21	13
	9.07	*6.70*	*5.74*	*5.20*	*4.86*	*4.62*	*4.44*	*4.30*	*4.19*	*4.10*	*4.02*	*3.96*	*3.85*	*3.78*	*3.67*	*3.59*	*3.51*	*3.42*	*3.37*	*3.30*	*3.27*	*3.21*	*3.18*	*3.16*	
14	4.60	3.74	3.34	3.11	2.96	2.85	2.77	2.70	2.65	2.60	2.56	2.53	2.48	2.44	2.39	2.35	2.31	2.27	2.24	2.21	2.19	2.16	2.14	2.13	14
	8.86	*6.51*	*5.56*	*5.03*	*4.69*	*4.46*	*4.28*	*4.14*	*4.03*	*3.94*	*3.86*	*3.80*	*3.70*	*3.62*	*3.51*	*3.43*	*3.34*	*3.26*	*3.21*	*3.14*	*3.11*	*3.06*	*3.02*	*3.00*	
15	4.54	3.68	3.29	3.06	2.90	2.79	2.70	2.64	2.59	2.55	2.51	2.48	2.43	2.39	2.33	2.29	2.25	2.21	2.18	2.15	2.12	2.10	2.08	2.07	15
	8.68	*6.36*	*5.42*	*4.89*	*4.56*	*4.32*	*4.14*	*4.00*	*3.89*	*3.80*	*3.73*	*3.67*	*3.56*	*3.48*	*3.36*	*3.29*	*3.20*	*3.12*	*3.07*	*3.00*	*2.97*	*2.92*	*2.89*	*2.87*	
16	4.49	3.63	3.24	3.01	2.85	2.74	2.66	2.59	2.54	2.49	2.45	2.42	2.37	2.33	2.28	2.24	2.20	2.16	2.13	2.09	2.07	2.04	2.02	2.01	16
	8.53	*6.23*	*5.29*	*4.77*	*4.44*	*4.20*	*4.03*	*3.89*	*3.78*	*3.69*	*3.61*	*3.55*	*3.45*	*3.37*	*3.25*	*3.18*	*3.10*	*3.01*	*2.96*	*2.89*	*2.86*	*2.80*	*2.77*	*2.75*	
17	4.45	3.59	3.20	2.96	2.81	2.70	2.62	2.55	2.50	2.45	2.41	2.38	2.33	2.29	2.23	2.19	2.15	2.11	2.08	2.04	2.02	1.99	1.97	1.96	17
	8.40	*6.11*	*5.18*	*4.67*	*4.34*	*4.10*	*3.93*	*3.79*	*3.68*	*3.59*	*3.52*	*3.45*	*3.35*	*3.27*	*3.16*	*3.08*	*3.00*	*2.92*	*2.86*	*2.79*	*2.76*	*2.70*	*2.67*	*2.65*	
18	4.41	3.55	3.16	2.93	2.77	2.66	2.58	2.51	2.46	2.41	2.37	2.34	2.29	2.25	2.19	2.15	2.11	2.07	2.04	2.01	1.98	1.95	1.93	1.92	18
	8.28	*6.01*	*5.09*	*4.58*	*4.25*	*4.01*	*3.85*	*3.71*	*3.60*	*3.51*	*3.44*	*3.37*	*3.27*	*3.19*	*3.07*	*3.00*	*2.91*	*2.83*	*2.78*	*2.71*	*2.68*	*2.62*	*2.59*	*2.57*	
19	4.38	3.52	3.13	2.90	2.74	2.63	2.55	2.48	2.43	2.38	2.34	2.31	2.26	2.21	2.15	2.11	2.07	2.02	2.00	1.96	1.94	1.91	1.90	1.88	19
	8.18	*5.93*	*5.01*	*4.50*	*4.17*	*3.94*	*3.77*	*3.63*	*3.52*	*3.43*	*3.36*	*3.30*	*3.19*	*3.12*	*3.00*	*2.92*	*2.84*	*2.76*	*2.70*	*2.63*	*2.60*	*2.54*	*2.51*	*2.49*	
20	4.35	3.49	3.10	2.87	2.71	2.60	2.52	2.45	2.40	2.35	2.31	2.28	2.23	2.18	2.12	2.08	2.04	1.99	1.96	1.92	1.90	1.87	1.85	1.84	20
	8.10	*5.85*	*4.94*	*4.43*	*4.10*	*3.87*	*3.71*	*3.56*	*3.45*	*3.37*	*3.30*	*3.23*	*3.13*	*3.05*	*2.94*	*2.86*	*2.77*	*2.69*	*2.63*	*2.56*	*2.53*	*2.47*	*2.44*	*2.42*	
21	4.32	3.47	3.07	2.84	2.68	2.57	2.49	2.42	2.37	2.32	2.28	2.25	2.20	2.15	2.09	2.05	2.00	1.96	1.93	1.89	1.87	1.84	1.82	1.81	21
	8.02	*5.78*	*4.87*	*4.37*	*4.04*	*3.81*	*3.65*	*3.51*	*3.40*	*3.31*	*3.24*	*3.17*	*3.07*	*2.99*	*2.88*	*2.80*	*2.72*	*2.63*	*2.58*	*2.51*	*2.47*	*2.42*	*2.38*	*2.36*	
22	4.30	3.44	3.05	2.82	2.66	2.55	2.47	2.40	2.35	2.30	2.26	2.23	2.18	2.13	2.07	2.03	1.98	1.93	1.91	1.87	1.84	1.81	1.80	1.78	22
	7.94	*5.72*	*4.82*	*4.31*	*3.99*	*3.76*	*3.59*	*3.45*	*3.35*	*3.26*	*3.18*	*3.12*	*3.02*	*2.94*	*2.83*	*2.75*	*2.67*	*2.58*	*2.53*	*2.46*	*2.42*	*2.37*	*2.33*	*2.31*	
23	4.28	3.42	3.03	2.80	2.64	2.53	2.45	2.38	2.32	2.28	2.24	2.20	2.14	2.10	2.04	2.00	1.96	1.91	1.88	1.84	1.82	1.79	1.77	1.76	23
	7.88	*5.66*	*4.76*	*4.26*	*3.94*	*3.71*	*3.54*	*3.41*	*3.30*	*3.21*	*3.14*	*3.07*	*2.97*	*2.80*	*2.78*	*2.70*	*2.62*	*2.53*	*2.48*	*2.41*	*2.37*	*2.32*	*2.28*	*2.26*	
24	4.26	3.40	3.01	2.78	2.62	2.51	2.43	2.36	2.30	2.26	2.22	2.18	2.13	2.09	2.02	1.98	1.94	1.89	1.86	1.82	1.80	1.76	1.74	1.73	24
	7.82	*5.61*	*4.72*	*4.22*	*3.90*	*3.67*	*3.50*	*3.36*	*3.25*	*3.17*	*3.09*	*3.03*	*2.93*	*2.85*	*2.74*	*2.66*	*2.58*	*2.49*	*2.44*	*2.36*	*2.33*	*2.27*	*2.23*	*2.21*	
25	4.24	3.38	2.99	2.76	2.60	2.49	2.41	2.34	2.28	2.24	2.20	2.16	2.11	2.06	2.00	1.96	1.92	1.87	1.84	1.80	1.77	1.74	1.72	1.71	25
	7.77	*5.57*	*4.68*	*4.18*	*3.86*	*3.63*	*3.46*	*3.32*	*3.21*	*3.13*	*3.05*	*2.99*	*2.89*	*2.81*	*2.70*	*2.62*	*2.54*	*2.45*	*2.40*	*2.32*	*2.29*	*2.23*	*2.19*	*2.17*	
26	4.22	3.37	2.98	2.74	2.59	2.47	2.39	2.32	2.27	2.22	2.18	2.15	2.10	2.05	1.99	1.95	1.90	1.85	1.82	1.78	1.76	1.72	1.70	1.69	26
	7.72	*5.53*	*4.64*	*4.14*	*3.82*	*3.59*	*3.42*	*3.29*	*3.17*	*3.09*	*3.02*	*2.96*	*2.86*	*2.77*	*2.66*	*2.58*	*2.50*	*2.41*	*2.36*	*2.28*	*2.25*	*2.19*	*2.15*	*2.13*	

IV. F-분포표

f_2	분자의 평균 제곱에 대한 f_1의 자유도																								f_2
	1	2	3	4	5	6	7	8	9	10	11	12	14	16	20	24	30	40	50	75	100	200	500	∞	
27	4.21	3.35	2.96	2.73	2.57	2.46	2.37	2.30	2.25	2.20	2.16	2.12	2.08	2.03	1.97	1.93	1.88	1.84	1.80	1.76	1.74	1.71	1.68	1.67	27
	7.68	5.49	4.60	4.11	3.79	3.56	3.39	3.26	3.14	3.06	2.98	2.93	2.83	2.74	2.63	2.55	2.47	2.38	2.33	2.25	2.21	2.16	2.12	2.10	
28	4.20	3.34	2.95	2.71	2.56	2.44	2.36	2.29	2.24	2.19	2.15	2.12	2.06	2.02	1.96	1.91	1.87	1.81	1.78	1.75	1.72	1.69	1.67	1.65	28
	7.64	5.45	4.57	4.07	3.76	3.53	3.36	3.23	3.11	3.03	2.95	2.90	2.80	2.71	2.60	2.52	2.44	2.35	2.30	2.22	2.18	2.13	2.09	2.06	
29	4.18	3.33	2.93	2.70	2.54	2.43	2.35	2.28	2.22	2.18	2.14	2.10	2.05	2.00	1.94	1.90	1.85	1.80	1.77	1.73	1.71	1.68	1.65	1.64	29
	7.60	5.42	4.54	4.04	3.73	3.50	3.33	3.20	3.08	3.00	2.92	2.87	2.77	2.68	2.57	2.49	2.41	2.32	2.27	2.19	2.15	2.10	2.06	2.03	
30	4.17	3.32	2.92	2.69	2.53	2.42	2.34	2.27	2.21	2.16	2.12	2.09	2.04	1.99	1.93	1.89	1.84	1.79	1.76	1.72	1.69	1.66	1.64	1.62	30
	7.56	5.39	4.51	4.02	3.70	3.47	3.30	3.17	3.06	2.98	2.90	2.84	2.74	2.66	2.55	2.47	2.38	2.29	2.24	2.16	2.13	2.07	2.03	2.01	
32	4.15	3.30	2.90	2.67	2.51	2.40	2.32	2.25	2.19	2.14	2.10	2.07	2.02	1.97	1.91	1.86	1.82	1.76	1.74	1.69	1.67	1.64	1.61	1.59	32
	7.50	5.34	4.46	3.97	3.66	3.42	3.25	3.12	3.01	2.94	2.86	2.80	2.70	2.62	2.51	2.42	2.34	2.25	2.20	2.12	2.08	2.02	1.98	1.96	
34	4.13	3.28	2.88	2.65	2.49	2.38	2.30	2.23	2.17	2.12	2.08	2.05	2.00	1.95	1.89	1.84	1.80	1.74	1.71	1.67	1.64	1.61	1.59	1.57	34
	7.44	5.29	4.42	3.93	3.61	3.38	3.21	3.08	2.97	2.89	2.82	2.76	2.66	2.58	2.47	2.38	2.30	2.21	2.15	2.08	2.04	1.98	1.94	1.91	
36	4.11	3.26	2.86	2.63	2.48	2.36	2.28	2.21	2.15	2.10	2.06	2.03	1.98	1.93	1.87	1.82	1.78	1.72	1.69	1.65	1.62	1.59	1.56	1.55	36
	7.39	5.25	4.38	3.89	3.58	3.35	3.18	3.04	2.94	2.86	2.78	2.72	2.62	2.54	2.43	2.35	2.26	2.17	2.12	2.04	2.00	1.94	1.90	1.87	
38	4.10	3.25	2.85	2.62	2.46	2.35	2.26	2.19	2.14	2.09	2.05	2.02	1.96	1.92	1.85	1.80	1.76	1.71	1.67	1.63	1.60	1.57	1.54	1.53	38
	7.35	5.21	4.34	3.86	3.54	3.32	3.15	3.02	2.91	2.82	2.75	2.69	2.59	2.51	2.40	2.32	2.22	2.14	2.08	2.00	1.97	1.90	1.86	1.84	
40	4.08	3.23	2.84	2.61	2.45	2.34	2.25	2.18	2.12	2.07	2.04	2.00	1.95	1.90	1.84	1.79	1.74	1.69	1.66	1.61	1.59	1.55	1.53	1.51	40
	7.31	5.18	4.31	3.83	3.51	3.29	3.12	2.99	2.88	2.80	2.73	2.66	2.56	2.49	2.37	2.29	2.20	2.11	2.05	1.97	1.94	1.88	1.84	1.81	
42	4.07	3.22	2.83	2.59	2.44	2.32	2.24	2.17	2.11	2.06	2.02	1.99	1.94	1.89	1.82	1.78	1.73	1.68	1.64	1.60	1.57	1.54	1.51	1.49	42
	7.27	5.15	4.29	3.80	3.49	3.26	3.10	2.96	2.86	2.77	2.70	2.64	2.54	2.46	2.35	2.26	2.17	2.08	2.02	1.94	1.91	1.85	1.80	1.78	
44	4.06	3.21	2.82	2.58	2.43	2.31	2.23	2.16	2.10	2.05	2.01	1.98	1.92	1.88	1.81	1.76	1.72	1.66	1.63	1.58	1.56	1.52	1.50	1.48	44
	7.24	5.12	4.26	3.78	3.46	3.24	3.07	2.94	2.84	2.75	2.68	2.62	2.52	2.44	2.32	2.24	2.15	2.06	2.00	1.92	1.88	1.82	1.78	1.75	
46	4.05	3.20	2.81	2.57	2.42	2.30	2.22	2.14	2.09	2.01	2.00	1.97	1.91	1.87	1.80	1.75	1.71	1.65	1.62	1.57	1.54	1.51	1.48	1.46	46
	7.21	5.10	4.24	3.76	3.44	3.22	3.05	2.92	2.82	2.73	2.66	2.60	2.50	2.42	2.30	2.22	2.13	2.04	1.99	1.90	1.86	1.80	1.76	1.72	
48	4.04	3.19	2.80	2.56	2.41	2.30	2.21	2.14	2.08	2.03	1.99	1.96	1.90	1.86	1.79	1.74	1.70	1.64	1.61	1.56	1.53	1.50	1.47	1.45	48
	7.19	5.08	4.22	3.74	3.42	3.20	3.04	2.90	2.80	2.71	2.64	2.58	2.48	2.40	2.28	2.20	2.11	2.02	1.96	1.88	1.84	1.78	1.73	1.70	
50	4.03	3.18	2.79	2.56	2.40	2.29	2.20	2.13	2.07	2.02	1.98	1.95	1.90	1.85	1.78	1.74	1.69	1.63	1.60	1.56	1.52	1.48	1.46	1.44	50
	7.17	5.06	4.20	3.72	3.41	3.18	3.02	2.88	2.78	2.70	2.62	2.56	2.46	2.39	2.26	2.18	2.10	2.00	1.94	1.86	1.82	1.76	1.71	1.68	
56	4.02	3.17	2.78	2.54	2.38	2.27	2.18	2.11	2.05	2.00	1.97	1.93	1.88	1.83	1.76	1.72	1.67	1.61	1.58	1.52	1.50	1.46	1.43	1.41	55
	7.12	5.01	4.16	3.68	3.37	3.15	2.98	2.85	2.75	2.66	2.59	2.53	2.43	2.35	2.23	2.15	2.06	1.96	1.90	1.82	1.78	1.71	1.66	1.64	
60	4.00	3.15	2.76	2.52	2.37	2.25	2.17	2.10	2.04	1.99	1.95	1.92	1.86	1.81	1.75	1.70	1.65	1.59	1.56	1.50	1.48	1.44	1.41	1.39	60
	7.08	4.98	4.13	3.65	3.34	3.12	2.95	2.82	2.72	2.63	2.56	2.50	2.40	2.32	2.20	2.12	2.03	1.93	1.87	1.79	1.74	1.68	1.63	1.60	
65	3.99	3.14	2.75	2.51	2.36	2.24	2.15	2.08	2.02	1.98	1.94	1.90	1.85	1.80	1.73	1.68	1.63	1.57	1.54	1.49	1.46	1.42	1.39	1.37	65
	7.04	4.95	4.10	3.62	3.31	3.09	2.93	2.79	2.70	2.61	2.54	2.47	2.37	2.30	2.18	2.09	2.00	1.90	1.84	1.76	1.71	1.64	1.60	1.56	
70	3.98	3.13	2.74	2.50	2.35	2.23	2.14	2.07	2.01	1.97	1.93	1.80	1.84	1.79	1.72	1.67	1.62	2.56	1.53	1.47	1.45	1.40	1.37	1.35	70
	7.01	4.92	4.08	3.60	3.29	3.07	2.91	2.77	2.67	2.59	2.51	2.45	2.35	2.28	2.15	2.07	1.98	1.88	1.82	1.74	1.69	1.62	1.56	1.53	
80	3.96	3.11	2.72	2.48	2.33	2.21	2.12	2.05	1.99	1.95	1.91	1.88	1.82	1.77	1.70	1.65	1.60	1.54	1.51	1.45	1.42	1.38	1.35	1.32	80
	6.06	4.88	4.04	3.56	3.25	3.04	2.87	2.74	2.64	2.55	2.48	2.41	2.32	2.24	2.11	2.03	1.94	1.84	1.78	1.70	1.65	1.57	1.52	1.49	
100	3.94	3.09	2.70	2.46	2.30	2.19	2.10	2.03	1.97	1.92	1.88	1.85	1.79	1.75	1.68	1.63	1.57	1.51	1.48	1.42	1.39	1.34	1.30	1.28	100
	6.90	4.82	3.98	3.51	3.20	2.99	2.82	2.69	2.59	2.51	2.43	2.36	2.26	2.19	2.06	1.98	1.89	1.79	1.73	1.64	1.59	1.51	1.46	1.43	
125	3.92	3.07	2.68	2.44	2.29	2.17	2.08	2.01	1.95	1.90	1.86	1.83	1.77	1.72	1.65	1.60	1.55	1.49	1.45	1.39	1.36	1.31	1.27	1.25	125
	6.84	4.78	3.94	3.47	3.17	2.95	2.79	2.65	2.56	2.47	2.40	2.33	2.23	2.15	2.03	1.94	1.86	1.75	1.68	1.59	1.54	1.46	1.40	1.37	
150	3.91	3.06	2.67	2.43	2.27	2.16	2.07	2.00	1.94	1.89	1.85	1.82	1.76	1.71	1.64	1.59	1.54	1.47	1.44	1.37	1.34	1.29	1.25	1.22	150
	6.81	4.75	3.91	3.44	3.14	2.92	2.76	2.62	2.53	2.44	2.37	2.30	2.20	2.12	2.00	1.91	1.83	1.72	1.66	1.56	1.51	1.43	1.37	1.33	
200	3.80	3.04	2.65	2.41	2.26	2.14	2.05	1.98	1.92	1.87	1.83	1.80	1.74	1.69	1.62	1.57	1.52	1.45	1.42	1.35	1.32	1.26	1.22	1.19	200
	6.76	4.71	3.88	3.41	3.11	2.90	2.73	2.60	2.50	2.41	2.34	2.28	2.17	2.09	1.97	1.88	1.79	1.69	1.62	1.53	1.48	1.39	1.33	1.28	
400	3.86	3.02	2.62	2.39	2.23	2.12	2.03	1.96	1.90	1.85	1.81	1.78	1.72	1.67	1.60	1.54	1.49	1.42	1.38	1.32	1.28	1.22	1.16	1.13	400
	6.70	4.66	3.83	3.36	3.06	2.85	2.69	2.55	2.46	2.39	2.29	2.23	2.12	2.04	1.92	1.84	1.74	1.64	1.57	1.47	1.42	1.32	1.24	1.19	
1000	3.85	3.00	2.61	2.38	2.22	2.10	2.02	1.95	1.89	1.84	1.80	1.76	1.70	1.65	1.58	1.53	1.47	1.41	1.36	1.30	1.26	1.19	1.13	1.08	1000
	6.66	4.62	3.80	3.34	3.04	2.82	2.66	2.53	2.43	2.34	2.26	2.20	2.09	2.01	1.89	1.81	1.71	1.61	1.54	1.44	1.38	1.28	1.19	1.11	
∞	3.84	2.99	2.60	2.37	2.21	2.09	2.01	1.94	1.88	1.83	1.79	1.75	1.69	1.64	1.57	1.52	1.46	1.40	1.35	1.28	1.24	1.17	1.11	1.00	∞
	6.64	4.60	3.78	3.32	3.02	2.80	2.64	2.51	2.41	2.32	2.24	2.18	2.07	1.99	1.89	1.79	1.69	1.59	1.52	1.41	1.36	1.25	1.15	1.00	

V. x^2 - 분포표

DF	보다 큰 값을 얻는 확률									DF
1	0.000	0.000	0.016	0.455	2.706	3.841	5.024	6.635	7.879	10.828	1
2	0.010	0.051	0.211	1.386	4.605	5.991	7.978	9.210	10.597	13.816	2
3	0.072	0.216	0.584	2.366	6.251	7.815	9.348	11.345	12.838	16.266	3
4	0.207	0.484	1.064	3.357	7.779	9.488	11.143	13.277	14.860	18.467	4
5	0.412	0.831	1.610	4.351	9.236	11.070	12.832	15.086	16.750	20.515	5
6	0.676	1.237	2.204	5.348	10.645	12.592	14.449	16.812	18.548	22.458	6
7	0.989	1.390	2.833	6.346	12.017	14.067	16.013	18.475	20.278	24.322	7
8	1.344	2.180	3.490	7.344	13.362	15.507	17.535	20.090	21.955	26.124	8
9	1.735	2.700	4.168	8.343	14.684	16.919	19.023	21.666	23.589	27.877	9
10	2.156	3.247	4.865	9.342	15.987	18.307	20.483	23.209	25.188	29.588	10
11	2.603	3.816	5.578	10.341	17.275	19.675	21.920	24.725	26.757	31.264	11
12	3.074	4.404	6.304	11.340	18.549	21.026	23.337	26.217	28.300	32.910	12
13	3.565	5.009	7.042	12.340	19.812	22.362	24.736	27.688	29.819	34.528	13
14	4.075	5.629	7.790	13.339	21.064	23.685	26.119	29.141	31.319	36.123	14
15	4.601	6.262	8.547	14.339	22.307	24.996	27.488	30.578	32.801	37.697	15
16	5.142	6.908	9.312	15.338	23.542	26.296	28.845	32.000	34.267	39.252	16
17	5.697	7.564	10.085	16.338	24.769	25.587	30.191	33.409	35.718	40.790	17
18	6.265	8.231	10.865	17.338	25.989	28.869	31.526	34.805	37.156	42.312	18
19	6.844	8.907	11.651	18.338	27.204	30.144	32.852	36.191	38.582	43.820	19
20	7.434	9.591	12.443	19.337	28.412	31.410	34.170	37.566	39.997	45.315	20
21	8.034	10.283	13.240	20.337	29.615	32.670	35.479	38.932	41.401	46.797	21
22	8.643	10.982	14.042	21.337	30.813	33.924	36.781	40.289	42.796	48.268	22
23	9.260	11.688	14.848	22.337	32.007	35.172	38.076	41.638	44.181	49.728	23
24	9.886	12.401	15.659	23.337	33.196	36.415	39.364	42.980	15.558	51.179	24
25	10.520	13.120	16.473	24.337	34.382	37.652	40.646	44.314	46.928	52.620	25
26	11.160	13.844	17.292	25.336	35.563	38.885	41.923	45.642	48.290	54.052	26
27	11.808	14.573	18.114	26.336	36.741	40.113	43.194	46.963	49.645	55.476	27
28	12.461	15.308	18.939	27.336	37.916	41.337	44.461	48.278	50.993	56.892	28
29	13.121	16.047	19.768	28.336	39.088	42.557	45.722	49.588	52.336	58.301	29
30	13.787	16.791	20.599	29.336	40.256	43.773	46.979	50.892	53.672	59.703	30
31	14.458	17.539	21.434	30.336	41.422	44.985	48.232	52.191	55.003	61.098	31
32	15.134	18.291	22.271	31.336	42.585	46.194	49.480	53.486	56.329	62.487	32
33	15.815	19.047	23.110	32.336	43.745	47.400	50.725	54.776	57.649	63.870	33
34	16.501	19.806	23.952	33.336	44.903	48.602	51.966	56.061	58.964	65.247	34
35	17.192	20.569	24.797	34.336	46.059	49.802	53.203	57.342	60.275	66.619	35
36	17.887	21.336	25.643	35.336	47.212	50.998	54.437	58.619	61.582	67.985	36
37	18.586	22.106	26.492	36.335	48.363	52.192	55.668	59.892	62.884	69.346	37
38	19.289	22.878	27.343	37.335	49.513	53.384	56.896	61.162	64.182	70.703	38
39	19.996	23.654	28.196	38.335	50.660	54.572	58.120	62.428	65.476	72.055	39
40	20.707	24.433	29.051	39.335	51.805	55.758	59.342	63.691	66.766	73.402	40
41	21.421	25.215	29.907	40.335	52.949	56.942	60.561	64.950	68.053	74.745	41
42	22.138	25.999	30.765	41.335	54.090	58.124	61.777	66.206	69.336	76.084	42
43	22.859	26.785	31.625	42.336	55.230	59.304	62.990	67.459	70.616	77.419	43
44	23.584	27.575	32.487	43.335	56.369	60.481	64.202	68.710	71.893	78.750	44
45	24.311	28.366	33.350	44.335	57.505	61.656	65.410	69.957	73.166	80.077	45
46	25.042	29.160	34.215	45.335	58.641	62.830	66.617	71.201	74.437	81.400	46
47	25.775	29.956	35.081	46.335	59.774	64.001	67.821	72.443	75.704	82.720	47
48	26.511	30.755	35.949	47.335	60.907	65.171	69.023	73.683	76.969	84.037	48
49	27.249	31.555	36.818	48.335	62.038	66.339	70.222	74.919	78.231	85.351	49
50	27.991	32.357	37.689	49.335	63.167	67.505	71.420	76.154	79.490	86.661	50

V. x^2 - 분포표

부록 V. (계속)

DF	보다 큰 값을 얻는 확률									DF
51	28.735	33.162	38.560	50.335	64.295	68.669	72.616	77.386	80.747	87.968	51
52	29.481	33.968	39.433	51.335	65.422	69.832	73.810	78.616	82.001	89.272	52
53	30.230	34.776	40.308	52.335	66.548	70.993	75.002	79.843	83.253	90.573	53
54	30.981	35.586	41.183	53.335	67.673	72.153	76.192	81.069	84.502	91.872	54
55	31.735	36.398	42.060	54.335	68.796	73.311	77.380	82.292	85.749	83.168	55
56	32.490.3	37.212	42.937	55.335	69.918	74.468	78.567	83.513	86.994	94.460	56
57	3.248	38.027	43.816	56.335	71.040	75.624	79.752	54.733	88.237	95.751	57
58	34.008	38.844	44.696	57.335	72.160	76.778	80.936	85.950	89.477	97.039	58
59	34.770	39.662	45.577	58.335	73.279	77.931	82.117	87.166	90.715	98.324	59
60	35.534	40.482	46.459	59.335	74.397	79.082	83.298	88.379	91.952	99.607	60
61	36.300	41.303	47.342	60.335	75.514	80.232	84.476	89.591	93.186	100.888	61
62	37.068	42.126	48.226	61.335	76.630	81.381	85.654	90.802	94.419	102.166	62
63	37.838	42.950	49.111	62.335	77.745	82.529	86.830	92.010	95.649	103.442	63
64	38.610	43.776	49.996	63.335	78.860	83.675	88.004	93.217	96.878	104.716	64
65	39.383	44.603	50.883	64.335	79.973	84.821	89.177	94.422	98.105	105.988	65
66	40.158	45.431	51.770	65.335	81.085	85.965	90.349	95.626	99.331	107.258	66
67	40.935	46.261	52.659	66.335	82.197	87.108	91.519	96.828	100.55	108.526	67
68	41.713	47.092	53.548	67.334	83.308	88.250	92.689	98.028	101.78	109.791	68
69	42.494	47.924	54.438	68.334	84.418	89.391	93.856	99.228	103.00	111.055	69
70	43.275	48.758	55.329	69.334	85.527	90.531	95.023	100.43	104.21	112.317	70
71	44.058	49.592	56.221	70.334	86.635	91.670	96.189	101.62	105.43	113.577	71
72	44.843	50.428	57.113	71.334	87.743	92.808	97.353	102.82	106.65	114.835	72
73	45.629	51.265	58.006	72.334	88.850	93.945	98.516	104.01	107.86	116.092	73
74	46.417	52.103	58.900	73.334	89.956	95.081	99.678	105.20	109.07	117.346	74
75	47.206	52.942	59.795	74.334	91.061	96.217	100.84	106.39	110.29	118.599	75
76	47.997	53.782	60.690	75.334	92.166	97.351	102.00	107.58	111.50	119.850	76
77	48.788	54.623	61.586	76.334	93.270	98.484	103.16	108.77	112.70	121.100	77
78	49.582	55.466	62.483	77.334	94.373	99.617	104.32	109.96	113.91	122.348	78
79	50.376	56.309	63.380	78.334	95.476	100.75	105.47	111.14	115.12	123.594	79
80	51.172	57.153	64.278	79.334	96.578	101.88	106.63	112.33	116.32	124.839	80
81	51.969	57.998	65.176	80.334	97.680	103.01	107.78	113.51	117.52	126.082	81
82	52.767	58.845	66.076	81.334	98.780	104.14	108.94	114.69	118.73	127.324	82
83	53.567	59.692	66.976	82.334	99.880	105.27	110.09	115.88	119.93	128.565	83
84	54.368	60.540	67.876	83.334	100.98	106.39	111.24	117.06	121.13	129.804	84
85	55.170	61.389	68.777	84.334	102.08	107.52	112.39	118.24	122.32	131.041	85
86	55.973	62.239	69.679	85.334	103.18	108.65	113.54	119.41	123.52	132.277	86
87	56.777	63.089	70.581	86.334	104.28	109.77	114.69	120.59	124.72	133.512	87
88	57.582	63.941	71.484	87.334	105.37	110.90	115.84	121.77	125.91	134.745	88
89	58.389	64.793	72.387	88.334	106.47	112.02	116.99	122.94	127.11	135.978	89
90	59.196	65.647	73.291	89.334	107.56	113.15	118.14	124.12	128.30	137.208	90
91	60.005	66.501	74.196	90.334	108.66	114.27	119.28	125.29	129.49	138.438	91
92	60.815	67.356	75.101	91.334	109.76	115.39	120.43	126.46	130.68	139.666	92
93	61.625	68.211	76.006	92.334	110.85	116.51	121.57	127.63	131.87	140.893	93
94	62.437	69.068	76.912	93.334	111.94	117.63	122.72	128.80	133.06	142.119	94
95	63.250	69.925	77.818	94.334	113.04	118.75	123.86	129.97	134.25	143.344	95
96	64.063	70.783	78.725	95.334	114.13	119.87	125.00	131.14	135.43	144.567	96
97	64.878	71.642	79.633	96.334	115.22	120.99	126.14	132.31	136.62	145.789	97
98	65.694	72.501	80.541	97.334	116.32	122.11	127.28	133.48	137.80	147.010	98
99	66.510	73.361	81.449	98.334	117.41	123.23	128.42	134.64	138.99	148.230	99
100	67.328	74.222	82.358	99.334	118.50	124.34	129.56	135.81	140.17	149.449	100

재료: Rohlf, F. J. and R. R. sokal. (1981). statistical tables (2nd. ed.). pp. 98-99.

INDEX

S

T

V

Z

저 자 약 력

김재근 (Ph.D.) 대표저자

서울대학교 생물교육과 졸업

미국 University of California, Davis, Graduate Group in Ecology, Ph.D.

University of California, Davis, Center for Ecological Health Research 연구원

경희대학교 생물학과 교수

현 서울대학교 생물교육과 교수

박정호 (이학박사)

강원대학교 생물학과 졸업

강원대학교 대학원 생물학과 이학박사

현 환경부 전국자연환경조사 전문조사연구원

현 (주)아썸 부설 호소생태연구소 소장

최병진 (이학박사)

경남대학교 생물학과 졸업

경남대학교 대학원 생물학과 이학박사

日本 九州大學 農學部 訪問研究員

현 환경부 전국자연환경조사 전문조사원

현 한국자연환경연구소 선임연구원

심재한 (이학박사)

강릉대학교 생물학과 졸업

인하대학교 대학원 생물학과 이학박사

임업연구원 생물다양성연구실 연구원

서울대학교 환경대학원 환경계획연구소 선임연구원

현 한국양서파충류생태연구소 소장

권기진

이화여자대학교 과학교육과 졸업

현 서울대학교 과학교육과 대학원생

현 구리 교문중학교 교사

이보아

서울대학교 생물교육과 졸업

현 서울대학교 과학교육과 대학원생

현 부천 중원고등학교 교사

이양우

건국대학교 생물학과 졸업

현 서울대학교 과학교육과 대학원생

주은정

서울교육대학 과학교육과 졸업

고려대학교 생명과학부 졸업

현 서울대학교 과학교육과 대학원생

현 서울 아주초등학교 교사